水体污染控制与治理科技重大专项"十三五"成果系列丛书

流域水质目标管理及监控预警技术标志性成果

流域水质目标管理技术体系研究

张　远　刘征涛　赵　健　石　磊　等　著
符志友　李维新　渠晓东　贾蕊宁

科　学　出　版　社

北　京

内 容 简 介

本书在系统总结国内外水环境管理经验的基础上，面向国家"水十条"实施的科技需求，集成构建适宜我国国情的水质目标管理技术体系和方法，系统介绍水环境基准标准、排污许可管理、水污染防治最佳可行技术、水环境风险管理等关键成套技术，在太湖流域、鄱阳湖流域开展技术应用示范，建立水环境质量基准制定与标准转化、最佳可行技术虚拟评估与智能验证业务化、流域水质目标管理大数据等平台，为我国流域水环境管理提供技术支撑和决策支持。

本书可供从事水环境管理的科研人员、相关政府部门工作人员，以及环境科学、生态学等专业的本科生和研究生参考。

审图号：GS（2021）7459 号

图书在版编目（CIP）数据

流域水质目标管理技术体系研究/张远等著.—北京：科学出版社，2021.11

（水体污染控制与治理科技重大专项"十三五"成果系列丛书）

ISBN 978-7-03-070369-9

Ⅰ.①流… Ⅱ.①张… Ⅲ.①流域–水质管理–研究–中国 Ⅳ.①X321

中国版本图书馆 CIP 数据核字（2021）第 222169 号

责任编辑：周 杰 王勤勤／责任校对：樊雅琼
责任印制：吴兆东／封面设计：无极书装

科学出版社 出版
北京东黄城根北街 16 号
邮政编码：100717
http://www.sciencep.com

北京捷迅佳彩印刷有限公司 印刷
科学出版社发行 各地新华书店经销

*

2021 年 11 月第 一 版 开本：787×1092 1/16
2021 年 11 月第一次印刷 印张：19
字数：450 000
定价：198.00 元
（如有印装质量问题，我社负责调换）

前　　言

十八大以来，党中央、国务院大力推动生态环境保护，"美丽中国"建设迈出重要步伐，我国生态环境保护从认识到实践发生了历史性、转折性、全局性变化，水环境治理进入以质量改善为核心的新阶段。水质目标管理是以水生态环境质量为目标，通过实施水污染物容量总量控制、风险预警、生态流量保障等多种手段，将流域综合治理方案与水生态环境质量改善效益相结合，从而实现水环境的科学管理。

步入生态文明建设新时期，《水污染防治行动计划》（简称"水十条"）明确提出以改善水环境质量为核心，按照"节水优先、空间均衡、系统治理、两手发力"原则，贯彻"安全、清洁、健康"方针，强化源头控制，水陆统筹、河海兼顾，对江河湖海实施分流域、分区域、分阶段科学治理，系统推进水污染防治、水生态保护和水资源管理。为此国家水体污染控制与治理科技重大专项（简称水专项）提出了我国水质目标管理技术体系构建的研究任务，"十一五"和"十二五"期间，水专项围绕水质目标管理技术体系设置了相关课题开展了研究，基本完成了水质目标管理的关键技术研发，推动了太湖、辽河等流域水环境管理能力的提升。但是各关键技术间缺乏更加有效的衔接与集成，按照国家最新的环境管理要求，需要进一步在前期研究基础上集成形成完整的水质目标管理技术体系，形成规范化的成套技术和信息化集成平台，以支撑流域水质目标管理技术在全国业务化推广应用。为此，"十三五"期间，水专项设立"流域水质目标管理技术体系集成研究"项目，以国家"水十条"实施对环境管理的科技需求，通过开展技术评估、验证和综合集成，构建以流域水生态健康管控、环境基准标准、排污许可管理、水污染防治技术评估、风险管理等为核心的流域水质目标管理技术体系，提升国家水环境管理的系统化、科学化、法治化、精细化和信息化水平。

本书撰写工作由张远主持。全书共8章。第1章由张远、贾蕊宁、马淑芹、贾晓波、王晓、郝彩莲完成，介绍了流域水质目标管理的背景意义、国内外研究进展；第2章由刘征涛、李霁、高祥云、闫振广、王晓南、王遵尧、朱琳、葛刚、李正炎、祝凌燕完成，介绍了适合我国本土的水生生物、人体健康、水生态学和水环境沉积物基准4类基准制定技术，以及水环境基准向标准转化技术；第3章由赵健、刘海霞、邓义祥、郝晨林、王娜、郭欣妍、蔡木林、周刚完成，介绍了控制单元水质目标管理技术方法、固定源排污许可管理、重点行业水污染物排放限值管理等技术及应用案例；第4章由石磊、董黎明、李方、孙燕博、槐衍森、沈昊、张伟、杜蕴慧完成，介绍了最佳可行技术（BAT）评估的理论与实施框架、重点行业BAT集成体系及技术指南、BAT虚拟评估与物理验证平台建设及业务化应用；第5章由符志友、冯承莲、郭昌胜、游静、张衍燊、孙宇巍、刘新妹、王宇、刘铮、陈月芳、徐泽升和吴代敏完成，介绍了流域水环境风险管理的内涵和类型及理论、水环境风险评估、重点行业风险管理、水环境损害鉴定评估等关键技术及其在太湖流域水环境管理应用；第6章由张远、郝彩莲、马淑芹、江源、高俊峰、杨中文、贾蕊宁、贾晓波、丁森、夏瑞、王晓、王璐、杨辰完成，介绍了水生态功能分区管理技术体系、全国水生态功能分区管理方案、水生态完整性评价等关键技术及典型示范区应用案例；第7章由渠晓东、彭文启、黄伟、葛金金、刘健、程西方、张敏、张海萍、余杨完成，介绍了生态流量管控的理论、生态流量核算和适应性管理等关键技术，以及在沙颍河流域的示范应用；第8章由李维新、孙傅、庞燕、王雨春、房怀阳、何斐、张起萍、晁建颖、庄巍、秦成新、徐斌完成，介绍了长江流域（长江经济带）水质目标管理技术体系、水质目标管理平台构建与业务化应用。最后由张远和贾蕊宁完成对全书的统稿与校对工作。

本书凝聚了众多人员的劳动成果，感谢在项目研究和文稿编辑过程中付出劳动而在本书中未提及的工作者。由于流域水质目标管理技术研究尚处于初级阶段，相关研究亟待深化和完善，另受时间、水平等因素所限，书中难免有不妥之处，请广大读者批评指正。

作　者

2021 年 1 月

目 录

|第 1 章|　　背景与意义

1.1　研究背景与意义

1.1.1　研究背景

我国水环境管理可以追溯到 20 世纪 70 年代末期，经过 40 多年的发展，形成了环境标准、环境监测、总量控制、环境影响评价、排污许可申报、流域规划、目标考核、区域限批、风险预防、排污收费、损害评估、生态补偿等水环境管理技术，在社会经济发展过程中，这些方法在缓解水环境质量压力方面发挥了作用。然而，我国水环境管理仍然粗放，与欧美先进管理技术仍然存在差异，如美国和欧盟都发展了水生态系统保护管理技术，我国水环境管理还停留在污染防治阶段，而且污染减排要求又与水环境质量改善相脱节，尚未形成面向水质目标的管理体系，难以满足国家对水生态环境质量改善的迫切需求。

随着生态文明意识的逐步普及，国家对环境质量改善的要求日益迫切，精准化的环境管理方法研究成为当务之急。2015 年国务院颁布的《水污染防治行动计划》（简称“水十条”），提出以改善水环境质量为核心，按照“节水优先、空间均衡、系统治理、两手发力”原则，贯彻“安全、清洁、健康”方针，强化源头控制，水陆统筹、河海兼顾，对江河湖海实施分流域、分区域、分阶段科学治理，系统推进水污染防治、水生态保护和水资源管理。《重点流域水生态环境保护“十四五”规划编制技术大纲》，提出了“三水统筹”、水生态完整性保护等目标要求。因此，亟待研发现代管理技术体系，支撑我国水环境管理模式的战略转型。

为了支撑我国水环境管理技术的升级换代，国家水体污染控制与治理科技重大专项（简称水专项）提出了构建“我国流域水质目标技术体系”的工作任务，要求针对我国水环境保护阈值不清、环境质量改善与污染控制相脱节、水环境风险管理能力不足和“水资源、水环境、水生态和水风险”（简称“四水”）统筹管理薄弱等关键技术问题，开展技术攻关和突破，为我国水环境管理技术体系构建提供支撑。其中，水专项提出的流域水质目标管理技术主要包括水环境基准标准、总量控制与排污许可管理、最佳可行技术（BAT）评估、水环境风险管控、水生态健康保护等技术内容。“十一五”至“十三五”期间，水专项围绕“流域水质目标管理及监控预警技术标志性成果”设置多个项目，以太湖等流域为重点示范区，开展关键技术突破，力图突破水质目标管理基本理论，实现关键技术的标准化、规范化和业务化，形成整装成套水质目标管理技术体系，提出我国水环境基准标准本土化阈值，制定示范流域控制单元水质目标管理方案、排污许可管理方案和水环境风险管控方案，搭建流域水质目标管理业务化平台并实现业务化运行，为我国水质目标管理体系的建立奠定科学基础。当然水质目标管理技术体系的构建不是一蹴而就的，需要结合国家需求通过长期的研究、技术攻关和示范，最终才能取得成功。

1.1.2 水质目标管理的必要性和迫切性

（1）水生态完整性保护对水环境管理提出了更高的要求

近半个世纪以来，随着经济社会的快速发展，以及工业化和城市化的深入推进，水资源的需求量、污染物排放量大增，水生态系统功能受到严重破坏。在此背景下，欧美发达国家或组织环境管理目标逐渐从单一的水化学指标向多要素的水生态指标转变，如美国《清洁水法》提出了物理、化学和生物完整性保护要求，欧盟则是将良好生态状况作为管理追求目标。我国水环境管理仍然偏重于水质管理，强调水体使用功能的保护，尚未提出水生态完整性保护的要求，造成水资源管理、水污染防治与水生态保护相脱节等问题。生态文明建设新时期下，生态完整性成为环境管理的重要目标。水生态完整性保护技术涉及监测、评价、目标制定、模拟预测和优化调控等关键技术，这些技术当前尚未实现规范化和标准化。因此，需要以水生态功能分区技术成果为基础，研发水质目标向水生态目标转化、土地开发水生态影响和水生态承载力调控等关键技术，建立面向水生态系统健康保护的水质目标管理技术模式。

（2）水环境基准"本土化"制定是水质目标管理的坚实基础

水环境基准是制定水环境标准的科学基础。水环境基准研究与制定技术体系及管理工作在美国、加拿大、澳大利亚、欧盟等发达国家和地区已相对成熟。由于地域和国情的差异，照搬国外基准，难以制定出符合我国水体特征的水环境标准，无法保证我国水环境管理的科学性，如通过应对2005年松花江硝基苯污染事件，暴露出我国作为一个国际大国在水环境基准标准研究方面的严重不足。至今，我国开展了水环境基准制定方法技术的研发，提出了一系列相关的基准建议值，总体而言水环境基准研究基础仍然薄弱。因此，促使水环境基准方法技术系列化、规范化、本土化，制定适合我国国情的本土化水质基准标准已经十分紧迫，这对于实现我国环境管理战略目标具有重要作用。

（3）亟须形成以环境质量改善为核心的水质目标管理技术体系

亟须围绕生态文明建设、"水十条"实施和水环境管理模式转变等国家需求，从技术突破方面开展技术对管理的支撑研究，亟须突破流域水系统耦合模拟、水环境容量总量控制、水环境风险评估、水质-水量-水生态综合调控等关键技术，建立污染源减排与环境质量响应关系，解决水环境质量改善与水陆一体化管理、排污许可制、水环境风险管理、重点行业污染管理等的衔接关系，形成流域水质目标管理的成套技术体系和管理机制，按照系统化、规范化和标准化的要求，全面促进关键技术的衔接和融合，集成流域水质目标管理技术体系，实现水质管理技术对国家战略的支撑作用。

1.2　水质目标管理的概念与体系

1.2.1　概念与内涵

当前我国新老水问题交织，水生态系统健康面临巨大威胁。针对水专项启动之初我国水环境管理面临的"重水化学、轻水生态""污染控制与水环境质量改善相脱节""风险管控以被动响应为主"等问题，水专项通过深入剖析水生态环境质量组成及气候变化、污染减排、水资源利用、土地开发和社会经济发展对其影响机制，提出了水质目标管理的概念，即以"四水"多维目标保护为核心，以适合本土的水环境基准标准为控制阈值，以流域环境压力与水环境质量响应关系为依据，以多过程耦合的流域水系统调控为主要措施的水环境管理技术系统。

水质目标管理从生态完整性理论发展而来（图1-1）。生态完整性，即生态系统结构和功能的完整性，是生态系统维持各生态因子相互关系并达到最佳状态的自然特性，生态完整性也可以理解为生态系统的健康程度，广义上包括生态系统生物、物理、化学完整性。其中，生物完整性指标主要由不同生物群落的完整性指数和丰富度指数构成，物理完整性指标则由定性生境评价指数和物理生境指数构成，化学完整性指标主要包括大部分的水质指标。大量的研究证明，单纯从水化学角度来实施流域水环境管理系统，并不能达到

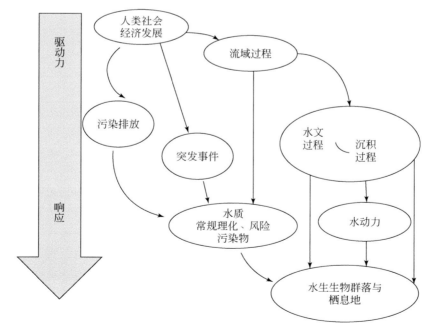

图 1-1　流域水生态环境系统逻辑关系

良好的生态效果，只有维持水生态系统结构和功能的完整性，即具有健康的水生生物群落和良好的物理化学生境，才能实现河流湖泊的真正健康。

水质目标管理体现了流域水生态环境系统协同控制要求。水生态环境系统健康状况受到流域、区域、河段等多尺度人类胁迫压力的影响（图 1-1），需要从流域系统性、整体性角度进行诊断与保护。流域水生态环境系统实质是以水循环为纽带的物理过程（水量变化）、水生生物及生物地球化学过程（水质–水生态）和人类活动调控为一体的水系统。

1.2.2　水质目标管理技术体系

水质目标管理包括水环境基准标准、控制单元容量总量控制、固定源排污许可管理、水环境风险管控、水生态健康管控、水质目标管理业务化平台构建等技术内容（图 1-2）。

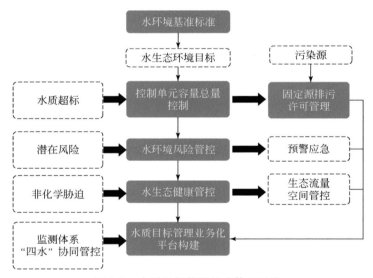

图 1-2　水质目标管理技术体系示意

水质目标指标体系由生态流量、水体理化、风险污染物、生物完整性指数等指标构成。水环境基准标准是水生态环境目标确定的依据。

基于水环境基准标准，开展水生态环境退化诊断和关键胁迫因子识别，针对不同环境问题实施不同的管理措施：①针对水质超标问题，计算控制单元水环境容量总量，开展污染源最大日排放负荷分配，实施固定源排污许可管理制度；②针对突发性、累积性水环境潜在风险问题，建立以水环境风险评估、风险污染物识别、水环境风险预警和应急管控等为核心的水环境管控技术体系；③针对生态流量不足、水生境退化等非化学胁迫问题，实施生态流量保障、水生态空间管控和水生态承载力调控等技术手段，恢复流域水生态健康状态。

最后，制定流域水质目标管理方案，通过建设水生态环境监测体系和水质目标管理业务化平台，实现"四水"协同管控。

因此，水质目标管理技术体系作为近年来新发展的技术模式，具有三个方面的特点：一是强调水生态完整性保护，强调生态流量目标、水体理化目标、水风险管控目标、生物完整性目标的共同保护；二是强调以流域压力–水生态环境的响应关系为基础，针对性实施适用性管理措施；三是强调"四水"的协同管控，不仅是过去的水污染管控，根据流域环境问题需求，还要综合实施水环境风险管控、生态流量保障和水生态承载力调控等管理手段。

1.3 水质目标管理关键技术的发展历程

1.3.1 水环境质量基准发展历程

水环境质量基准，简称水环境基准或水质基准，是指为保护水环境的特定用途，对水体中某物质存在水平的客观定量或定性限制；通常表述为水环境中某物质对特定对象不产生有害影响的最大剂量（或无作用剂量）或浓度水平，主要考虑自然生态特征，并主要基于毒理学及污染生态学试验的客观记录和科学推论，是制定水环境质量标准的科学依据，不具有法律效力。水环境质量标准，简称水环境标准或水质标准，是以水质基准为依据，在考虑自然环境和国家或地区的社会、经济及技术等因素的基础上，经过综合分析，由国家相关管理部门颁布的具有法律效力的限值，是进行环境评价、环境监控等环境管理的执法依据，具有法律强制性。水质基准和水质标准共同组成了水环境管理的重要尺度。

19 世纪末，卫生学家尼基京斯基研究了石油制品对鱼类的影响，提出环境质量基准的概念。美国在国际上最早开展水质基准相关实验研究，目前基准方法体系建设相对较完善，目前大多数国家主要以美国的基准/标准体系为准则。欧美等发达国家或组织常以国家层面［如美国国家环境保护局（United States Environment Protection Agency，USEPA）］颁布的优控污染物水质基准推荐值为主要依据，以保护水体中水生生物的正常生长和发展以及人群可安全利用水体（通常的生产、生活用水）与水生生物食物资源（可食用的水生生物等）的安全，国家内部各州或部落等相关部门再依据国家基准推荐值，颁布可执行的水质标准限值；除一些地方的特殊需求应科学说明并调整国家基准推荐值外，大多数情况是地方部门直接采用国家基准推荐值作为本地区水环境质量标准值来使用。

现今国际环境基准的主流定值方法主要是依据生物物种对目标物质的毒性响应特征、生态完整性保护要求及人体健康风险阈值要求制定的，方法主要包括三类：①基于毒理学风险评估的经验性"评估因子法"；②基于物种敏感度分布（species sensitivity distributions，SSD）统计的"数理推导法"；③基于生物或生态暴露效应模型分析的"模型推导法"。该三类方法都需要生物学代表性强、毒理学终点明确的有效性生物种测试数据。其中，评估因子法更依赖于敏感生物种的毒性数据，较多应用于工业化学品的毒性风险评估管理；数理推导法主要基于本土生态物种敏感度分布理论，依赖于获得生态系统中大部分生物（保护 95% 的生物）的毒性数据，有时为校正方法的不确定性，也可用评估因子给予补充；

模型推导法目前在理论方法及实际应用技术上都还有待发展，如 USEPA 发布了仅采用生物配体模型并只用于金属铜的水生生物基准值的推导文件。该三类方法中，以基于本土生物种的毒理学试验数据，用 SSD 法经数理推导获得的基准值最常用。

当前在水环境基准基础研究方面，主要缺乏种群、群落和生态系统等尺度上对污染物的生态学暴露数据及基准数据推导转换的方法学研究，尤其在复合污染条件下，目标污染物在多个环境介质中迁移转化过程的联合作用机制尚不清楚，在基于污染物联合毒性的水质基准方法学上有待重大突破和创新，因此在水环境基准研究领域尚需进一步加强研究，以建立相对完善的符合各国水生态环境特征和管理需求的适用性环境基准/标准体系。

环境与生态毒理学效应研究是水质基准研究的基础。中华人民共和国成立以来，我国学者陆续进行了水环境生态毒理学及相关污染物生态效应的研究。从 20 世纪 60 年代初开始，有关学者开展了污染物对大型溞、鱼卵、鱼苗的毒理学实验研究。70 年代以来是我国水环境生态毒理学发展的重要时期。1972 年我国参加了在瑞典斯德哥尔摩召开的第一次联合国人类环境会议；1973 年我国召开了第一次全国环境保护会议，成立了国务院环境保护领导小组，标志着我国环境保护事业的正式启动。80 年代以来，我国相继建立了环境与生态毒理学相关研究团队。1981 年国内有关学者翻译出版了《水质评价标准》（美国水质基准《红皮书》），首次将国外水环境基准技术体系文件引入国内；1982 年我国组建城乡建设环境保护部，内设环境保护局；1983 年首次发布了《地面水环境质量标准》，这是我国第一个水环境质量标准；1986 年国内学者翻译了《淡水鱼类的水质标准》（英国）一书，对英国水环境基准研究进行了介绍。90 年代以后，相关学者翻译编著出版了《水质标准手册》，介绍了美国制定水质基准体系中有关水生生物基准的原则方法等，并采用 USEPA 的相关方法探讨了丙烯腈、硫氰酸钠等污染物的水生生物基准推导。直至 21 世纪初，我国的水环境基准研究基本以学者零散的技术介绍性探讨为主，尚未开展国家层面的系统性水环境基准技术方法体系的研发。2008 年之后水专项以构建我国水环境基准技术体系为目标，围绕水生生物基准、湖库营养物基准、人体健康基准、沉积物基准、水生态学基准等，开展了基准制定和效应研究，提出了一批水环境基准推荐值，为我国水环境基准研究开创了新的局面。

1.3.2　控制单元水质目标管理发展历程

容量总量控制是指把允许排放的污染物总量控制在受纳水体设定环境功能所确定的水质标准范围内，即容量总量控制的"总量"是指基于受纳水体中的污染物不超过水质标准所确定的允许排放限额。该手段的主要特点是强调水体功能以及与之相对应的水质目标的一致性，包括控制范围确定、污染物排放量估算、环境容量估算、污染物总量分配、污染负荷削减与控制措施实施六大过程。其中，环境容量估算与污染物总量分配作为总量控制的核心工程，可以公平地优化分配到每一个排污单元。

日本于 20 世纪 70 年代在伊势湾和东京湾开始实施总量控制计划，提出容量总量控制理念；美国推行实施最大日负荷总量（total maximum daily load，TMDL）计划，将可分配的污染负荷分配到各个污染源（包括点源和非点源），采取适当污染控制措施保证目标水体达到相应水质标准；欧盟颁布施行《水框架指令》（Water Frame Directive，WFD），强调水资源、水环境、水量、水质、水生态一体化管理，旨在实现污染控制和水质保护。国外长期的水环境管理实践证明，针对污染源的控制是防治水污染的有效解决途径之一，尤其是美国的 TMDL 计划，在改善水体质量方面取得了较大的成功，已成为国际上河流治理和流域管理方面的主要发展趋势。

我国水环境容量总量控制研究开始于 20 世纪 80 年代，夏青等老一辈科学家们借鉴国外容量总量控制的先进理念和技术，尝试解决中国环境问题，在广大科技和管理人员结合国情、潜心钻研和不断实践的努力下，逐步形成了具有中国特色的容量总量控制技术体系。"六五"期间开展的"黄浦江污染综合防治规划方案研究"和"沱江水环境容量研究"两个攻关课题中便体现了总量控制的水质规划思想，标志着我国流域污染控制由浓度控制进入总量控制阶段（夏青等，1990）。"十五"期间，我国主要实施了目标总量控制政策，根据污染物现状排放情况按照一定比例确定总量控制目标，在管理上具有较强的可操作性，在一定发展阶段对我国的污染防治工作具有积极的作用（杨文杰，2011）。然而，目标总量控制以行政区为单位，采用了"一刀切"的模式，减少了污染物排放量，一定程度上遏制了流域水质恶化的趋势，但是由于污染物总量削减目标的确定过程中没有考虑污染物排放量和受纳水体水质之间的响应关系，污染物削减与水质改善相脱节（韩文辉等，2020）。

为了更好地实现容量总量控制，针对固定源，我国采用排污许可证管理和最佳可行技术等手段进行管控。我国从 20 世纪 80 年代中期开始探索并引入排污许可证这一环境管理制度，排污许可是行政许可在污染防治领域的具体运用，是指环境保护行政机关依排污者的申请，依法进行审核，准予其从事排放污染物活动并依法对排污单位进行全过程监管的行政行为。2016 年，国务院办公厅印发《控制污染物排放许可制实施方案》（国办发〔2016〕81 号），生态环境部（原环境保护部）也先后发布实施了《排污许可证管理暂行规定》《排污许可管理办法（试行）》《固定污染源排污许可分类管理名录（2019 年版）》等政策，初步建立了我国重点行业排污许可管理体系，当前主要是根据最佳可行技术和排放标准来发放许可证，许可证与水环境质量并不明确挂钩。

针对上述问题，我国总量控制研究开始向容量总量控制转变。"十一五"期间，水专项开展了流域 TMDL 研究，构建了水质目标确定、污染源与水质响应关系模型、污染负荷分配及实施效果评估等技术体系，按照"分区、分类、分级、分期"管理思路，围绕污染物水质改善与污染负荷削减，进一步完善控制单元水质目标管理技术体系，形成面向控制单元的工业污染源排污许可技术、面向城镇面源污染的模拟与控制措施优化技术；"十三五"期间，水专项重点是围绕水环境容量总量分配、排污许可管理、生态流量管控等控制单元水质目标管理关键技术开展系统集成、评估和验证研究，形成流域控制单元水质目标管理技术规范、标准体系，构建基于技术和水质相结合的排污许可限值核定技术体系，为控制单元水质目标管理技术全面推广和运行提供支撑，将容量总量控制与水污染防治规划、排污许可证管理相结合，逐步形成基于容量总量控制的水质管理技术体系。

1.3.3 最佳可行技术发展历程

最佳可行技术是环境技术管理体系的有机组成部分之一，是排污许可制实施的必要技术支撑。欧美发达国家和地区在 20 世纪 90 年代环境管理转型中，不断强化了最佳可行技术在环境管理和许可证管理中的作用与地位，规定工业设施必须获得许可证才能运行，最佳可行技术成为制定许可证条件和排放水平的基础（Kramer，1997）。截至目前，欧盟发布了氯碱、钢铁、有色金属、制革、水泥等 35 个行业最佳可行技术指导文件（BREFs）（European Integrated Pollution Prevention and Control Bureau，2006），其中，我国有关部门组织翻译了欧洲共同体联合研究中心（2012，2013a，2013b）出版的系列文献。美国发布了采煤、制药和有色等 58 个行业或设施的技术文件（USEPA，1977），如图 1-3 所示。这些最佳可行技术指导文件对于我国有很好的借鉴作用，但由于技术发展阶段、行业构成特征和环境管理制度体系等不同，我国需要建立自己的最佳可行技术管理体系。

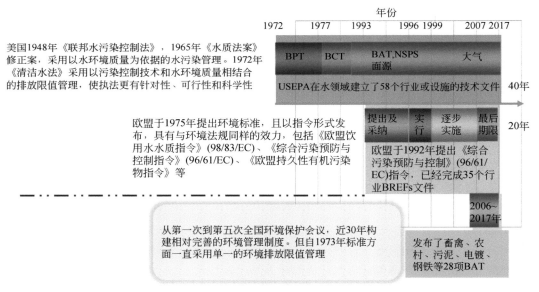

图 1-3 欧美及我国最佳可行技术管理体系建立情况

20 世纪 90 年代初，国家环境保护总局开始对环境技术进行管理。首先集中在对现有治理技术的筛选上，"七五"期间，汇编了《1990 年国家科技成果重点推广计划》环境保护项目目录，成立了国家环境保护局最佳实用技术评审委员会和环境保护最佳实用技术推广办公室（筹）。1992~2003 年，全国各省市环境保护局和国务院各部门、行业协会共推荐了 2418 项环境保护实用技术。通过专家评审和筛选，共选出 1024 项国家重点环境保护实用技术进行推广。"八五"期间，随着国家科技攻关重点的调整，技术管理重点放在了污染防治技术的开发上，国家环境保护局组织了"八五"国家环境保护科技攻关研究，针对重点、难点污染防治技术开展了科技攻关。"九五"期间，国家环境保护总局开始制定污染防治技术政策，对污染防治工作发挥了重要的指导作用，极大地促进了相关领域环境保护治理技术及产业的发展。"十五"期间，国家环境保护总局组织实施了系列环境污染防治技术管理工作，先后发布了印染行业废水、危险废物、燃煤二氧化硫、柴油车、摩托车、制革毛皮工业等 15 项污染防治技术政策，制（修）订了 90 多项环境保护产品技术要求和 70 多项环境标志产品技术要求。

"十一五"以来，在水专项等支持下，我国部署形成了最佳可行技术评估程序与方法、重点行业最佳可行技术评估试点工作及最佳可行技术指南编制、最佳可行技术指南文件支撑环境管理等系列成果，使我国成为继欧盟之后第二个系统建立最佳可行技术体系的国家。我国编制发布最佳可行技术指南 8 项，出台了《污染防治最佳可行技术导则编制管理办法》《污染防治最佳可行技术导则编制指南》《污染防治技术政策编制指南》等文件（高志永等，2013）。"十二五"期间，环境保护部发布《关于加快完善环保科技标准体系的意见》，明确指出要按照"技术簇"管理思路，发布一批污染防治技术政策、工程技术规范和最佳可行技术指南，并提出了建立环境技术验证制度的明确要求。"十三五"期间，水专项在"流域水质目标管理技术体系集成研究"下设立"重点行业最佳可行技术评估、验证与集成"课题，发布了《污染防治可行技术指南编制导则》（HJ 2300—2018），系统梳理了"十一五"以来最佳可行技术成果，制（修）订了纺织、制革、制药、农药等"水十条"重点行业的 BAT 指南。

1.3.4 水环境风险管理发展历程

水环境风险管理是按照一定的技术手段和方法对水环境风险进行识别、评估和预测，主要是为环境保护部门的环境管理提供决策依据。环境风险分为突发性环境风险和累积性环境风险。其中，突发性环境风险具有发生时间快速、水体响应时间短等特点；累积性环境风险一般是指开发活动中潜在的对人类健康和生态环境产生危害的行为，这种风险的特点是隐蔽性较强，对人类健康和生态环境却具有长远的影响。

水环境风险管控包括风险源识别、优控污染物清单识别、水环境风险评估、风险预警、重点行业风险源管控等技术环节。风险识别作为水环境管理的重要组成部分，是在水环境风险管理的初始阶段，对可能引发环境危害的污染因子进行有效的识别和鉴别，发现产生环境危害的主要贡献物质。风险评估是在风险识别的基础上，通过暴露评估、"剂量-效应"、风险表征几个过程，对环境风险进行定量或定性的评估。环境风险预警作为水环境管理的重要补充手段，可为流域水环境管理提供直接信息，包括风险源识别、影响过程及风险后果预测等，从而为水环境管理提供技术支持。环境风险管控作为水环境管理的最终目标，其目的是从源头对产生环境危害的风险源进行管控，最终实现对环境风险的有效管理。

国际环境风险管理起源于 20 世纪 70 年代，从早期的突发事故风险管理到化学品人体健康风险评估管理，再到目前多因子、多尺度生态风险评估，已经贯穿于环境管理的全过程。环境风险是指由自然原因或人类活动引起的，通过降低环境质量及生态服务功能，从而对人体健康、自然环境与生态系统产生损害的事件及其发生的可能性（概率）。在流域层面，环境风险管理的技术涵盖范围比较广；在技术层面，包括流域环境风险识别、风险监测、风险预警、风险评估等方面。

总体来讲，我国环境风险管理体系仍然处于起步阶段，管理上存在重应急轻防范、重突发污染事故轻长期慢性健康风险等问题。流域环境管理制度存在对环境风险的科学评估不够，对环境风险的预防和预警性不足，对环境风险的综合决策性不强等问题。因此，我国环境风险管理水平还是比较滞后的，这也致使各类环境风险事件频发，不仅对生态环境造成极大的破坏，同时危及人民的生命和健康安全。开展流域水环境风险管理的意义主要体现在两个方面：一方面，现阶段的水环境问题迫切需要一种科学的方法来对风险进行有效的识别，并对风险进行准确评估，从而为管理者提供一个可靠的认识；另一方面，多学科交叉能够在环境风险管理过程中得到充分的体现，因此加强环境管理的科学性，从传统的环境标准管理体系向风险管理体系过渡，标志着环境保护的一次重要战略转折，它使环境管理的目的性更加明确，由先污染后治理转变为污染前预测和实行有效的控制，也标志着环境管理者从"救火"向"预防"角色的转变。

1.3.5 水生态分区管理发展历程

"针对水生态环境特点，实施区域差异性管理"是国际水环境管理的成功经验。美国是世界上最先制定水生态分区的国家之一，并且形成了水生态区划为基础的水环境管理方法与技术体系（周家艳等，2012）：分区—水陆数据库建立—水生态健康评估—水质目标确定—覆被变化及响应研究。具体说来，美国从 1987 年开始提出了全国的水生态区划方案，将美国大陆划分为 15 个一级、50 个二级区、85 个三级区、791 个四级区，目前在大多数州都已经划分到五级区。在分区的基础上，美国对各分区建立了详尽的自然地理、野生动物、本土植物等数据库；根据水生态区的实际情况，制定了各分区不同类型水体的营养物标准，建立了不同区域的生态系统恢复标准；以水生态分区为基础开展河流、湖泊的生态系统完整性评价；基于水生态分区，建立土地资源和水资源变化的响应关系，预测土地利用变化的效应。欧盟在 2000 年通过《水框架指令》，作为其水环境管理的法律文件，提出"到 2015 年使欧盟境内所有地表水和地下水达到良好状态"的管理目标，其中不仅包括水环境质量，也包括水生态质量。为实现管理目标，欧盟建立了其水体分区分类的管理体系，基于海拔、地质和集水区面积等要素划分水生态区，识别水体类型，在此基础上制定生态保护目标，欧盟开展了生态环境质量评价、流域综合管理规划制定等一系列管理工作。

在过去一段时间内，我国一直实施以水（环境）功能区为基础的水环境管理方式，具体是将水体划分为保护区、饮用水水源区、工业用水区、农业用水区、渔业用水区、景观娱乐用水区和过渡区等功能区类型，根据功能确定水质保护要求，水功能区是我国水环境污染控制的基础，为我国水环境管理发挥了重要作用。我国正处在从传统的水环境污染控制向水环境质量管理的关键阶段，水功能区在现代水环境管理模式下表现出一定的局限性。它仅仅是对水体进行区划，没有考虑水体所属的陆地单元，割裂了陆水相关关系，而且缺乏对各个水体生态功能的系统研究，更加关注服务功能的保护。水环境管理目标在水体，但措施在流域，建立基于水陆相统一的新型水环境管理单元，是推动我国流域水环境管理技术发展的迫切需求。

"十一五"以来，水专项在流域水生态功能分区、水生态系统健康评价、水生态保护目标制定、水生态承载力评估等方面开展了系列研究工作，构建了流域水生态环境功能 1~4 级分区体系，突破了功能分区、水生态健康评价、水生态保护目标制定、水生态承载力指标体系构建、评估、预测以及优化等关键技术，完成了辽河（王俭等，2013）、太湖（高永年和高俊峰，2010）、松花江（郑力燕，2016）、海河（孙然好等，2013）、淮河（梁静静等，2011）、黑河（杜飞等，2017）、滇池（樊灏等，2016）、洱海（杨顺益等，2012）、东江（和克俭等，2019）、赣江（方玉杰等，2015）、巢湖（高俊峰等，2019）11 个流域的水生态功能分区方案。2015 年环境保护部在水专项成果的基础上，进一步完成了全国流域水生态功能分区方案的制定。"十三五"在"十一五""十二五"水专项成果的基础上，通过已有技术评估、验证及突破完善，系统集成涵盖水生态功能分区、健康评价、目标制定、空间管控和承载力调控的流域水生态功能区管理成套技术，建立流域水生态功能分区与健康管控体系。

1.3.6　生态流量管控发展历程

生态流量，广义上讲是指维系河湖生物多样性健康可持续的流量，保持河道形态稳定的输沙流量，保持河湖水质要求的污染物降解流量，维持河口咸淡平衡的流量等。从维持河流自然生态系统最基本的需要这一狭义概念理解来看，生态流量是指维持河流生态与环境需要的最小流量。河湖生态水量（流量）的确定和保障是水资源开发利用、节约、保护、配置、调度管理的重要基础性工作，也是加强水资源开发利用管控、推进河湖生态保护修复的基本要求，事关生态文明建设和水利改革发展的全局。生态流量管控主要包括生态流量核算、生态流量目标制定、水质水量联合调度和生态流量适应性管理等技术方法。

20 世纪 70 年代以来，随着经济社会的高速发展，人类用水与生态需水的矛盾日益突出，人为修建的水利设施大大改变水流的自然节律，导致河流生态系统的物理环境、化学环境、生物群落结构及其功能出现显著变化，特别是大坝的修建对河水流动的改变最为直接明显。为了平衡人类用水及生态需水，恢复河流生态系统的功能，"生态流量"理念应运而生。

国际上，生态流量的概念自提出以来，生态流量的研究经历了三个时期：萌芽期、普及扩展期和全球化期。20 世纪 40 年代至 60 年代末是生态流量研究的萌芽期。这一时期，美国由于水利工程的大幅度扩张，许多河流水量锐减，影响了渔业发展。为此美国鱼类及野生动植物管理局（United States Fish and Wildlife Service，FWS）开始对河道内的流量进行研究，并提出了生态基流的概念，即定义河道中的最小流量，旨在恢复当地的渔业资源，保护目标定为鲑鱼等冷水性经济鱼类。流量作为河流生态胁迫因子在这一时期得到强调，这一时期确立和保障生态流量的参与人员主要是水坝管理人员，其制定生态流量的基本依据为管理经验，没有形成系统的计算方法。20 世纪 70 年代初至 90 年代中期是生态流量研究的普及扩展期。在美国实施生态流量保障水利工程下游个别物种的最小生存流量之后，英国、澳大利亚、南非和新西兰等国家陆续开展了生态流量的相关研究。这一时期，参与人员不再局限于大坝管理人员，科学家、公众、政府组织和非政府组织都成为保障生态流量的生力军，而生态流量的研究对象也不再局限于鱼类。20 世纪 90 年代末至今，随着生态流量核算方法的蓬勃发展，生态流量研究迎来了全球化期。在政策层面，各国相继制定了生态流量相关法规标准，如欧盟专门针对淡水生态系统健康保护制定的《水框架指令》，以法律的形式对生态流量进行了界定。在研究方法层面，这一阶段的研究方法不再局限于提高方法精度或者提出新的核算方法，而是立足于水生态系统发展，探寻水文生态响应机理，更趋向于研究保障水生态系统健康的生态流量过程，关注生态流量的科学化管理过程。

我国生态流量研究起步较晚，20 世纪 70 年代末开始研究探讨河流最小流量问题。20 世纪 80 年代，研究的重点主要集中在水污染日趋严重的问题。20 世纪 90 年代，水利发展由工程水利转向资源水利、环境水利和生态水利，由传统水利转向现代水利和人与自然和谐共处、协调发展水利。进入 21 世纪之后，生态需水研究已经成为我国的热点，累积前期研究成果，我国制定了诸多生态需水的相关导则或者指南。截至 2018 年，水利部确定了全国重点断面的生态流量值，明确了过程管理的概念，标志着我国生态流量由总量管理向过程管理的过渡。虽然在生态流量管控研究中，我国取得了一定成果，但是相比于欧美发达国家，我们对生态流量的管理，尤其是管理体系的构建还存在不足。一方面，欧美的生态流量管理已经逐步跨入流域或区域的管理阶段，而我国还停留在断面层面，忽视了流域的整体性；另一方面，美国、澳大利亚等国已经构建了科学的生态流量适应性管理体系，并进入全面应用阶段，而我国的生态流量管理主要是以个案性的水利水电工程环境影响评价为管理手段，对于生态流量适应性管理还停留在规划层面。

第 2 章 流域水环境基准及标准制定技术集成及应用

2.1 水环境基准标准概念解析

水环境质量基准是确定水环境管理标准的科学基础，也是开展水环境风险监控及评估管理的科学依据。水环境基准与标准共同构成水环境管理的重要准绳。水环境质量基准，简称水环境基准或水质基准，是指为保护水环境的特定用途，对水体中某物质存在水平的客观定量或定性限制；通常表述为水环境中某物质对特定对象不产生有害影响的最大剂量（或无作用剂量）或浓度水平，主要考虑自然水生态及人群健康特征，并主要基于毒理学及污染生态学试验的客观记录和科学推论，是制定水环境质量标准的科学依据，不具有法律效力。

水环境质量标准，简称水环境标准或水质标准，是以水质基准为依据，在考虑自然环境和国家或流域地区的社会、经济及技术等因素的基础上，经过综合分析，由国家相关管理部门颁布的具有法律效力的限值或限制，是进行环境评价、环境监控等环境管理的执法依据，具有法律强制性。水质基准和水质标准共同组成了水环境管理的重要尺度。

水环境质量基准内涵涉及以下三个层次：①水质基准以保护水生态系统、相关人体健康及其水体功能为主要目的，反映了污染（物）控制对象在水体中最大可接受浓度或限定水平的科学信息；②水质基准属于自然科学研究范畴，它是在污染对象的环境行为以及生态毒理效应等研究基础上的科学确定，水质基准值是基于科学实验的客观记录和科学推论；③水质基准是制定水质标准的依据，是进行水环境质量评价、水环境风险控制以及水环境管理体系的科学基础。

我国水环境基准研究起步较晚，基础较零散薄弱，至 21 世纪初尚缺乏体现我国水生态与人群暴露特点的系统性水环境基准研究工作支持（李会仙等，2012），而我国环境标准主要参照或借鉴国外发达国家或组织的基准或标准阈值，其科学性和适用性值得商榷。因此，完善构建适用于我国的流域水生生物、沉积物、水生态学及人体健康水质基准及标准方法技术体系具有重要意义。

2.2 水环境基准标准制定技术体系

流域水环境基准及标准制定校验成套技术由水生生物水质基准制定校验技术、水生态学基准制定校验技术、湖泊营养物基准制定校验技术、沉积物基准制定校验技术、人体健康水质基准制定校验技术、水环境基准向标准转化技术 6 项关键技术及 12 项支撑技术、25 项支撑技术点构成，研究的流域水环境基准方法技术体系主要内容见表 2-1。

表 2-1　水环境基准方法技术体系

成套技术	关键技术	支撑技术	支撑技术点
流域水环境基准制定校验成套技术	水生生物水质基准制定校验技术	水生生物水质基准制定技术	SSD 拟合基准定值技术
			本土基准受试生物筛选技术
			本土基准阈值最少物种需求规则（MTD）–3 门 6 科
			流域优控污染物筛选技术
		水生生物水质基准校验技术	本土流域水效应比技术
			本土水生态生物效应比技术
	水生态学基准制定校验技术	水生态学基准制定技术	本土水生态特征压力–响应定值技术
			本土水环境特征数据统计信息归一化定值技术
		水生态学基准校验技术	流域本土水生态微宇宙校验技术
	湖泊营养物基准制定校验技术	湖泊营养物基准制定技术	分类回归树模型和非参数拐点分析为核心的压力–响应模型
			湖泊营养物基准制定模型系统
			湖泊生态系统健康状况识别技术
		湖泊营养物基准校验技术	基于陆域生态系统健康的湖泊营养物基准阈值校验
			流域水功能区基于相平衡的沉积物基准定值技术
	沉积物基准制定校验技术	沉积物基准制定技术	底栖生物效应定值技术
			流域水生态特征加标沉积物测试校验法
		沉积物基准校验技术	流域实际水体沉积物测试校验法
			流域特征非致癌物线性拟合定值法
	人体健康水质基准制定校验技术	人体健康基准制定技术	流域特征致癌物非线性拟合定值法
			流域区域水环境关键参数核定法
		人体健康基准校验技术	流域经济水产品关键参数核定法
			本土水环境物种 SSD 风险分级法
	水环境基准向标准转化技术	应急水质标准转化技术	流域特征污染物急性效应核定法
			流域特征水体服务功能转化法
		常规水质标准转化技术	本土水环境污染物慢性效应核定法

2.3　水生生物基准技术集成

水生生物基准制定技术主要包括水生生物筛选技术、水生生物毒理学数据获取技术、水生生物基准推导，制定流程如图 2-1 所示，其关键是通过与水质基准相适应的本土生物受试物种辨析、生物测试方法建立、数值推导模型选择制定保护水生生物基准，制定水生生物基准的核心是基于风险的基准值推导。

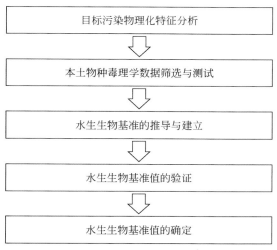

图 2-1　水生生物基准制定流程

2.3.1　水生生物筛选技术

我国幅员辽阔，不同流域水环境生态特征、水环境承载力等因素差异很大。水生生物的区系分布具有很强的地域性，不同流域水环境中分布的水生生物及其代表性物种的组成与结构存在较大差异；同时，由于不同流域水环境污染状况也具有不同特征，各流域不同类型的水生生物对水体中各种污染物的敏感性和耐受性也存在差异。因此，在制定具有流域特征性的水环境质量水生生物基准时，需要根据各流域水环境生物区系特点，选择适当的本土代表性物种用于水生生物基准的推导，以使得基于水环境代表性水生生物而得出的基准推导值可以为大多数生物提供适当保护。

用于水质基准推导的水生生物物种的选择需要综合考虑水生生物种类分布及其特点、水生生物营养级构成与特征、本土代表生物物种类型与分布规律等诸多因素。根据不同流域水环境水生生物分布调查与记载资料，筛选出至少源于 3 门 6 ~ 8 科的土著生物作为水生生物基准推导的代表生物，用于目标污染物对水生生物剂量–效应关系的建立。

2.3.2　水生生物毒理学数据获取技术

水生生物毒理学数据获取技术包括目标物质（污染物）对水生生物毒性测试方法的确定与标准化、水生生物毒理学效应关键指标识别与优选方法、水环境水生生物基准指标体系构建等。

在选择水质基准推导所需要的代表性水生生物的基础上，确定针对不同受试生物的毒理学终点指标，从相关文献资料中筛选符合要求的毒性数据，或选择适当的生物测试方法开展目标物质对代表性受试水生生物的毒性测试，用于基准值的计算与推导。

毒性测试方法可参照我国有关标准、经济合作与发展组织（Organization for Economic Co-operation and Development，OECD）化学品毒性测试技术导则、USEPA 推荐方法等规范性文件。对于尚未建立标准方法的毒性测试，需要在基准值计算推导相关的方法学中详细描述。

2.3.3 水生生物基准推导

为了对水生生物有效保护，USEPA 将受控污染物的水质基准设定为双值，即基准最大浓度（CMC），亦称为急性毒性浓度；基准连续浓度（CCC），亦称慢性毒性浓度。受控污染物的双值基准需通过收集乃至实验获得一系列的急性、慢性毒性数据，然后通过排序、计算、推导获得。我国基准获取参照发达国家技术方法（中国环境科学研究院环境基准与风险评估国家重点实验室，2014，2020），可采用 USEPA 提出的物种敏感度分布排序（SSD-R）法或现阶段欧洲国家较多采用的物种敏感度分布（SSD）法。SSD 法可以参照《淡水水生生物水质基准制定技术指南》（HJ 831—2017），现主要论述物种敏感度分布排序法。

物种敏感度分布排序法是 USEPA 推荐的水质基准制定的标准方法，它是基于物种敏感度分布法，把所获得水生生物种属的毒性数据按从小到大的顺序进行排列，序列的百分数按公式 $P=R/(N+1)$ 进行计算，其中 R 是毒性数据在序列中的位置，N 是所获得的毒性数据量。选择物种毒性敏感度分布靠近前 5% 处的 4 个属，就认为是 4 个最敏感的物种，然后根据式（2-1）~式（2-4）可得出物种毒性敏感度排序百分数 5% 处所对应的浓度，该浓度即最终急性值（final acute value，FAV），基准最大浓度 CMC = FAV/2（Zheng L et al.，2017a，2017b）。它是基于最靠近排序百分数 5% 处 4 个属的毒性值及毒性敏感度排序百分数，如果所得物种属的毒性数据量少于 59 个，那么靠近 5% 处的 4 个属就是 4 个最敏感种属。推导计算中，物种毒性值采用的是几何平均值，物种敏感度分布排序法计算 FAV 的具体步骤如下：

1）根据试验结果，求得受试生物的 48 h LC_{50}（或 EC_{50}）或 96 h LC_{50}（或 EC_{50}）；

2）求种平均急性值（species mean acute value，SMAV），SMAV 等于同一种的 LC_{50}（或 EC_{50}）的几何平均值；

3）求属平均急性值（genus mean acute value，GMAV），GMAV 等于同一属的 SMAV 的几何平均值；

4）从高到低对 GMAV 排序；

5）对 GMAV 设定级别，最低的为 1，最高的为 N；

6）计算每个 GMAV 的权数 $P=R/(N+1)$；

7）选择 P 最接近 0.05 的 4 个 GMAV；

8）用选择的 GMAV 和 P，利用式（2-1）~式（2-4）进行计算，即可得到 FAV。

$$S^2 = \frac{\sum \left[(\ln(GMAV)^2 \right] - \left[\sum (\ln GMAV) \right]^2/4}{\sum (P) - \left[\sum (\sqrt{P}) \right]^2/4} \tag{2-1}$$

$$L = \frac{\sum(\ln\text{GMAV}) - S(\sum\sqrt{P})}{4} \tag{2-2}$$

$$A = S(\sqrt{0.05}) + L \tag{2-3}$$

$$\text{FAV} = e^{A} \tag{2-4}$$

式中，GMAV 为属平均急性值；P 为选择 4 个属毒性数据的排序百分数。

最终慢性值（final chronic value，FCV）的计算方法有两种，当数据充足时，如 GMCV 数据接近或多于 10 个，按 SSR 法推荐，使用与 FAV 相同的方法计算。当数据不足时，采用最终急慢性比率（final acute chronic ratio，FACR）法，用公式 FCV = FAV/FACR 计算。FACR 要用 3 个科生物的急性慢性比率（ACR）计算获得。这 3 个科要符合下列要求：①至少一种是鱼；②至少一种是无脊椎动物；③推导淡水水质基准时，至少一种是急性敏感的淡水物种。本研究选择第一种方法进行 FCV 的推导。

获取最终植物值（final plant value，FPV）的目的是比较水生动植物对毒物的相对敏感性，以表明能充分保护水生动物及其用途的基准能否对水生植物及其用途起到相同的保护作用。植物毒性试验可以是藻类的 96h 毒性试验或水生维管束植物的慢性毒性试验，要求检测指标为生物学上重要的终点，取试验得出的结果中最小慢性毒性值作为 FPV。但植物毒性试验方法及对其结果的解释都还没有很好的发展（Liu，2018），因此该类试验可以相对少一些。

按照 USEPA 指南与本课题制定的水质基准推导方法（USEPA，1985a，1985b，1995，2013），在推导水质慢性毒性基准时，一般还需要计算最终残留值（final residual value，FRV），设置 FRV 的目的是防止化学物质经过生物积累后在生物体内超标而影响食用，同时也可以保护野生动物受到不可接受的影响。污染物的 FRV 计算方法：①确定污染物的最大允许组织浓度（相关部门对鱼类、贝类等可食用部分的管理水平）；②求生物浓缩因子（bioconcentration factor，BCF），BCF=组织中化学物质浓度/水体中化学物质浓度。试验应持续到明显的稳定状态或 28d 再计算；③计算污染物的最终残留值，残留值=最大允许组织浓度/BCF，取残留值的最低值即 FRV。

2.3.4　水生生物基准校验

淡水水生生物基准校验主要是将得出的长期基准值与本土生物的测试结果进行比对，如果没有重要的本土生物的毒性值低于水质基准值，则表明基准值是适用的。在检验水生生物基准的区域适用性的过程中，可以使用水效应比（WER）法等。

2.3.4.1　本土物种法

本土物种法为采样区域物种进行生态毒性试验，利用获得的区域物种毒性数据对水环境基准阈值进行验证，应用的一般前提是已经存在水环境基准阈值或者水质标准值。

具体技术步骤如下：

1）查询确定上一级目标污染物的水环境基准阈值或水质标准值，如水质基准阈值或者国家水质标准值。

2）选择重要的国家层面或区域层面物种，如重要经济或娱乐物种等。

3）在实验室内采用配制水进行急性和慢性毒性试验，急性毒性试验终点为 LC_{50} 或 EC_{50}，慢性毒性试验终点为敏感终点的最大无影响浓度（no observed effect concentration，NOEC）或最大允许毒物浓度（maximum acceptable toxicant concentration，MATC）。

4）将获得急性和慢性毒性终点值分别与上一级的短期和长期水环境基准阈值或水质标准限值进行对比。如果测试物种的毒性值大于基准值或标准值，表明基准值基本可靠，否则进行下一步。

5）当区域物种的毒性值小于上一级基准值或标准值时，搜集目标污染物的本土物种毒性数据（霍守亮等，2017；范博等，2019），将其与测试获得的区域物种毒性数据合并，重新计算短期和长期的区域水环境基准。

2.3.4.2　水效应比法

WER 法考虑了区域水质对水环境基准阈值的影响，当区域水质具有特殊性时尤为适用。具体技术步骤如下。

（1）原水取样与粗过滤

取得目标区域的原水，并进行粗过滤：用尼龙网对取得的原水进行初步过滤，去掉原水中枯枝败叶、大型生物等较大体积的试验干扰物体。

（2）确定试验受试生物

水质基准阈值验证的受试水生生物至少需包括一种脊椎动物和一种无脊椎动物，建议采用国际标准受试水生生物，如斑马鱼和大型溞等，也可选择当地重要的或有代表性的物种（阳金希等，2017）。

（3）确定验证试验方法

测试方法参照 OECD、ASTM、USEPA 或我国颁布的标准毒性测试方法进行，在进行原水试验时，应同时进行实验室配制水的平行毒性试验。

（4）WER 值的计算

WER = $LC_{50原水}$/$LC_{50配制水}$，如果能获得 NOEC 等慢性值，也可以用慢性值的比值计算WER 值。

（5）区域水质标准的计算

区域水质标准 = 上一级水环境基准阈值 × WER

通过上述验证步骤可以得到适合区域水环境的基准阈值。

2.4　人体健康水质基准技术集成

2.4.1　人体健康水质基准制定

国家人体健康水质基准制定流程具体可参照《人体健康水质基准制定技术指南》（HJ

837—2017)。

流域和区域人体健康水质基准制定流程与国家人体健康水质基准制定流程相似，可采用国家层面人体健康基准计算公式，但应采取流域区域层面相对应的生物累积系数（BAF）值、流域和区域人体健康暴露参数［体重（body weight，BW）、日饮水量（drinking water intake，DI）、食鱼量（fish intake，FI）］（USEPA，2009）。

流域和区域层面 BAF 值可通过以下方法获得：①采样实测方法；②实验室测定的 BCFs 结合食物链倍增系数估算 BAF 的方法；③辛醇-水分配系数（Kow）结合食物链倍增系数推导特定流域区域 BAF 的方法。流域和区域人体健康暴露参数（BW、DI）可通过环境保护部发布的《中国人群环境暴露行为模式研究报告（成人卷）》和《中国人群环境暴露行为模式研究报告（儿童卷）》获得，人体健康暴露参数（FI）则通过《中国居民营养与健康状况调查报告》获得。

国家-流域-区域人体健康水质基准制定技术流程如图 2-2 所示。

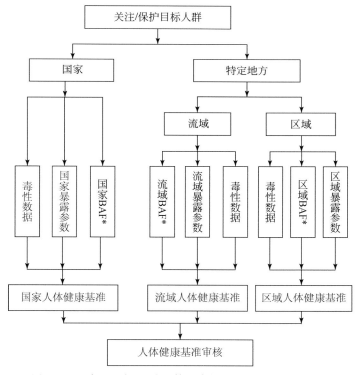

图 2-2　国家-流域-区域人体健康水质基准制定技术流程
＊国家 BAF、流域 BAF 和区域 BAF 可依据水环境参数、水生生物脂质分数等关键参数进行相互转化

2.4.1.1　人体健康危害评价

人体健康危害评价优先选用人群人类流行病学研究数据。缺乏人类流行病学研究数据时，从动物试验数据外推至人类，以动物试验研究结果为起点，常用的数据有最大无可见

有害效应剂量（no-observed adverse effect level，NOAEL）、最小可见有害效应剂量（lowest-observed adverse effect level，LOAEL）或10%附加风险剂量的95%置信下限（LED₁₀）。化学物质的人体健康危害评价分为致癌物和非致癌物危害评价，致癌物危害评价又可分为线性致癌物和非线性致癌物危害评价（李雯雯等，2019；Fan B et al.，2019a，2019b；Fan M et al.，2019）。

（1）非致癌物效应的危害评价

化学物质的非致癌效应健康危害评价以参考剂量（reference dose，RfD）为指标。优先采用可靠的非致癌物RfD为流行病学调查的人体数据。缺乏人体数据时，从动物试验研究数据推导RfD。

1）RfD的推导包括危害识别、剂量–效应评价和关键数据的选择。关键研究首选流行病学研究的人体数据，其次选用高质量的动物试验研究数据，并且具有与人类相关的生物学理论。RfD的推导见式（2-5）：

$$RfD = \frac{NOAEL}{UF \times MF} \text{ 或 } \frac{LOAEL}{UF \times MF} \tag{2-5}$$

2）不确定性系数UF和修正系数MF的定义与选择见表2-2。

表 2-2 不确定性系数和修正系数

不确定性系数	定义
UFH	对平均健康水平人群长期暴露研究所得有效数据进行外推时，使用1倍、3倍或10倍的系数。用于说明人群中个体间敏感性的差异（种内差异）
UFA	没有或者只有不充分的人体暴露研究结果，需由长期动物试验研究的有效数据外推时，使用1倍、3倍或10倍的系数。用于说明由动物研究外推到人体研究时引入的不确定性（种间差异）
UFS	没有可用的长期人体研究数据，需由亚慢性动物试验研究结果外推时，使用1倍、3倍或10倍的系数。用于说明由亚慢性NOAELs外推到慢性NOAELs时引入的不确定性
UFL	由LOAEL而不是NOAEL推导RfD时，使用1倍、3倍或10倍的系数。用于说明由LOAELs外推到NOAELs时引入的不确定性
UFD	从不完整的数据库推导RfD时，使用1倍、3倍或10倍的系数。化学物质常常缺少一些研究，如生殖研究。该系数表明，任何研究都不可能考虑到所有的毒性终点。除慢性数据之外，只缺失单个数据时，常使用系数3，该系数通常称为UFD
MF	通过专业判断确定MF，MF是附加的不确定性系数，10≥MF≥0。MF的大小取决于以上未明确说明的研究和数据库的科学不确定性的专业评估。MF的默认值为1

注：选择UF或MF时必须进行专业的科学判断。

3）数据需求。非致癌效应计算慢性RfD的完整数据库，应满足以下几个要求：①两种哺乳动物慢性毒性研究，不同物种的适当暴露途径，必须有一个是啮齿动物。②一种哺乳动物多代生殖毒性研究，采用适当的暴露途径。③两种哺乳动物发育毒性研究，采用相同的暴露途径。

（2）致癌效应的危害评价

致癌效应的危害评价首先要进行证据效力陈述，即依据生物学、化学和物理学方面的考虑做全面的判断。列出关键证据，针对肿瘤数据、有关作用模式的信息、对包括敏感亚群在内的人体健康危害、剂量–效应评价等方面进行讨论。重点描述暴露途径和浓度及其与人类的相关性，并对数据库的优缺点进行讨论。

环境暴露量往往低于动物试验的观测范围，因此需要采用默认的非线性外推法和默认的线性外推法进行低剂量外推。

A. 默认的非线性外推法

默认的非线性外推法应用条件为：①适用非线性的肿瘤作用模式，且化学物质没有表现出符合线性的诱变效应；②已证实支持非线性的作用模式，且化学物质具有诱变活性的某些迹象，但经判断在肿瘤形成过程中没有起到重要作用。默认的非线性外推法通常采用暴露边界法表征，其两个主要步骤是选择作为"最小影响剂量水平"的外推起始点（point of departure，POD）；选择适宜的限值或不确定性系数 UF。

B. 默认的线性外推法

默认的线性外推法的应用依据为：①没有充足的肿瘤作用模式信息；②化学物质有直接的 DNA 诱变性或者其他符合线性的 DNA 作用迹象；③作用模式分析不支持直接的 DNA 影响，但剂量–效应关系预计是线性的；④人体暴露或身体负荷高，接近致癌过程中关键事件的相关剂量。

低剂量条件下，致癌斜率因子（cancer slope factor，CSF）计算方法见式（2-6）：

$$CSF = \frac{0.10}{LED_{10}} \tag{2-6}$$

默认的线性外推法采用特定目标终身增量致癌风险（ILCR，范围在 $10^{-6} \sim 10^{-4}$ 内）的特定风险剂量（RSD）表征，按照式（2-7）计算：

$$RSD = \frac{ILCR}{CSF} \tag{2-7}$$

C. 线性和非线性组合法

线性和非线性组合法应用于以下情况：①单一肿瘤类型的作用模式在剂量–效应曲线的不同部分分别支持线性和非线性关系；②肿瘤的作用模式在高剂量和低剂量时支持不同的方法；③化学物质与 DNA 不发生反应，且所有看似合理的作用模式均符合非线性，但不能完全证实关键事件；④不同肿瘤类型的作用模式支持不同的方法。

人体健康风险评价逐渐成为化学物质环境风险管理中有效的重要工具，因此必须对风险评价中潜在的假设和默认进行合理的分析与量化。化学物质的人体健康风险评价有两个重要目的：其一是确定与特定暴露水平相关的健康风险；其二是得到旨在保护人群健康的安全剂量推荐值 [如每日允许摄入量（acceptable daily intake，ADI）、每日耐受摄入量（tolerable daily intake，TDI）、水质基准等]。大多数化学物质均采用动物毒理学实验研究数据进行人体健康风险评价。对于那些部分人群长时间、高剂量暴露的化学物质，人体流行病学研究数据具有无须进行从动物到人体的外推优势。人体流行病学研究数据是人体健康风险评价的首选，但是由于高质量的数据数量极少，不能成为风险评价主要的数据来源。

不论是使用实验动物数据还是人体流行病学数据，风险评价和基准推导都采用研究得到的外推起始点（point of departure，POD）与总体不确定性因子（total uncertainty factor，UFT）的商表示安全阈值。POD 可以是某项研究的最大无可见有害效应剂量（no-observed adverse effect level，NOAEL）、最小可见有害效应剂量（lowest-observed adverse effect level，LOAEL）或者基线剂量（bench-mark dose，BMD）的 95% 置信下限。例如，Pohl 和 Abadin 就是使用这种非线性方法推导最小风险水平。UF 与 POD 的选择密切相关，它的定义及取值都经历了长期的演化和发展。

1954 年美国制定的食品添加剂规范导则中提出的"安全因子"（safety factor，SF）是历史上最早出现的 UF。导则中提出由慢性经口动物实验的 NOAEL 除以 100 倍的 SF 得到食品添加剂的安全水平。1961 年联合国粮食及农业组织/世界卫生组织（Food and Agriculture Organization/World Health Organization，FAO/WHO）略微修正后采纳该方法，并把该安全水平称为 ADI。然而，此时 SF 的取值（100）完全靠主观经验。1988 年 USEPA 采用 ADI 途径进行了环境污染物的规范管理，并进行了更多的改进，如使用 RfD 和 UF 的概念替代传统 ADI 和 SF；100 倍的 UF 由两个 10 相乘组成，分别表示种间差异和种内差异造成的不确定性。虽然经过持续的演变，但依据经验 UF 取默认值的本质并没有发生根本的变革，而且也难以满足风险评价的内在需求。随着毒理学数据的不断丰富，出现了一些更加科学的 UF 推导方法。例如，通过生理药代动力学（physiologically based pharmacokinetic，PBPK）模型，可以推导出化学物质特异性的修正因子（chemical specific adjustment factor，CSAF），即使用某个化学物质特有的毒代动力学（toxicokinetics，TK）数据推导其毒性的种间或种内差异造成的不确定性，避免对所有化学物质使用同一个 UF，或者在已知化学物质代谢通路的情形下，计算不同个体之间化学物质的代谢差异，替代默认值中表征 TK 的亚因子，称为路径相关因子（pathway-related factor）。有的方法则把不同污染物引入的 UF 视为相互独立的随机变量，通过获得其概率分布，选取分布上限得到基于数据的评价因子（data-based assessment factor），这些方法的出现和应用，使得根据最新的研究成果和数据以及相关案例的特性选择与定量 UF 成为可能，从而增强评估结果的科学性和可信度。

2.4.1.2 流域/区域暴露评价

推导流域/区域人体健康基准，就是保护流域/区域人群人体免于遭受长期暴露的影响（Zhang et al.，2017；Wang et al.，2018），认为特定成年人与终生暴露相关的暴露参数值是最适数值。

（1）暴露参数的选择

暴露参数依据保护目标可作调整。流域/区域人体健康水质基准优先选择本流域/区域的暴露参数（陈金等，2019；范博等，2019），其次选择可采用全国性调查数据计算的暴露参数。根据人体健康水质基准设定的保护对象选择暴露参数，如保护对象为儿童、育龄妇女、孕妇等特殊人群，可开展相关调查获取与其相对应的暴露参数（Ankley et al.，1995；Stein et al.，2009）。

人体健康水质基准所用到的体重、饮水量、鱼虾贝类摄入量等暴露参数可根据《中国居民营养与健康状况调查报告》、《中国人群暴露参数手册（成人卷）》和《中国人群暴露参数手册（儿童卷）》中各个省份的数据获得，选用暴露参数手册中 BW 的平均值、DI 和 FI 的第 90% 分位数值。此外，也可以依据保护需求，通过区域现场调研，获得当地保护人群的人均体重、饮水量和鱼类摄入量调研数据的第 90% 分位数（表 2-3）。

表 2-3　中国人群暴露参数的评价和选择

项目	数值	数据来源	发布年份	发布机构
体重/kg	60.6	《中国人群暴露参数手册（成人卷）》（50% 分位数值）	2013	环境保护部
	61.9	《中国人群暴露参数手册（成人卷）》（均值）	2013	环境保护部
饮水量/L	1.85	《中国人群暴露参数手册（成人卷）》（50% 分位数值）	2013	环境保护部
	2.785	《中国人群暴露参数手册（成人卷）》（75% 分位数值）	2013	环境保护部
水产品摄入量/(g/d)	29.6	《中国人群暴露参数手册（成人卷）》	2013	环境保护部
	30.1	《中国居民营养与健康现状》	2004	卫生部、科技部、国家统计局

（2）相关源贡献

对于非致癌物和非线性致癌物的暴露评估，需要考虑流域人群来自饮用水、食物、呼吸和皮肤途径的暴露总量。在建立人体健康水质基准的过程中将来自水源和鱼类摄入的一部分暴露量占暴露总量的比值，视为此化学物质的相关源贡献。确定相关源贡献（RSC）的方法主要为暴露决策树法［具体决策树见《人体健康水质基准制定技术指南》（HJ 837—2017）］。RSC 的默认值为 20%。

2.4.1.3　流域/区域生物累积系数的推导

BAF 定义为代表化学物质在鱼虾贝类水生生物组织中的浓度与其环境水中的浓度的比值（以 L/kg 表示），生物及其食物都暴露于其中，并且该比值随着时间推移而逐渐稳定。国家 BAF 是描述我国境内人群普遍消费的鱼虾贝类水生生物组织中某一化学物质的长期平均生物累积潜力。BCF 是物质在水生生物组织内的浓度及其在环境水体中的浓度的比值（以 L/kg 表示），生物仅通过水体产生暴露，并且该比值随着时间推移而逐渐稳定。

依据化学物质的类型和特性不同，推导 BAF 时，化学物质可分为三大类：非离子型有机物、离子型有机物和无机/有机金属化学物质，每一种 BAF 推导方式都不同。

人体健康水质基准 BAF 的获取方法取决于化学物质的类型（即非离子型有机物、离子型有机物、无机/有机金属化学物质）。对于给定的化学物质，选择获取一种流域 BAF 的方法取决于以下几个因素，所关注的化学物质、BAF 法的相对优点和缺点，以及生物富集或生物测试相关的不确定性。具体的流域人体健康水质基准 BAF 获取方法如图 2-3 所示。为获得流域人体健康水质基准 BAF，每个程序包括适用于化学物质类别和性质的 BAF 推导方法，其中，我国部分区域的人群存在食用水生植物的习惯，因此，在制定该区域的人体健康水质基准值时，还应考虑水生植物（蔬菜）的暴露情况，应注意该区域的相应污染物在水生蔬菜中的 BAF、BCF 值的测定。

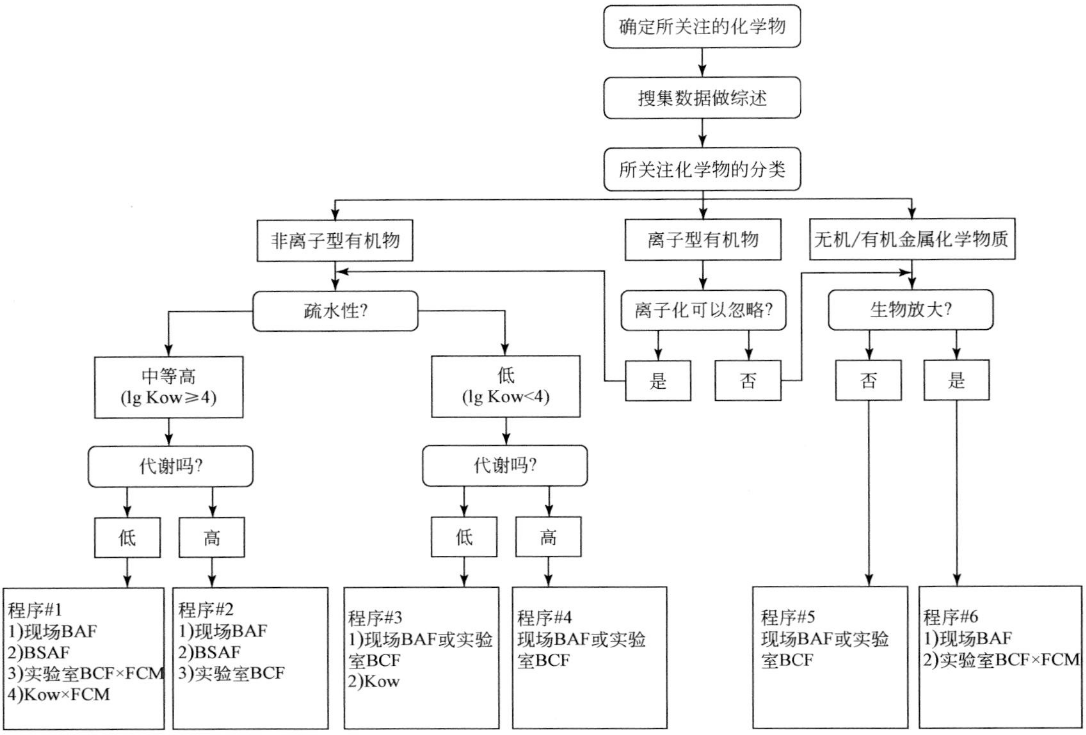

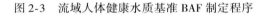

图 2-3　流域人体健康水质基准 BAF 制定程序

2.4.1.4　人体健康水质基准的推导

（1）同时摄入饮用水和鱼类（W+F）的人体健康水质基准

1）非致癌物的 W+F 基准计算：

$$\mathrm{WQC_{W+F}} = \mathrm{RfD} \times \mathrm{RSC} \times \frac{\mathrm{BW}}{\mathrm{DI} + \sum_{i=2}^{4}(\mathrm{FI}_i \times \mathrm{BAF}_i)} \times 1000 \qquad (2\text{-}8)$$

式中，$\mathrm{WQC_{W+F}}$ 为同时摄入饮用水和鱼类（W+F）的人体健康水质基准（μg/L）；RfD 为非致癌物参考剂量 [mg/（kg·d）]；BW 为成年人平均体重（61.9kg）；DI 为成年人每日平均饮水量（2.785L/d）；FI_i 为成年人每日第 i 营养级鱼类平均摄入量（30.1g/d）；BAF_i 为第 i 营养级鱼类生物累积系数（L/kg）；RSC 为相关源贡献。

2）致癌物的 W+F 基准计算：

非线性致癌物

$$\mathrm{WQC_{W+F}} = \frac{\mathrm{POD}}{\mathrm{UF}} \times \frac{\mathrm{BW}}{\mathrm{DI} + \sum_{i=2}^{4}(\mathrm{FI}_i \times \mathrm{BAF}_i)} \times 1000 \qquad (2\text{-}9)$$

线性致癌物

$$WQC_{W+F} = \frac{ILCR}{CSF} \times \frac{BW}{DI + \sum_{i=2}^{4} (FI_i \times BAF_i)} \times 1000 \tag{2-10}$$

式中，POD 为致癌物非线性低剂量外推法的起始点，通常为 LOAEL、NOAEL 或 LED$_{10}$；CSF 为致癌斜率因子 [mg/(kg·d)]；ILCR 为终身增量致癌风险，10^{-6}。

（2）仅摄入鱼类（F）的人体健康水质基准

1）非致癌物的 F 基准计算：

$$WQC_F = RfD \times RSC \times \frac{BW}{\sum_{i=2}^{4} (FI_i \times BAF_i)} \times 1000 \tag{2-11}$$

2）致癌物的 F 基准计算：

非线性致癌物

$$WQC_F = \frac{POD}{UF} \times \frac{BW}{\sum_{i=2}^{4} (FI_i \times BAF_i)} \times 1000 \tag{2-12}$$

线性致癌物

$$WQC_F = \frac{ILCR}{CSF} \times \frac{BW}{\sum_{i=2}^{4} (FI_i \times BAF_i)} \times 1000 \tag{2-13}$$

2.4.2 人体健康水质基准校验

国家人体健康水质基准制定后，该基准值能否适用于流域/区域，能否对流域/区域的人体健康起到保护作用，需要依据流域/区域人群暴露参数（BW、DI、FI）、水环境参数、水生生物脂质分数和流域区域的实测 BAF 值进行校验与重新计算。

2.4.2.1 实测流域/区域 BAF 值对人体健康水质基准值校验

通过搜集或采样测试获得实测的流域/区域 BAF 值，重新计算基于流域/区域 BAF 值的人体健康水质基准值。

（1）收集流域/区域 BAF 进行校验

依据研究目标，收集国家、流域或区域层面所关注人群消费水生生物的目标污染物质的 BAF 实测值，然后对相应的人体健康基准值进行计算和校验。

1）同时摄入饮用水和鱼类（W+F）的人体健康水质基准。

非致癌物的 W+F 基准计算：

$$WQC_{W+F} = RfD \times RSC \times \frac{BW}{DI + \sum_{i=2}^{4} (FI_i \times BAF_i)} \times 1000 \tag{2-14}$$

式中，WQC$_{W+F}$ 为同时摄入饮用水和鱼类（W+F）的人体健康水质基准（μg/L）；RfD 为非致癌物参考剂量 [mg/(kg·d)]；BW 为成年人平均体重（61.9kg）；DI 为成年人每日平均饮水量（2.875L/d）；FI_i 为成年人每日第 i 营养级鱼类平均摄入量（30.1g/d）；BAF_i 为第 i 营养级鱼类生物累积系数（L/kg）；RSC 为相关源贡献。

上述 BW、DI、FI 数据引用《中国人群环境暴露行为模式研究报告（成人卷）》（2013 年）、《中国人群环境暴露行为模式研究报告（儿童卷）》（2016 年）、《中国居民营养与健康现状》公告的相关数据。流域区域人群健康暴露参数可引用上述手册或公告中的相关流域区域数据。

致癌物的 W+F 基准计算：

非线性致癌物

$$WQC_{W+F} = \frac{POD}{UF} \times RSC \times \frac{BW}{DI + \sum_{i=2}^{4}(FI_i \times BAF_i)} \times 1000 \tag{2-15}$$

线性致癌物

$$WQC_{W+F} = \frac{ILCR}{CSF} \times \frac{BW}{DI + \sum_{i=2}^{4}(FI_i \times BAF_i)} \times 1000 \tag{2-16}$$

式中，POD 为致癌物非线性低剂量外推法的起始点，通常为 LOAEL、NOAEL 或 LED_{10}；UF 为不确定性系数，无量纲，取值参考《人体健康水质基准制定技术指南》（HJ 837—2017）；CSF 为致癌斜率因子 [mg/(kg·d)]；ILCR 为终身增量致癌风险，10^{-6}。

2）仅摄入鱼类（F）的人体健康水质基准。

非致癌物的 F 基准计算：

$$WQC_{W+F} = RfD \times RSC \times \frac{BW}{\sum_{i=2}^{4}(FI_i \times BAF_i)} \times 1000 \tag{2-17}$$

致癌物的 F 基准计算：

非线性致癌物

$$WQC_F = \frac{POD}{UF} \times RSC \times \frac{BW}{\sum_{i=2}^{4}(FI_i \times BAF_i)} \times 1000 \tag{2-18}$$

线性致癌物

$$WQC_F = \frac{ILCR}{CSF} \times \frac{BW}{\sum_{i=2}^{4}(FI_i \times BAF_i)} \times 1000 \tag{2-19}$$

（2）实测流域/区域 BAF 进行校验

依据研究目标，开展流域/区域人群消费水产品采集和污染物质 BAF 测试，获得流域/区域 BAF，依据实测的 BAF 值对流域/区域的仅摄入鱼类（F）及同时摄入饮用水和鱼类（W+F）的人体健康基准值进行计算与校验。

2.4.2.2 采用流域/区域关键参数对国家 BAF 进行重新计算

对于已经制定的国家人体健康水质基准值，对拟应用的国家 BAF 进行目标区域水环境参数、水生生物脂质分数的重新计算后，得到流域/区域的人体健康水质基准值。

通过关注区域水生生物脂质分数和/或可溶解性有机碳（DOC）浓度、颗粒态有机碳（POC）浓度，用基线 BAF 重新计算化学物质在关注区域的 BAF。可以通过以下方式修正基线 BAF 计算中的这些参数：

1）进行关注区域的野外研究，获得有代表性的水生生物脂质分数和/或 DOC 浓度、POC 数据。

2）进行文献检索以获得更具代表性的本地数据。

3）实际调查关注区域人群暴露参数（BW、DI、FI）。

通过关注区域的 POC 浓度、DOC 浓度和水生生物脂质分数对基线 BAF 进行校验与重新计算，具体见式（2-20）：

$$流域/区域 BAF = \left[（国家基线 BAF）\times f_1 + 1\right] \times f_{fd} \qquad (2\text{-}20)$$

式中，流域/区域 BAF 为流域区域层面污染物质的 BAF（L/kg）；国家基线 BAF 为已知的国家基线 BAF（L/kg）；f_1 为流域区域水生生物脂质分数（%）。f_{fd} 通过式（2-21）计算：

$$f_{fd} = \frac{1}{1 + POC \times Kow + DOC \times 0.08 \times Kow} \qquad (2\text{-}21)$$

依据重新计算的 BAF 值，对仅摄入鱼类（F）及同时摄入饮用水和鱼类（W+F）的人体健康基准值进行计算与校验。

2.4.2.3 采用流域/区域人群暴露参数对人体健康水质基准值进行校验

对于已经制定的国家人体健康水质基准值，校验其在流域/区域的适用性时，采用拟应用的流域/区域人群暴露参数（BW、DI、FI）对国家人体健康水质基准值进行校验。

2.5 水生态学基准及标准相关方法集成

水生态学基准是以保护水环境生态完整性为目的，用于描述满足指定水生生物用途，并具有生态完整性的水生态系统的结构和功能的数值或数值范围。完善的水生态学基准体系包括水生态学基准的推导方法、校验方法以及管理体系。

本章所阐述的水生态学基准推导方法主要基于水生态分区的理念，借鉴 USEPA 水环境质量的生物学基准的推导技术，提出适用于我国的水生态学基准推导技术方法，以及适用于不同生态分区的河流、湖库、河口水生态学基准的推导工作（USEPA，2010；Zeng et al.，2016；Gao et al.，2019）。在基准推导方法形成之后，水生态学基准校验方法为已推导出的水生态学基准建议值的现场及室内校验的程序、方法和技术要求（Anderson et al.，2008），用以验证水生态学基准建议值的有效性和科学性。而水生态学基准的管理体系则包括了基准工作中的质量管理、基准值的审核和应用，以及在应用中由水生态学基准向标准转化的方法。

2.5.1　水生态学基准制定

2.5.1.1　技术流程

制定水生态学基准的技术流程包括五个步骤，具体如下。

（1）流域水环境参照状态（参照区）的选择

选择合适的水环境自然生态参照状态是确定水生态学基准的关键，明确流域水环境自然生态系统的参照区（点）的选择方法，建立河流、湖库、河口水生态参照区（点）选择的技术方法。

（2）水生态学基准指标体系的建立

水生态学基准的科学建立有赖于合适的水生态学基准参数指标的选择。在水生态参照状态选择的基础上，筛选出河流、湖库、河口等的水生态学基准建议指标体系。

（3）水生态学基准参数指标的获取

水生态学基准参数指标包括生物、化学和物理指标，这些指标的调查主要依据国家或国际组织相关的水生生物和水质等的调查规范或方法指南进行。

（4）水生态学基准推导

根据调查或实验室试验的数据结果，选择合适的方法（如基于生态完整性的压力–响应模型法、频数分布法）计算得到生态学基准阈值。

（5）水生态学基准阈值的校验与评价

如果水生态学基准阈值设置太严格，流域实际水生态特征就会较多地不符合阈值要求，需要投入大量资源去管理；但如果基准阈值设置得太低，则又不能保证实际流域的水生态完整性，不具有管理的指导作用。因此有必要对初步推导的基准阈值结果进行野外和实验室检验、校正，分析评价获得的流域水生态学基准阈值的合理性。

流域水生态学基准制定流程如图 2-4 所示。

2.5.1.2　水环境参照状态选择

参照状态用以描述流域内不受损害或受到极小损害水体的生态学特征，体现了水体在不受人类活动或干扰情况下的"自然"状态。选择合适的水环境参照状态是确定水生态学基准的关键。

（1）流域水环境分类方法

不同生态特征的水环境应该具有不同的水生态学基准。因此首先需要对水体进行合理的分类或分区，从而建立针对每类水体的参照状态。有意义的分类不是随意的，专业的判断有助于合理的分类。通过分类，可以减少生物信息的复杂度，降低生物学调查结果的敏感性和误差。

对水体进行分类或分区有两种方法：先验分类法和后验分类法。先验分类法基于预设信息与理论，如运用水文学和区域特征来进行分类。后验分类法基于单纯从数据角度采用

图 2-4 流域水生态学基准制定流程

判别分析方法（如聚类分析）进行分类。实际应用中可以结合这两种方法对水体进行合理准确的分类。

对水体的分类或分区可以在地理区域、流域以及生境特征等不同的空间尺度上进行。首先可以根据气候、地貌等特征将水体划分为不同的地理区域，在此基础上考虑土壤类型、地质等特征划分不同的流域，最后可以基于具体的生境特征将流域划分为不同的水体类型。在该方面可充分利用水专项水生态功能分区的结果。

在分类过程中可以根据水体的水文特征（水量大小、汛期及水量季节变化、含沙量与流速等）、水环境特征（温度、pH、透明度、溶解氧、浊度、盐度、深度、营养元素、污染物等）等对水体进行分类。

对已经确定的分类可以进行统计学检验，分类的单因素检验包括所有两个或更多组之间的标准统计学检验：t 检验、方差分析、符号检验、威尔科克森符号秩检验以及曼–惠特尼检验。这些方法是用来检验各组间的明显差异，从而确定或拒绝分类。

准确的分类有利于参照点和生态基准的建立。分类应该是一项重复的评估过程，这个评估过程应该包含多个量度来评判生态区分类的结果。

（2）流域水环境参照状态的选择方法

参照状态的选择对制定水生态学基准至关重要，在基准制定过程中需仔细考量。在污染严重的水环境中，真正无人类干扰的区域水体较难确定，需综合考虑来最终确定参照状态。

参照状态的选择确定主要包括四种方法：①历史数据估计；②参照点调查采样；③模型预测；④专家咨询。

在参照点调查采样方法中，参照点应选择水体内最接近自然的点，选择过程遵循两个原则：①受人类干扰最小（minimal impairment），参照点应选取未受人类活动干扰的地点，但在具体的水体中真正未受干扰的参照点很难找到。因此实际上常常选取受到人类干扰最小的地点作为参照点。②具有代表性（representativeness），所选择的参照点必须可以代表水体调查区域的最优状况。

在水体生境调查与评价的基础上，依据最小干扰和代表性的原则，选取参照点，但实际上有些水体受人类干扰很大，生态环境与"自然"的状态相差较大，因此没有合适的参照点可以选择，这时可以采用生态模型的方法。

确定参照状态的技术路线如图 2-5 所示。

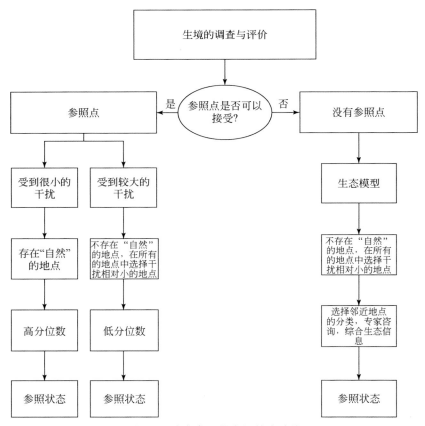

图 2-5　确定参照状态的技术路线

2.5.1.3　基准参数指标筛选和调查

（1）筛选原则

根据代表性、敏感性及适用性原则，对选定的水环境生态系统的参照状态进行参数指标筛选。选择的参数指标应体现以下特征：①群落的复杂性，如多样性或丰富度；②种群组成的单一性或优势度；③物种的生物量或代表性；④对干扰的耐受性；⑤不同营养层级的作用关系。

对于选定的参考地点，应该筛选合适的变量来构成水生态学基准的指标体系。所选变量指标应该符合敏感性原则，即所选变量指标应该对人类的干扰做出响应，并且随人类干扰强度的变化而变化（升高或降低），指标数值上的变化可以反映人类干扰程度的变化。

图 2-6 解释了基准变量指标的筛选原则。随着人类干扰强度的降低，指标 A 表现出升高的趋势，而指标 B 则没有明显的变化趋势，因此指标 A 对人类干扰具有敏感性，而指标 B 则不具有敏感性。因此指标 A 可以作为构成水生态学基准指标体系的变量。

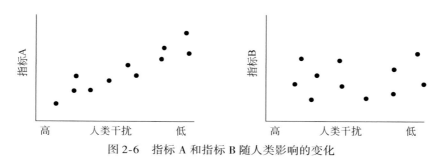

图 2-6　指标 A 和指标 B 随人类影响的变化

选择的水生态学基准指标体系应该体现生态系统的以下特征：群落的复杂性，如多样性或丰富度；群落组成的单一性或优势度；对干扰的耐受性；不同营养层级的作用关系。

（2）水生态学基准变量指标

水生态学基准的制定过程中需要应用的生态完整性参数指标主要包括浮游植物、浮游动物、底栖动物、鱼类完整性。

A. 浮游植物完整性指标

人类的干扰会造成浮游植物种类和数量的变化，蓝藻、绿藻及硅藻是河流、湖泊的常见藻类，并会对人类的胁迫压力做出响应，因此可以将这些藻类所占比例的变化作为基准变量指标。另外，可以选择浮游植物种类数、多样性指数、优势度指数以及生物量或初级生产力的变化作为浮游植物的基准变量指标。浮游植物完整性指标包括常见藻类，如蓝藻、绿藻和硅藻的比例变化，浮游植物种类数、多样性指数和优势度指数的变化，以及营养状态指数或藻类生长潜力等，具体见表 2-4。

表 2-4　浮游植物完整性基准参数指标

指标	选择依据
蓝藻/%	富营养化状态下比例增加
绿藻/%	富营养化状态下比例增加
硅藻/%	富营养化状态下比例降低
种类数	随压力增加而降低
多样性指数（H）	随压力增加而降低

指标	选择依据
优势度指数（D）	随压力增加而升高
营养状态指数（TSI）	随营养物质浓度的增加而增加
藻类生长潜力（AGP）	随营养物质浓度的增加而增加

B. 浮游动物完整性指标

浮游动物是河流、湖泊生态系统中非常重要的一个生态类群，在淡水生态系统中有着承上启下的作用。在人类的干扰下，浮游动物类群的数量和结构也会发生变化，可以选择浮游动物轮虫的比例变化，以及浮游动物种类数、优势度指数、多样性指数、丰富度指数和浮游动物摄食率的变化等作为浮游动物的基准变量指标，具体见表2-5。

表2-5　浮游动物完整性基准参数指标

指标	选择依据
轮虫/%	随捕食压力增加而降低
种类数	随压力增加而降低
优势度指数（D）	随压力增加而升高
多样性指数（H）	随压力增加而降低
丰富度指数（d）	随压力增加而降低
浮游动物摄食率	随压力增加而降低

C. 底栖动物完整性指标

大型底栖动物类群是局地环境状况良好的指示生物。许多大型底栖动物以着生模式生活，或者其迁移方式有限，因而特别适用于评价特定点位所受的影响。底栖动物敏感的生活期可以对胁迫产生快速的响应，可以反映短期环境变化的效应。另外，构成大型底栖动物类群的物种，有较广的营养级和污染耐受性，由此能够为解释累积效应提供有力的信息。此外，大型底栖动物的采样比较容易，所需人手较少且成本较低，并且对当地生物区系的影响极小。可以选择大型底栖动物的种类数、优势物种占比和多样性指数的变化等作为底栖动物的基准变量指标，具体见表2-6。

表2-6　底栖动物完整性基准参数指标

指标	选择依据
种类数	随干扰增加而降低
优势物种占比/%	随干扰增加而升高
多样性指数（H）	随干扰增加而降低

D. 鱼类完整性指标

鱼类寿命较长且有较强的流动性,是长期效应和大范围生境状况的良好指示生物。鱼类类群所包含的一系列物种,代表着不同的营养级,因而鱼类种群的结构可以反映环境的整体健康状况。鱼类位于水生食物网的顶端,并为人类所消费,因而对于污染物的评价十分重要。同时,人类对于鱼类种群的环境要求、生活史和分布状况等,都有相对清楚的了解。在实际操作中,鱼类也比较易于采集和鉴定至种水平,且鉴定过程并不会对鱼造成损伤。可以选择种类数、个体数和多样性指数的变化等作为鱼类的基准变量指标,具体见表2-7。

表2-7 鱼类完整性基准参数指标

指标	选择依据
种类数	随环境退化而降低
个体数	随干扰增加而降低
多样性指数（H）	随干扰增加而降低

（3）参数指标调查

A. 水环境生物学指标调查

水环境生物学指标调查方法按照相关国家规范进行。主要包括《海洋调查规范 海水化学要素调查》（GB/T 12763.4—1991）、《海洋调查规范 海洋生物调查》（GB/T 12763.6—1991）、《水质 湖泊和水库采样技术指导》（GB/T 14581—1993）、《海洋监测规范》（GB/T 17378）、《地表水和污水监测技术规范》（HJ/T 91—2002）、《淡水生物调查技术规范》（DB43/T 432—2009）、《全国淡水生物物种资源调查技术规定（试行）》（环境保护部公告2010年第27号）。

B. 水环境理化指标调查

对水环境每个站位的理化指标进行测定,常规理化指标主要包括温度、pH、溶解氧、盐度、营养盐浓度、阳光表面辐射量及辐射深度等。同样按照相关国家规范进行,所涉及的分析方法见表2-8。

表2-8 理化和生物学指标分析方法

指标	分析方法	方法来源
pH（海水）	pH计法	《海洋调查规范 海水化学要素调查》（GB/T 12763.4—1991）
pH（淡水）	玻璃电极法	《水质 PH值的测定 玻璃电极法》（GB 6920—1986）
溶解氧（海水）	碘量滴定法	《海洋调查规范 海水化学要素调查》（GB/T 12763.4—1991）
溶解氧（淡水）	碘量法	《水质 溶解氧的测定 碘量法》（GB/T 7489—1987）
	电化学探头法	《水质 溶解氧的测定 电化学探头法》（HJ 506—2009）

指标	分析方法	方法来源
盐度	盐度计	《海洋监测规范　第4部分：海水分析》（GB 17378.4—2007）
悬浮颗粒物（海水）	重量法	《海洋监测规范　第4部分：海水分析》（GB 17378.4—2007）
悬浮颗粒物（淡水）	重量法	《水质　悬浮物的测定　重量法》（GB 11901—1989）
化学需氧量（海水）	碱性高锰酸钾法	《海洋监测规范　第4部分：海水分析》（GB 17378.4—2007）
化学需氧量（淡水）	重铬酸盐法	《水质　化学需氧量的测定　重铬酸盐法》（HJ 828—2017）
	快速消解分光光度法	《水质　化学需氧量的测定　快速消解分光光度法》（HJ/T 399—2007）
硝酸盐（海水）	锌镉还原法	《海洋调查规范　海水化学要素调查》（GB/T 12763.4—1991）
硝酸盐（淡水）	酚二磺酸分光光度法	《水质　硝酸盐氮的测定　酚二磺酸分光光度法》（GB 7480—1987）
	气相分子吸收光谱法	《水质　硝酸盐氮的测定　气相分子吸收光谱法》（HJ/T 198—2005）
	紫外分光光度法	《水质　硝酸盐氮的测定　紫外分光光度法（试行）》（HJ/T 346—2007）
亚硝酸盐（海水）	重氮偶氮法	《海洋调查规范　海水化学要素调查》（GB/T 12763.4—1991）
亚硝酸盐（淡水）	分光光度法	《水质　亚硝酸盐氮的测定　分光光度法》（GB 7493—1987）
	气相分子吸收光谱法	《水质　亚硝酸盐氮的测定　气相分子吸收光谱法》（HJ/T 197—2005）
氨氮（海水）	次溴酸钠氧化法	《海洋调查规范　海水化学要素调查》（GB/T 12763.4—1991）
氨氮（淡水）	气相分子吸收光谱法	《水质　氨氮的测定　气相分子吸收光谱法》（HJ/T 195—2005）
	纳氏试剂分光光度法	《水质　氨氮的测定　纳氏试剂分光光度法》（HJ 535—2009）
	水杨酸分光光度法	《水质　氨氮的测定　水杨酸分光光度法》（HJ 536—2009）
	蒸馏-中和滴定法	《水质　氨氮的测定　蒸馏-中和滴定法》（HJ 537—2009）

续表

指标	分析方法	方法来源
氨氮（淡水）	连续流动-水杨酸分光光度法	《水质　氨氮的测定　连续流动-水杨酸分光光度法》（HJ 665—2013）
	流动注射-水杨酸分光光度法	《水质　氨氮的测定　流动注射-水杨酸分光光度法》（HJ 666—2013）
总氮（海水）	过硫酸钾氧化法	《海洋调查规范　海水化学要素调查》（GB/T 12763.4—1991）
总氮（淡水）	气相分子吸收光谱法	《水质　总氮的测定　气相分子吸收光谱法》（HJ/T 199—2005）
	碱性过硫酸钾消解紫外分光光度法	《水质　总氮的测定　碱性过硫酸钾消解紫外分光光度法》（HJ 636—2012）
总磷（海水）	过硫酸钾氧化法	《海洋调查规范　海水化学要素调查》（GB/T 12763.4—1991）
总磷（淡水）	钼酸铵分光光度法	《水质　总磷的测定　钼酸铵分光光度法》（GB 11893—1989）
	连续流动-钼酸铵分光光度法	《水质　磷酸盐和总磷的测定　连续流动-钼酸铵分光光度法》（HJ 670—2013）
	流动注射-钼酸铵分光光度法	《水质　总磷的测定　流动注射-钼酸铵分光光度法》（HJ 671—2013）
石油烃	紫外法	《海洋监测规范　第 4 部分：海水分析》（GB 17378.4—2007）
叶绿素	荧光法	《海洋调查规范　海洋生物调查》（GB/T 12763.6—1991）
	分光光度法	《水质　叶绿素 a 的测定　分光光度法》（HJ 897—2017）
浮游植物	显微镜计数法	《海洋调查规范　海洋生物调查》（GB/T 12763.6—1991）、《淡水生物调查技术规范》（DB43/T 432—2009）
浮游动物	显微镜计数法	《海洋调查规范　海洋生物调查》（GB/T 12763.6—1991）、《淡水生物调查技术规范》（DB43/T 432—2009）
底栖动物	分拣鉴定	《海洋调查规范　海洋生物调查》（GB/T 12763.6—1991）、《生物多样性观测技术导则 淡水底栖大型无脊椎动物》（HJ 710.8—2014）
鱼类	野外调查	《海洋调查规范　海洋生物调查》（GB/T 12763.6—1991）、《生物多样性观测技术导则 内陆水域鱼类》（HJ 710.7—2014）

2.5.1.4　推导水生态学基准方法

水生态学基准以数值型基准值的形式给出。采用一个数值或一个数值范围，对满足指定用途的水环境的生态完整性水平进行描述，有两种最常用的推导水生态学基准的方法，即基于生态完整性的压力–响应模型法、频数分布法，这也是国际主流的基准定值方法。其中，在数据量和数据质量足够好时，优先使用基于生态完整性的压力–响应模型法；仅在数据量相对不足时，采用频数分布法。

（1）压力–响应模型法

如果有大量的生态和理化指标的调查数据，优先建议使用该方法计算水生态学基准值。其中，先通过以参照状态为基础的综合指数法评估目标区域的生态完整性；再以生态完整性为响应指标，以环境梯度为压力指标，采用压力–响应模型法计算水生态学基准值。

压力–响应模型的基础在于通过建立模型，描述环境梯度与相关的生态响应之间的关系，模型适用于环境梯度压力源与生态响应间的单因子效应及多因子交互作用。推导水生态学基准值时，先构建压力变量和响应变量之间的线性或非线性关系，再通过合适的方法确定生态阈值及基准建议值。压力–响应模型法的基本流程如图2-7所示。

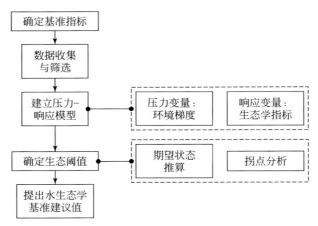

图2-7 应用压力–响应模型法推导水生态学基准的基本流程

应用压力–响应模型法推导水生态学基准主要包含以下步骤：

1）确定基准指标。确定需要研究的一个或多个目标指标。

2）数据收集与筛选。收集目标生态分区中可得的相关数据，并按照建立模型的要求，进行适当的处理及筛选。

3）建立压力–响应模型。以环境指标作为压力变量，以生态学指标作为响应变量，建立压力–响应模型。其中，首先构建概念模型，对所涉及的压力–响应关系的结构进行表述；再按照所构建的概念模型，结合变量间的数量关系，建立合理的线性或非线性定量模型。

4）确定生态阈值。根据所建立的定量压力–响应模型，推算生态阈值。其中，对于大多数线性模型，可以通过响应变量符合期望的"较理想"状态范围，从模型中推算出符合期望的生态阈值或范围；对于大多数非线性的压力–响应关系，可以通过各种拐点分析方法求取生态阈值，常用生态统计方法均可应用。

5）提出水生态学基准建议值。将模型推导得到的生态阈值，结合目标生态分区的现状及历史状况，提出水生态学基准建议值。

（2）频数分布法

频数分布法是对总数据按某种标准进行分组，统计出各个组内含个体的个数，再将各个类别及其相应的频数列出并排序的方法。运用频数分布法推导水生态学基准值时，先选取参照点和基准参数指标，再结合流域状况，得出最佳的水生态学基准值。

频数分布法主要包括三个部分：计算流域所有数据和参照点的频数分布百分率；选取适宜基准指标频数分布的百分点位作为参照状态；确定基准指标的水生态学基准值。具体流程如图 2-8 所示，方法的关键是选取适宜基准指标频数分布的百分点位作为参照状态。

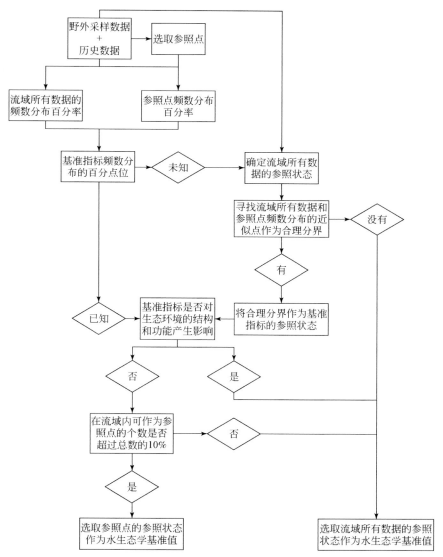

图 2-8　应用频数分布法推导水生态学基准的流程

应用频数分布法进行基准值推导时，一般选取参照状态的上 25%（75%）频数的数值和全流域点位的下 25% 频数的数值，合并作为基准值，如图 2-9 阴影部分所示。

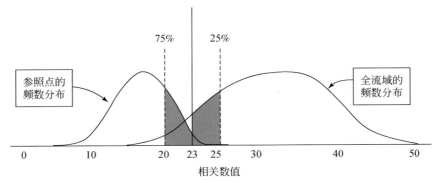

图 2-9　应用频数分布法推导基准建议值的一般方式

在实际应用中，并不固定使用 25% 频数的数值，根据不同流域的生态特性和参照点的状况，以及不同指标在流域中的实际分布状况，可以进行相应调整。

2.5.2　水生态学基准校验

在水生态学基准建议值的应用过程中，需要适应不同水生态功能区的具体状况和管理要求，包括水生态系统健康状况的改变以及管理需求的调整。我国水生态功能分区的突出特点是具有多样性和复杂性，生态分区之间具有很大的差异性，水生态功能区内部本身的生态系统也多处于持续的变化中。因此，基于水生态系统的完整性安全评价的科学性以及满足管理需求的合理性，水生态学基准在应用中需要定时进行校验，必要时进行相应的修正。

2.5.2.1　室内校验技术

水生态学基准的推导和制定以目标生态分区的生态完整性为基础，而水生态系统的生态完整性会随着环境梯度和压力的变化，产生不同的响应，即压力–响应关系。对于许多环境指标的水生态学基准的推导过程，其关键往往在于科学合理地应用压力–响应模型等生态学方法（Baker and King，1990）。通过建立合理的压力–响应模型，可以定量地描述与基准值制定相关的环境–生态过程，进而推导水生态学基准值。然而，实际的水生态系统中的环境–生态间的大多数压力–响应关系是多因子交互作用的结果，往往处于不断的变化当中。因此，以压力–响应模型等生态学方法为基础推导而来的水生态学基准值，需要在应用的过程中从方法及数值两个层面进行校验。其中实验可控且可以在实验室中加以模拟的指标，可以通过在实验室内以人工水生态微宇宙等实验方法建立压力–响应关系，对水生态学基准的科学性和合理性进行校验，即水生态学基准的室内校验技术。

本书所描述的校验方法，应用于已推导的水生态学基准建议值的室内校验，以室内实验方法校验水生态学基准建议值的有效性和科学性。

在技术上，本书所建议的方法并不适用于全部类别的水生态学基准值，目标指标可以为水环境理化指标和生态学指标，且必须满足以下条件：①可以在室内实验中得到模拟和控制；②可以与生态学指标建立有效的压力–响应关系。

一般情况下，对于实验可控且可以在实验室中加以模拟的指标，其水生态学基准建议值可采用室内实验方法进行校验。

（1）主要技术流程

水生态学基准室内校验技术基于人工微宇宙中的压力–响应关系，通过判断受试生物的响应水平，校验已有水生态学基准建议值的准确性。水生态学基准室内校验技术流程如图 2-10 所示。

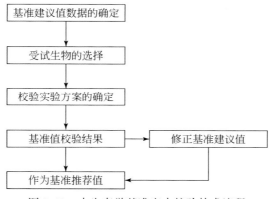

图 2-10　水生态学基准室内校验技术流程

水生态学基准室内校验技术流程包括五个步骤，具体如下。

1）基准建议值数据的确定。确定需要校验的水生态学基准值，以及该水生态学基准值所适用的水生态功能区和管理要求。

2）受试生物的选择。选择合理的校验实验受试生物，一般为标准的生态毒理学受试生物或具有足够代表性的本地物种，可选择一种或多种受试生物。

3）校验实验方案的确定。建立合理的压力–响应关系，作为校验实验方案的基础。一般以待校验的基准建议值指标作为压力，以受试生物对其敏感的个体或生理指标为响应。选取合适的响应指标，以及指标的水平设定，并遵循标准方法进行实验。

4）基准值的校验。采用所设计的校验实验方案，应用基准制定技术指南所规定的基准计算方法，对水生态学基准建议值进行校验。

5）基准的确认与修正。若校验结果显示当前使用的基准值仍处于合理的范围内，则对基准值进行确认；否则根据相应的生态系统现状和管理要求进行修正。

（2）基准值数据的确定

进行校验实验前需要先选择被校验的水生态学基准建议值，选取的基准建议值可以是研究人员通过收集流域实测数据推导所得结果，也可以是其他国家的研究机构或管理部门所发布的数值。保证基准建议值的时效性，并考虑基准建议值适用的区域性，所选取水生态学基准建议值需满足以下条件：在同等条件下，最新推导或发布的基准建议值；其所属指标在适用基准建议值的流域或相似流域，可以通过现场调查得到或有相关历史数据；③选取基准建议值的推导过程应规范可查。

（3）校验实验方案的确定

室内校验实验的基础是建立合理的压力-响应关系，寻找某一条件下的生态阈值，一般将待校验的基准建议值指标作为压力，以受试生物对其敏感的个体或生理指标指示响应强度。遵循以下步骤设计实验方案。

A. 响应指标的选取

受试生物从分子到种群水平的指标均可成为候选指标，选取时遵循四个原则。

1）敏感性。在条件允许的情况下，优先选取对待校验指标最敏感的生物指标。若最敏感的生物指标无法以实验准确测定，则尽量选取多个响应指标，最后对实验结果进行综合评估。

2）可控性。生物指标与待校验指标之间的相互关系须清晰，且在统计学上能以较简单的方式加以描述。在相同条件的平行实验过程中，响应指标与待校验指标应表现出一致的压力-响应关系。

3）可被准确测定。响应指标的数量水平应可以在实验室中准确测定，从而能准确地确定其与待校验指标间的数量关系。

4）简便易得。在满足以上三条的前提下，尽量选择在操作上简便易测定的指标，以免引入更多系统误差。

B. 目标指标的水平设定

在室内实验中，待校验的基准建议值指标的数量水平，应参照基准建议值的水平设置梯度。基准建议值的水平应尽量处于梯度的中位数水平附近，而梯度跨度相差最多不可超过两个数量级。

对于能通过人工控制实现连续变化的指标，如溶解氧等，须确定适当的变化速率。指标的变化速率应保证受试生物对其变化产生充分的反应，并依照指标和受试生物的性质、实验条件、质量控制要求等因素确定其最终水平。

对于不能通过人工控制实现连续变化的指标，须设置五个以上相互独立的浓度梯度，并在符合质量保证的情况下平行进行实验。

C. 实验过程与步骤设定

实验步骤应遵循标准方法，实验过程中的每个步骤应有可供参考对照的技术标准。一般情况下，应按照生物测试的标准方法，设置急性暴露与慢性暴露两套实验过程。

（4）基准建议值的确认和修正

经过室内校验实验后，对基准建议值可以有两种处理方式，即对基准建议值的确认，或对其进行修正。

按照既定实验流程进行至少三次重复实验后，将实验所得生态阈值的结果与基准建议值相比对：若经统计检验无显著性差异，则确认为水生态学基准推荐值；若实验结果与基准建议值存在显著差异，则需要更换受试生物重新设计校验实验；若经多次校验实验，结果均无法支持基准建议值，则需要对该基准建议值进行重新推导。

2.5.2.2 现场校验技术

水生态学基准的建立，基于目标流域或水生态分区的生态完整性，现场的调查和对应的生态系统完整性分析，是基准值推导过程中采用的重要工作方法。生态系统是基准体系中的基础性角色，现场方法是这一角色在技术方法上的集中体现。因此，在水生态学基准的后续校验工作中，现场校验是必不可少的环节，通过定期评价目标流域或水生态分区在生态系统层面上的变化，结合具体的管理需求，可以合理地评价所采用的水生态学基准值是否适用于相应的保护要求。

本书所描述的校验方法，应用于已推导的水生态学基准建议值的现场校验，以现场方法校验水生态学基准建议值的有效性和科学性。

在技术上，本书所建议的方法，选取的待校验水生态学基准值目标指标可以为水环境理化指标和生态学指标，且必须满足以下条件：①可以在室外考察中采集到相关样品；②可以准确测定目标指标的水平。

一般情况下，基于较大尺度的流域水生态学指标或者不便在实验室中加以模拟的指标，其水生态学基准建议值可采用现场方法进行校验。而可以在实验室中准确模拟的基准指标，则不采用现场方法进行校验，可另行采用室内方法进行校验。

（1）主要技术流程

水生态学基准的现场校验技术基于数据间的相互印证。利用基准建议值所适用生态分区的历史或当前数据，或与该生态分区在生态学上相似的其他生态分区资料，对已有水生态学基准值的准确性进行校验。在技术方法上以现场调查与数据研究为主。

现场校验技术流程如图 2-11 所示。

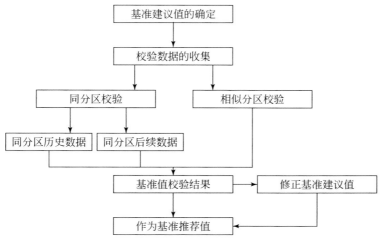

图 2-11 水生态学基准值现场校验技术流程

水生态学基准现场校验的技术流程包括五个步骤，具体如下：

1）基准建议值数据的确定。确定需要校验的水生态学基准值，以及该水生态学基准值所适用的生态功能分区和管理要求。

2）校验数据的收集。基于相应基准值推导时采用的方法和数据，通过现场调查，收集当前状况下相应的资料和数据，形成校验数据集。

3）流域水生态学基准参数指标的获取。流域水生态学基准参数指标包括生物、化学和物理指标，这些指标的调查主要依据国家或国际组织相关的水环境生物和水质等的调查规范或方法标准进行。

4）基准值的校验。采用相同流域或生态功能分区下的历史数据或后续数据进行校验；或相同功能分区中的相似流域数据进行校验。采用的校验数据和推导时采用的数据不应有任何重叠。

5）基准的确认与修正。若校验结果显示当前使用的基准值仍处于合理的范围内，则对基准值进行确认；否则根据相应的生态系统现状和管理要求进行修正。

（2）基准值数据的确定

进行校验工作前需要先选择被校验的水生态学基准建议值，选取的基准建议值可以是研究人员通过收集实测数据推导所得结果，也可以是其他国家的研究机构或管理部门所发布的数值。保证基准建议值的时效性，并考虑基准建议值适用的区域性，所选取的水生态学基准建议值需满足以下条件：①在同等条件下，最新推导或发布的基准建议值；②其所属指标在适用基准建议值的生态分区或相似生态分区，可以通过现场调查得到或有相关历史数据；③选取基准建议值的推导过程应规范可查。

（3）校验数据的收集与采用

用于校验水生态学基准值的数据，依据现场调查和数据获取的可操作性，考虑实际情况，可选择基准值适用的生态分区或与之相似的生态分区作为校验的基础，条件允许时应同时选取基准适用的生态分区与相似的生态分区两类数据进行校验。

A. 同生态分区数据

对于基准建议值所适用的生态分区，可以使用该生态分区的历史资料或当前现场考察所得的数据，用于校验的数据与用于推导的数据不能在时间上存在重叠。使用同生态分区数据校验基准建议值的关键是对参照状态的校验。

1）使用该生态分区的历史资料。从文献资料等渠道获取该生态分区的历史资料，与推导基准值所使用数据（"推导数据"）相比，所得资料数据需满足以下条件方可使用：①包含推导基准建议值过程中使用的所有指标；②时间跨度不可小于推导数据时间跨度的一半；③数据量不可小于推导数据的一半。

使用历史数据，按照《流域水生态学基准校验技术指南》（T/CSES 14—2020）评价历史上参照状态的水平，并与基准建议值相比对。

2）使用当前现场考察数据。对适用生态分区进行一定时间和次数的现场考察，获取与推导数据指标构成一致的考察数据，按照《流域水生态学基准校验技术指南》评价参照状态的水平，并与基准建议值相比对。

3）参照状态的校验。使用历史数据和当前现场考察数据进行校验时，参照状态的水平是主要的判断指标，主要考察推导基准建议值时所制定的参照点，在历史上和当前是否也为水质状况较优。

采用同生态分区数据进行校验时，需注意以下事项：①"校验数据"与"推导数据"的指标结构尽可能相同，即两套数据集所包含的指标项目（如营养物、多样性指数等）、时间分布（如丰水期、枯水期）、空间分布（如采集数据的站点数量和位置）等尽可能相同或相似。②若基准值有分类，如以丰水期和枯水期、夏季和冬季等分别给出基准值，则在使用"校验数据"时，必须按照推导基准时的分类方式将其分类。

B. 相似生态分区数据

寻找与适用生态分区相似的生态分区，对其进行现场考察或历史调查。相似生态分区必须满足以下条件：①与适用生态分区属于相同或相近的分区类型；②与适用生态分区有相似的水文和环境条件；③推导数据中所使用的指标，均可在该生态分区中准确获取。

获取相似生态分区数据后，按照《流域水生态学基准制定技术指南》（T/CSES 13—2020）中规定的计算基准建议值的方法，计算出该生态分区的基准建议值，并与待校验的基准建议值相比对。

采用相似生态分区数据进行校验时，需注意以下事项：①需谨慎确认用于校验的生态分区，是否与基准值所适用的生态分区为同一类别；②若所涉及生态分区的类别在基准值使用期间发生变化，则需确保获取"校验数据"时，用于校验的生态分区类别与基准值所适用的生态分区当前的类别一致；③"校验数据"与"推导数据"的指标结构尽可能相同，即两套数据集所包含的指标项目（如营养物、多样性指数等）、时间分布（如丰水期、枯水期）、空间分布（如采集数据的站点数量和位置）等尽可能相同或相似；④若基准值有分类，如以丰水期和枯水期、夏季和冬季等分别给出基准值，则在使用"校验数据"时，必须按照推导基准时的分类方式将其分类。

（4）基准建议值的确认和修正

通过现场校验流程进行校验后，对基准建议值可以有两种处理方式，即对基准建议值的确认，或对其进行修正。

将使用校验数据推导所得生态阈值的结果与基准建议值相比对：若经统计检验无显著性差异，则确认为水生态学基准推荐值；若推导结果与基准建议值存在显著差异，则可尝试更换数据重新校验，其原则是适当增加数据量。

注意，使用历史数据校验时，可将数据的时间区间加大；使用相似生态分区数据校验时，可收集更多生态分区的数据，或将生态分区细分；使用后续数据校验时，可继续通过室外考察收集数据，在一段时间后，加入新获得的数据再进行校验；在条件允许的情况下，可以使用不同的方法进行校验，再加以对比。若经多次校验实验，结果均无法支持基准建议值，则需要对该基准建议值进行重新推导。

通常情况下，基准值的确认与修正按照前文所描述的要求即可完成。若基准值校验结果存在疑问，如无法确定如何修正或接受何种水平的基准值等，则可采用专家咨询的方式确认。

2.6 水环境沉积物基准及标准相关方法集成

水质基准制定的目标是保护特定流域具有重要生物分类学意义、对群落结构稳定具有决定作用或者具有流域商业或经济价值的底栖生物，并确保污染物的生物累积和生物放大不会危害生物区系的各个营养级，不会影响水体的其他功能。水体沉积物既是污染物的汇，又是对水质具有潜在影响的污染源，因此建立切实可行的沉积物质量基准十分重要，是对沉积物污染进行科学评价和有效治理的前提。

国外从 20 世纪 80 年代中期起逐步开展了沉积物质量基准的研究，美国、欧盟、加拿大、澳大利亚等许多发达国家和地区都已经制定了本土的沉积物质量基准，应用于本土的沉积物环境管理。例如，美国沉积物质量基准的制定主要是为了促进各州建立特定污染物的质量标准和污染物排放削减许可证的限值，同时在建立沉积物修复目标和水道疏浚评价项目中也可发挥重要作用。美国和加拿大根据水体沉积物的污染状况，结合污染评价及治理实践，提出了多种水体沉积物质量基准的建立方法。

与发达国家相比，我国的沉积物质量基准研究起步较晚，研究水平还有一定差距。我国目前除了针对海洋沉积物环境质量出台了《海洋沉积物质量》（GB 18668—2002）标准之外，对于河流、湖泊等淡水沉积物环境质量尚无相应标准。因此，急需制定相应的沉积物质量基准，为将来制定沉积物质量标准奠定基础。之前，我国研究者在开展淡水及海洋沉积物质量评价和风险评估研究中，只能直接采用国外的沉积物质量基准数据。由于我国与其他国家环境状况、污染特征、生物区系都不尽相同，直接照搬外国的基准，给我国的相关科学研究和环境保护工作带来了很多不确定性。

近年来，随着水质基准研究在我国逐渐受到重视，国内有关沉积物质量基准的研究也越来越多，取得了一定的研究进展和丰富的研究成果。

2.6.1 水环境沉积物质量基准制定

2.6.1.1 技术流程

水环境沉积物质量基准制定的过程包括底栖生物筛选、底栖生物毒性数据获取、基准值推导及校验等。水环境沉积物质量基准的制定主要包括三个步骤（图 2-12），具体如下：毒性数据的收集和筛选；沉积物质量基准的推导；沉积物质量基准的校验和审核。

水环境沉积物质量基准制定数据来源包括沉积物毒性数据、沉积物理化性质数据、污染物环境分布数据等。数据来源包括公开发表的文献资料、国内外相关数据库和实测数据。

水环境沉积物毒性数据受试物种的选择应优先收集以代表性底栖生物作为受试生物的沉积物毒性数据。受试底栖生物应具有比较丰富的生物学背景资料，具有较高的敏感性，

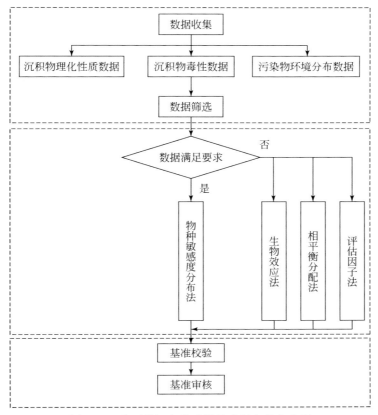

图 2-12 水环境沉积物质量基准制定技术流程

具有比较广泛的地理分布和足够数量，容易在实验室内驯养和试验。受试物种应尽量涵盖多个营养级。

水环境沉积物质量基准指标主要是基于水生生物个体水平的毒理学试验终点指标，通常包括对生物个体的急性毒性和慢性毒性指标。通过模型预测获得的毒性数据，经过校验后可以作为参照数据。

水环境沉积物质量基准制定技术流程整体包括以下几方面。

（1）典型底栖生物筛选

不同流域水环境中分布的底栖生物种类存在较大差异。沉积物质量基准的制定需要根据各流域水环境生物区系特点，选择适当的典型物种用于基准值推导，为大多数底栖生物提供适当保护（CCME，2010；钟文钰等，2011）。当采用相平衡分配法推算沉积物质量基准时，首先需要推算污染物的水环境质量基准，然后需要进行典型水生生物筛选。根据水环境水生生物分布的调查与记载资料，筛选出不同门类（最好覆盖 3 门 6 科）的 10 种以上流域本土生物作为水生生物安全基准推导的代表生物。

（2）底栖生物基准指标获取

在确定沉积物质量基准典型底栖生物的基础上，确定针对不同受试生物的毒理学指标，选择适当的生物测试方法，主要开展目标污染物（化学品）对受试水生生物的毒性测试；也可以从相关文献资料中筛选符合要求的毒性数据，用于基准值的计算推导。毒性测试方法可参照我国相关标准、OECD 化学品毒性测试技术指南、USEPA 标准方法等规范性文件。对于尚未建立标准方法的毒性检测，需要在基准值计算推导中详细描述。

（3）基准值推导

基准值推导包括基准值推导方法、基准值校正等。沉积物质量基准的推导方法多种多样，大致可分为两大类，即数值型质量基准和响应型质量基准。数值型质量基准的推导方法包括背景值法、相平衡分配法、水质基准法等，又称为化学-化学方法。响应型质量基准的推导方法包括物种敏感度分布法、生物检测法、生物效应法、表观效应阈值法等，又称为化学-生物混合方法。数值型质量基准易于比较、定量化和模型化；响应型质量基准更真实地反映了实际污染沉积物的生物效应。各类沉积物质量基准之间是密切相关的，在实际环境中往往需要联合应用。

优先推荐采用物种敏感度分布法推导沉积物质量基准。当毒性数据不能满足方法要求时，可以采用生物效应法、相平衡分配法、评价因子法等替代方法推导沉积物质量基准。通常针对同一污染物推导出沉积物质量基准低值（SQC-L）和沉积物质量基准高值（SQC-H）两个基准值，以满足对沉积物生态风险进行分级分类评估的要求。

2.6.1.2 技术方法

（1）物种敏感度分布法

优先推荐采用物种敏感度分布法推导沉积物质量基准。一般需要不同门类 10 种以上生物的沉积物毒性数据建立物种敏感度分布模型，可以利用 ACR 推算沉积物毒性数据或质量基准。

物种敏感度分布法推导沉积物质量基准的具体步骤如下。

1）毒性数据分布检验。将筛选获得的污染物毒性数据进行正态分布检验，如果不符合正态分布，进行数据变换后重新检验。

2）累积概率计算。将所有已筛选物种的最终毒性值按照从小到大的顺序进行排列，计算其分配等级 R，最小的最终毒性值的等级为 1，最大的最终毒性值的等级为 n，依次排列。如果有两个或者两个以上物种的毒性值相等，那么将其任意排成连续的等级，计算每个物种的最终毒性值的累积概率，计算公式如下：

$$P = \frac{R}{N+1} \times 100\% \tag{2-22}$$

式中，P 为累积概率（%）；R 为物种排序的等级；N 为物种的个数。

3）模型拟合与评价。推荐使用逻辑斯谛分布、对数逻辑斯谛分布、正态分布、对数正态分布、极值分布五个模型进行数据拟合，利用模型的拟合优度评价参数分别评价这些模型的拟合度。各个模型方法的公式如下：

逻辑斯谛分布模型

$$y = \frac{e^{\frac{x-\mu}{\sigma}}}{\sigma \ (1+e^{\frac{x-\mu}{\sigma}})^2} \tag{2-23}$$

对数逻辑斯谛分布模型

$$y = \frac{e^{\frac{\log x-\mu}{\sigma}}}{\sigma x \ (1+e^{\frac{\log x-\mu}{\sigma}})^2} \tag{2-24}$$

正态分布模型

$$y = \frac{1}{\sqrt{2\pi}\sigma}e^{\frac{(x-\mu)^2}{2\sigma^2}} \tag{2-25}$$

对数正态分布模型

$$y = \frac{1}{x\sigma\sqrt{2\pi}}e^{-\frac{(\ln x-\mu)^2}{2\sigma^2}} \tag{2-26}$$

极值分布模型

$$y = \frac{1}{\sigma}e^{\frac{x-\mu}{\sigma}}e^{-e^{\frac{x-\mu}{\sigma}}} \tag{2-27}$$

式中，y 为累积概率（%）；x 为毒性值（μg/L）；μ 为毒性值的平均值（μg/L）；σ 为毒性值的标准差（μg/L）。

模型的拟合优度评价是用于检验总体中的数据分布是否与某种理论分布相一致的统计方法。对于参数模型来说，检验模型拟合优度的评价参数包括如下几个。

决定系数（coefficient of determination，R_2）：R_2 越接近 1，模型的拟合优度越好。

均方根误差（root mean square error，RMSE）：RMSE 是观测值与真值偏差的平方根与观测次数比值的平方根，也称为回归系统的拟合标准差。RMSE 可以反映模型的精密度，RMSE 越接近于 0，模型拟合的精密度越高。

残差平方和（sum of square for error，SSE）：SSE 是实测值和预测值之差的平方和，表示每个样本各预测值的离散状况，又称为误差项平方和。SSE 越接近于 0，表示模型拟合的随机误差效应越小。

K-S 检验（Kolmogorov-Smirnov test）：K-S 检验是基于累积分布函数，用于检验一个经验分布是否符合某种理论分布，是一种拟合优度检验。K-S 检验的 $P>0.05$，表示实际分布曲线与理论分布曲线不具有显著性差异，模型符合理论分布。

最终选择的分布模型应能充分描绘数据分布情况，确保根据拟合的 SSD 曲线外推得出的沉积物质量基准在统计学上具有合理性和可靠性。

通过沉积物质量基准外推，确定 SSD 曲线上累积概率 5% 对应的浓度值为 HC_5，即可以保护沉积物中 95% 的生物所对应的污染物浓度。根据推导基准的有效数据的数量和质量，除以一个安全系数（根据具体情况确定，通常为 1～5），即可确定最终的沉积物质量基准。按照物种敏感度分布法，由沉积物急性毒性数据推导的基准值作为沉积物质量基准高值（SQC-H），由沉积物慢性毒性数据推导的基准值作为沉积物质量基准低值（SQC-L）。沉积物质量基准以单位干重沉积物中污染物质量表示，单位为 mg/kg。对于有机污染物，折算为有机质含量为 1% 时的沉积物质量基准。

（2）生物效应法

生物效应法适用于建立基于生物效应的污染物沉积物质量基准。生物效应法通过整理和分析大量的水体沉积物中污染物含量及其生物效应数据，以确定沉积物中引起生物毒性与其他负面生物效应的污染物浓度阈值。为保证数据库内部数据的可靠性和一致性，还需要对收集的数据进行严格的筛选，并不断进行更新。

应用生物效应法建立沉积物质量基准的具体步骤为：①沉积物生物效应数据库的建立；沉积物质量基准的建立。②分析数据，以确定产生生物效应的阈值效应浓度（threshold effect level，TEL）和可能效应浓度（probable effect level，PEL）；对 TEL 和 PEL 值进行检验。

尽可能全面地收集所研究流域的化学与生物数据，包括利用沉积物/水平衡分配模型计算所得的生物效应数据；沉积物质量评价研究中得到的生物效应数据；沉积物生物毒性试验数据；沉积物现场生物毒性试验和底栖生物群落实地调查数据。

所有符合筛选标准的数据都计入数据库当中。对于单一化合物要计入的信息包括污染物浓度、研究流域、试验方法（包括暴露时间、生物物种及其生活阶段、生物效应终点等）。

将所收集的数据按照浓度大小进行排序。如果文献中报道在某一浓度下有明显生物效应，则对该数据进行标记。生物效应包括沉积物毒性实验中观察到的急性毒性值、慢性毒性值、表观效应阈值法确定的临界浓度、相平衡分配法计算得出的基准值、现场调查中观察到的污染物与生物效应之间有明显一致的数据。所有标记为有生物效应的数据构成生物效应数据列，其他数据则构成无生物效应数据列。无毒性或者无效应的样本资料假定为背景条件。

将生物效应数据列中 15% 分位数计为效应数据低值（effects range-low，ERL），50% 分位数计为效应数据中值（effects rang-median，ERM）；将无生物效应数据列中 50% 分位数计为无效应数据中值（no effect range-median，NERM），85% 分位数计为无效应数据高值（no effect range-high，NERH）。利用统计得到的 ERL、ERM、NERM 和 NERH 计算阈值效应浓度（threshold effect level，TEL）和可能效应浓度（probable effect level，PEL），其中 TEL 和 PEL 计算公式为

$$TEL = \sqrt{ERL \times NERM} \tag{2-28}$$

$$PEL = \sqrt{ERM \times NERH} \tag{2-29}$$

当沉积物中污染物的浓度低于 TEL 值时，对底栖生物的危害性不会发生；高于 PEL 值时，危害性可能发生；介于 TEL 和 PEL 两者之间时，危害性可能偶尔发生。因此可以将 TEL 作为沉积物质量基准低值（SQC-L），PEL 作为沉积物质量基准高值（SQC-H）。

（3）相平衡分配法

根据相平衡分配法的基本理论，当水中某污染物浓度达到水质标准（WQC）时，此时沉积物中该污染物的含量，即该污染物的 SQC 可用式（2-30）表示：

$$C_{SQC} = K_p \times C_{WQC} \tag{2-30}$$

式中，K_p 为有机污染物在表层沉积物固相-水相之间的平衡分配系数，它与污染物和沉

积物的理化性质有关；C_{WQC} 为水质基准的 FCV 或 FAV。K_p 反映了沉积物的机械组成、吸附特性等，受环境因素（如 pH 等）的影响，因此建立沉积物基准的关键在于 K_p 的获得。

目前对沉积物中非离子有机污染物的沉积物质量基准研究开展的较早，大多的研究表明，上覆水对有机污染物在沉积物上的吸附影响极小，沉积物中的有机碳（OC）是吸附这类污染物的主要成分，而只有当有机物包含极性基团或者沉积物中的有机碳含量很少时，沉积物的其他成分才会对吸附起作用。因此以固体中有机碳为主要吸附相的单相吸附模型得到了广泛的应用，将 K_p 转化为有机碳的分配系数，当沉积物中有机碳的干重大于 0.2% 时，此时污染物的沉积物质量基准浓度（C_{SQC}）可以表示为

$$C_{SQC} = K_{OC} \times f_{OC} \times C_{WQC} \tag{2-31}$$

式中，K_{OC} 为有机碳-水分配系数，即污染物在沉积物有机碳和水中的浓度的比值；f_{OC} 为沉积物中有机碳的质量分数。K_{OC} 可以通过实验测定得到，也可以由 K_{OC} 与辛醇-水分配系数 Kow 之间的经验关系公式计算得到。

Kow 与 K_{OC} 之间的回归方程建立在大量的数据之上，适于大量的化合物及粒子类型，因此得到了广泛应用，其关系如下：

$$\lg K_{OC} = 0.00028 + 0.983 \lg Kow \tag{2-32}$$

通过该方法推导沉积物质量基准，f_{OC} 按照 1% 计算。以 FAV 推导得到的值作为沉积物质量基准高值（SQC-H），以 FCV 推导得到的值为沉积物质量基准低值（SQC-L）。

2.6.2　沉积物质量基准校验

通过不同方法制定的沉积物质量基准，必须通过试验对其进行校验，证实其科学性和适用性。沉积物质量基准校验包括加标沉积物校验和实际沉积物校验。

加标沉积物校验，是根据已经制定的污染物沉积物质量基准值设计一系列浓度梯度，范围涵盖沉积物质量基准低值（SQC-L）和沉积物质量基准高值（SQC-H）。在清洁无污染的天然沉积物或人工配制沉积物样品中加入系列浓度的污染物标准物质并进行毒性试验，如果不同加标浓度的沉积物表现出相应合理的毒性，那么制定的基准值通过加标沉积物校验。

实际沉积物校验，是在取自实际水体的天然沉积物样品中分别添加不同的活性材料，吸附或络合沉积物中的非极性有机物、重金属或氨氮，去除干扰物质产生的效应，保留待测物的生物毒性。测定沉积物中污染物的浓度，与已经制定的沉积物质量基准低值（SQC-L）和沉积物质量基准高值（SQC-H）进行比较，并进行沉积物毒性试验。如果沉积物中的污染物浓度表现出相应合理的毒性（符合程度达到 70%），那么制定的基准值通过实际沉积物校验。

沉积物质量基准校验技术流程如图 2-13 所示。

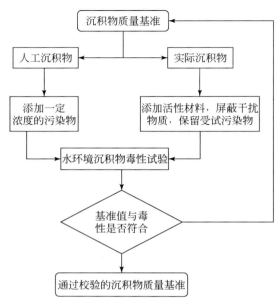

图 2-13　沉积物质量基准校验技术流程

2.7　水环境基准向标准转化技术

环境标准是环境管理的依据，同时也是环境质量评价、环境风险控制、应急事故管理及整个环境管理体系的基础，是国家环境保护和环境管理的基石与根本。水质基准是制定水环境质量标准的基础，水质基准制定后，需开展水质基准向水质标准的转化研究，才能更好地为环境管理提供技术支撑。因此，环境基准制定后，需进一步开展环境基准向环境标准转化的技术研究。

2.7.1　基准向标准转化的原理

各类水质标准的制定都建立在相应水质基准的基础上，针对不同的保护目标，重点考虑以下主要因素：①科学因子，基准本身的完善性；环境污染现状、环境背景值对环境标准的影响；与现有标准的衔接性。②社会因子，管理部门及公众对环境质量的期望及管理水平。③技术因子，现有测试手段、水处理技术和环境监测标准方法能否达到环境质量标准的要求。④环境标准对经济发展水平、产业结构的影响。

2.7.2　技术经济分析

2.7.2.1　方法原理

水环境质量关系到人类的生存和发展，水环境质量标准是制定污染物排放控制标准和保护水环境质量的依据。因此，制定经济合理、技术可行的水质标准具有重要意义。为建立最佳可达的水环境保护目标，水体的资源功能、水体的特征和保护需求、区域的经济能力、可采用的技术水平等因素均要考虑。

进行水质标准技术经济分析，应建立一套合理的指标体系与步骤，其中的变量选取主要用于评估新标准实施后产生的效益是否大于成本，污染物的削减对于企业发展和居民生活是否造成严重影响。其基本原理是：首先计算新标准指标下污染物的环境容量、流域/区域污染物总量，由此得到污染物的削减量。根据污染物削减量计算得到削减成本，以及其在流域 GDP 中所占的比例，当这一比例低于某一数值时，其影响可以忽略；当这一比例高于某一数值时，进行二级评估，即计算污染物控制的人均成本和支付能力指数，当支付能力指数低于某一数值时，可以接受，反之，需要适当调整标准值，以降低污染物的削减成本，满足人均支付能力。

2.7.2.2 经济技术评估

推荐经济技术可行性分析采用二级评估的方法，分为初级评估和二级评估两个部分，对研发的保护水生生物水质标准建议值的技术经济可行性进行评估。

（1）初级评估

某种受控污染物的水生生物水质标准的实施，可能会造成目标区域内 GDP 的变化，GDP 是用来衡量区域或地方经济发展综合水平的通用指标。可以通过评估实施水质标准的成本占区域 GDP 的比例大小，来衡量水质标准变化导致受控污染物削减成本改变，而由此产生的对当地国民经济发展的影响，以及受控污染物削减是否达到应有的预期控制效果。一般受控污染物削减成本指数可表征为

$$污染物削减成本指数 = 污染物削减成本/研究区域 GDP×100\%$$

通过对需控制污染物的水质标准实施，水环境质量得以保护和改善，主要将污染物削减成本指数与国家环保投资指数比较，如果该指数小于国家环保投资指数，可认为该标准的实施可能对区域经济没有较大影响；如果该指数大于国家环保投资指数，可认为该标准的实施可能对区域经济有较大影响，但目标水体的水质可能有较好的控制（图 2-14）。

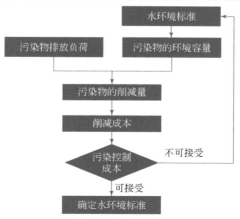

图 2-14　水环境标准经济适用性评估方法

（2）二级评估

推荐分三个主体进行评估，即政府公共资金投资主体、企业投资主体、个人投资主体。政府支付主要通过大型公共支出，包括实际管理区域内公共水环境治理、水生态修复、水处理工厂建设等方式支付；企业支付主要通过企业自身的技术改进、设备更新及增加以及排污收费治理等方式支付；个人支付主要通过用户的水费及水污染处理费用等方式支付。

A. 公共资金投入评估——费用效益分析法

费用效益分析法主要用来评估公共投入水质标准改变控制成本和其所产生的效益，其目的是在现有的经济技术条件下，以最少的费用取得最大的收益，其基本原则是效益应大于费用。

费用既包括项目初始投入和维持运转费用，也包括项目实施的负效益，如水库建设项目因抬高水位而淹没了森林、农田等，就是水库建设项目的负效益，也应归入项目的费用之中。

效益主要包括环境、经济、社会效益三个方面。

$$B_t = \mathrm{CB}_t + \mathrm{EB}_t + \mathrm{SB}_t \tag{2-33}$$

式中，B_t 为第 t 年产生的效益；CB_t 为第 t 年产生的环境效益；EB_t 为第 t 年产生的经济效益；SB_t 为第 t 年产生的社会效益。

a. 环境效益计算

环境效益是指通过水质标准实施、水质保护改善，使目标区域内人群生活质量提高的效应。采用环境防护费用作为环境效益计算的主要指标，计算公式为

$$\mathrm{CB} = \sum_{i=1}^{n} \mathrm{FB} \times N \tag{2-34}$$

式中，CB 为总环境效益；FB 为防护费用单位成本；N 为水质标准变化值。

b. 经济效益计算

经济效益是指通过水质的保护或改善所带来的直接经济有益影响，经济效益较为容易货币化，通常计算公式为

$$\mathrm{EB} = \sum_{i=1}^{n} \mathrm{EB}_i \times N \tag{2-35}$$

式中，EB 为总经济效益；EB_i 为第 i 种效益由于水质下降产生的单位经济影响；N 为水质标准变化值。

c. 社会效益计算

社会效益是指通过对污染物的削减，使区域内的水环境质量保护或改善从而带来的社会有益影响。一般社会效益属于间接效益，不产生直接的经济效益，可通过调查公众对社会管理的满意度或公共支付意愿来确定水质保护的潜在环境价值。社会效益的计算公式为

$$\mathrm{SB}_t = P_t \times 365 \tag{2-36}$$

式中，SB_t 为第 t 年产生的社会效益；P_t 为第 t 年区域居民对水质标准的支付意愿。

支付意愿是研究实际管理区域内，居民对水质保护及改善愿意支付的费用成本；支付

意愿主要用来确定某些没有公共定价的商品，在环境质量的评估中有较广泛应用，可采取问卷调查的形式对实际管理区域内公共支付意愿进行调查评估。

B. 费用效益分析评价指标

a. 经济内部收益率

经济内部收益率（EIRR）主要是指项目在执行期内各年度经济净效益流量的现值累计，相当于项目启动时的折现率，是反映项目对实际管理区域内国民经济贡献的相对指标，其判断标准是社会折现率。一般当经济内部收益率等于或大于社会折现率时，表示该项目对本区域国民经济的净贡献达到或超过要求水平，这时应认为项目是可以考虑接受的，反之则可能经济效益不适当。主要计算公式为

$$\sum_{t=1}^{n} (CI - CO)_t (1 + EIRR)^{-t} = 0 \tag{2-37}$$

式中，CI 为现金流入；CO 为现金流出；$(CI-CO)_t$ 为第 t 年的净现金流量；t 为发生现金流量的动态时点；n 为计算期。

b. 经济净现值

经济净现值（RNPV）主要反映项目对实际管理区域国民经济所作贡献的绝对指标。一般当经济净现值大于零时，表示项目经济效益不仅达到社会折现率的水平，还带来超额净贡献；当经济净现值等于零时，表示项目投资的净收益或净贡献刚好满足社会折现率的要求；当经济净现值小于零时，表示项目投资的贡献达不到社会折现率的合适要求。通常经济净现值大于或等于零的项目，认为其经济效应是可行的。经济净现值的计算公式为

$$RNPV = \sum_{t=1}^{n} (CI - CO)_t (1 + i_s)^{-1} \tag{2-38}$$

式中，i_s 为社会折现率；$(CI-CO)_t$ 为第 t 年的净现金流量。

c. 效费比

效费比是指经济效益和费用之比，效费比是反映区域内的某环境项目对国民经济所作贡献的相对指标，效费比（α）的计算公式为

$$\alpha = \frac{项目净效益}{项目费用} \tag{2-39}$$

一般评价环境项目的经济效益的最基本判据是：效费比 $\alpha \geq 1$，即效益应大于成本费用（或代价），或效应与费用的比值至少等于 1；否则，则经济上不合理。若 $\alpha \geq 1$，表示社会得到的效益可能大于该项目或方案的支出成本费用，则该项目或方案可行；若 $\alpha < 1$，表示该项目或方案的支出成本费用可能大于社会公共效益，则该项目或方案可能效应不合适而应放弃。

C. 居民经济承受能力评估

实际管理区域内，水污染物治理对居民的经济效应影响评估的主要内容是：当新的水质标准执行后，区域内居民需要额外支付的经济成本是否会对生活造成较大的不利影响。目前我国公共水环境污染防治以政府投资为主，居民承担部分费用，主要为污水处理费和自来水资源费。在水质标准实施适用性的技术经济效应评估中，可采用二级评估矩阵方法对居民的经济生活承受能力进行评估。

a. 一级测试——家庭支付能力测试

通常一级测试以居民家庭支付能力作为指标，即新的水质标准实施后，家庭可能需要支付的相关污染物防治费用占家庭总收入中值的比例；当人均年度污染控制成本低于家庭人均收入值的1%时，一般认为环境污染物的控制成本不会对居民产生实质性的经济影响，因此筛选值选择区域内家庭人均收入中值的1%。当年度污染控制成本和家庭人均收入的比值为1%~2%时，预计可能对本区域的居民产生中等经济影响；当人均年度污染控制成本超过2%的家庭人均收入值时，则表示该项目可能对实际管理区域内居民造成较不合理的经济影响。

$$家庭支付能力指数 = 每户平均年度治污成本/家庭收入中值 \qquad (2-40)$$

b. 二级测试

二级测试主要以受影响主体的经济状况为评估目标，采用累计二次平均得分来量化分值，即某一次调查测试值与实际管理区域或国家的平均水平值相比较，当比较结果显示为弱时，则得分为1分，当比较结果显示为中时，则得分为2分，当比较结果显示为强时，则得分为3分，最后将所有二级测试指标的得分相加计算平均值，并在计算时不考虑各个评级指标的权重。二级测试一般提供两类测试共六个指标，见表2-9。

表2-9　二级测试指标

类别	指标	弱（1分）	中（2分）	强（3分）
社会经济测试	家庭收入中值	低于平均水平10%	平均水平10%浮动	高于平均水平10%
	失业率	高于平均水平1%	平均水平1%浮动	低于平均水平1%
	贫困发生率	发生率小于1%	1%~2.8%	发生率大于2.8%
家庭财务测试	家庭资产负债率	负债率大于50%	30%~50%	负债小于30%
	人均可支配收入	低于平均水平10%	平均水平10%浮动	高于平均水平10%
	居民消费价格指数	高于平均水平1%	平均水平1%浮动	低于平均水平1%

c. 二级评估矩阵叠加

通过上述分析，可以得到一级测试家庭支付能力的比例及二级测试的得分值，并可以采用二级评估矩阵叠加法得到相关新标准实施后对居民可能的经济影响，具体见表2-10。

表2-10　二级评估矩阵叠加

二级测试分数 （按照指标得分计）	一级测试指标（百分数计）		
	<1.0%	1.0%~2.0%	>2.0%
<1.5	？	×	×
1.5~2.5	√	？	×
>2.5	√	√	？

注："√"表示新的水质标准实施可能对实际管理区域内居民的经济活动影响较小，是可以接受的；"？"表示新的水质标准实施对实际管理区域内居民的经济活动影响不确定，可考虑进一步综合判断新的水质标准实施的可行性；"×"表示新的水质标准实施对实际管理区域内居民的经济活动影响可能较大，需要考虑暂不实施新的水质标准建议值，或者也可考虑通过补贴政策等减小居民的经济活动影响，来综合判断实施新的水质标准的可行性。

D. 企业承受能力评估

企业承受能力评估主要是用来评估新的水环境标准实施后，实际管理区域内是否会给企业带来额外经济成本而导致企业盈利能力不利改变，或影响企业的正常运营和发展等。一般在企业承受能力评估中，最关注的是企业是否能继续盈利生产，如果不能继续盈利，则可能会导致企业无法继续在该区域开展经济活动，或企业可能会采取搬迁、裁员等手段保证企业可继续经营发展，这可能会对实际管理区域的经济发展及社会就业率等产生一定影响。企业的利润测试计算公式为

$$利润测试 = \frac{需评估企业收入}{该地区同类型企业收入} \tag{2-41}$$

利润测试需要计算企业中有水污染物控制标准的成本和没有污染物控制标准的成本两种情况。第一种情况，假设企业最近一年的年度施行污染物控制标准的成本（包括设备、人员的运行维护费用），采用评估企业的收入减去污染物控制成本后的实际利润计算；第二种情况，假设按照原有水质标准管理，企业不需支付新增污染物标准的额外污染物控制成本，采用评估企业的实际利润计算。

E. 标准建议值应用评估

通过标准建议值的经济技术可行性评估结果，首先经过专家研讨和评估来调整标准推荐值的数值，然后把调整后的标准推荐值再次在实际管理区域的示范点应用并进行相关经济技术评估，最后确定修订的实际管理区域的水生生物标准值。

F. 实施保障措施

为保障提出水环境质量标准的有效实施，可依据实际技术管理需求，制定相关配套的技术措施；主要措施有一般性保障措施及水质反降级政策等。

建议一般性保障措施应该包括以下几方面：①健全实际管理区域内地表水体污染防治的管理机制，明确水污染防治的责任和任务的分工；②严格执行管理区域内水体污染物排放标准，完善相关法律法规；③提高对水体污染源的监管、监控能力，加强监督执法；④加强实际管理区域水体的典型断面水质监控，及时反馈河流及湖泊水环境综合整治效果；⑤制订水体污染物应急处置预案，强化突发性水污染事故的应急处置能力；⑥拓宽水环境污染治理项目的融资渠道，加大投入力度；⑦加强科技攻关，研究水体污染防治的适用技术；⑧提高社会公众参与度，充分发挥管理者、企业、公众三者的联合作用。

水质反降级政策分为三级，以促进区域地表水体的水质持续改善。

一级要求：对于所有水体，应确保维护现有水体功能所需的水质水平。

二级要求：对于良好水质的水体（包括适合钓鱼和游泳的水体），应确保无不合理的人类活动而导致的水质下降，避免已达良好标准的水体水质降低。

三级要求：国家或实际管理区域内战略性自然水资源，如国家公园、野生物种保护区及自然渔场及其他具有独特娱乐或生态价值的水体，应严格控制人类活动可能产生的水污染，防止可能导致这类水体水质永久性降低的活动及新增污染物的排放，确保水质得以维持和保护。一般不允许区域内地表水体的水质降级，或仅允许水质暂时性短期（数周或数月）降低的情况发生。

第 3 章 控制单元水质目标和排污许可管理技术集成及应用

3.1 控制单元水质目标管理技术集成

3.1.1 集成背景及思路

控制单元水质目标管理是水污染物总量控制管理的延续,控制单元概念的提出为总量控制提供切实可行的管控空间,使水环境管理更加精细化。控制单元水质目标管理技术体系架构包括以下五个层次内容(图3-1):①水域层面,诊断流域/控制单元存在的水环境问题,综合考虑水环境、水生态、水资源等多方面约束,科学确定控制单元水质目标,明确制定水污染管控方案的目的及要点;②陆域层面,调查分析控制单元空间内的污染源结构及其对水体的影响,确定重点管控污染源;③污染源-水质响应关系分析,借助水质模

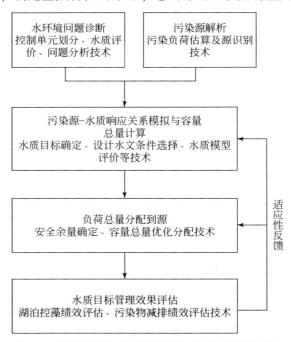

图 3-1 控制单元水质目标管理技术核心环节及流程

型模拟污染负荷和水质的响应关系，计算水环境容量总量；④水环境容量分配和排污许可限值确定，遵循"科学、有效、公平"原则进行水环境容量分配，实现"流域—控制单元—排污口—污染源"链条上的逐级分配，同时结合技术经济可行性分析，确定污染源排污许可限值；⑤适应性反馈管理，分析评估水质目标管理方案的实施绩效，在方案实施前或实施过程中不断修正完善，实现水质目标管理的适应性反馈。

本章从控制单元水质目标和排污许可管理角度入手，集成水专项自"十一五"以来在水环境问题诊断、污染源解析、污染源–水质响应关系模拟与容量总量计算等方面（图 3-1）形成的相关技术成果，构建控制单元水质目标与排污许可管理技术体系，以期为我国水污染控制和排污许可制提供技术支撑。

3.1.2 控制单元水质目标管理技术体系

该技术体系由 5 项核心技术、14 项关键技术和 35 项支撑技术构成，如图 3-2 所示。

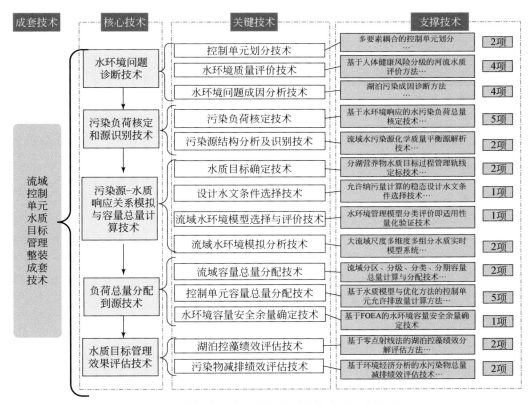

图 3-2 控制单元水质目标管理整装成套技术体系

3.1.3　水环境问题诊断技术

我国流域水系覆盖范围广、走向错综复杂，污染成因也各不相同，进行水环境问题诊断的目的是通过科学有效的方法评估所研究水域的水质现状，识别主要水环境问题和污染因子，明确控制单元的主要污染类型、污染成因及过程，为后续污染治理方案研究提供方向。水环境问题诊断主要包括控制单元划分、水环境质量评价和水环境问题成因分析等技术。

3.1.3.1　控制单元划分技术

控制单元是一个人为划分的空间单元，由水域和陆域（污染源）两部分构成，划分控制单元的主要目的是将陆域污染源与其所影响的水域划分到同一个空间，为水质目标管理提供基本的实施单元，合理的划分结果有利于流域水环境的精细化管理。控制单元划分技术通过将庞大复杂的流域系统划分为相对独立的若干小单元，有针对性地缓解流域水污染问题，利于流域总体治理规划。基于差异性划分依据和管理模式，国内外依据水文单元、水生态区和行政区三种划分方法开展控制单元划分工作。"十一"五期间，水专项以太湖、辽河等重点流域为试点区域，开展了控制单元划分技术研究与应用示范，提出了多要素耦合的控制单元划分技术和基于水生态功能分区的控制单元划分技术。

（1）多要素耦合的控制单元划分技术

该技术综合考虑控制断面空间分布、汇水特征、污染源管理等多种要素来划分控制单元。基于控制断面水系特征，明确陆域汇水区与河流水质及其控制断面的空间对应关系，在流域范围内确定控制区（子流域）的划分尺度和层级，在控制区内，通过空间叠加技术，将控制区与行政管理单元进行叠置，得到反映子流域汇水特征和行政区划特征的控制单元。最后通过空间聚类技术，将具有相同汇水特征和污染物管理特征的区域确定为水质目标管理的控制单元。

（2）基于水生态功能分区的控制单元划分技术

该技术基于水系完整性、生态功能完整性、污染过程完整性和行政单元完整性的理论基础，综合考虑流域水系、监测断面分布、水生态功能分区、行政区划、污染物排放等特征，将流域划分为不同尺度不同级别的控制单元，通过分析流域水质与水生态功能区水质保护目标的差异，以及主要污染源对水生态功能的影响，甄别控制单元划分，并对控制单元进行分类管理。

3.1.3.2　水环境质量评价技术

水环境质量评价又称水质评价，是根据水的用途，按照一定的评价标准、评价参数和评价方法，对水域的水质或水域综合体的质量进行定性或定量的评定，评价水域大致分为两大类：河流和湖库。本书提出了基于人体健康风险分级的水质评价方法和沉积物的质量评价方法，针对湖库富营养化评价提出了分湖和变权的评价方法。具体技术方法内容如下。

（1）基于人体健康风险分级的水质评价方法

该技术基于水体的人体健康风险大小，提出水体水质风险分级值，完善了《地表水环境质量标准》（GB 3838—2002）分级不合理问题通过监测断面（点位）的指标筛选，评价频次、断面设置、水质评价等优化方法，合理有效地对河流水质监测断面进行管理，在充分反映水质状况的同时，提高水质监测的效率。针对整条河流（湖库），运用河长（面积）评价法全面的、有代表性的反映河流（湖库）的整体水质情况。

（2）水环境沉积物质量评价技术——沉积物污染指数法（SPI）

该技术体系针对流域沉积物理化特性差异大，质量标准难以统一的问题，以相平衡分配理论、美国保护水生生物和人体健康的水质基准为基础，考虑到不同流域沉积物类型、有机质含量及其生物有效性的差异，提出了适用于我国水环境（河流、湖泊、水库）沉积物重金属质量基准建立方法，并根据重金属生物毒性风险进行沉积物质量标准分级和沉积物质量评价，从而形成一套完整的基于风险分级的水环境沉积物质量评价技术体系，为我国的流域水环境质量风险管理工作提供理论依据和技术支撑。

（3）分湖富营养化营养足迹指数评价方法

营养足迹指数（TFI）为分湖模式–利用滤波轨线实现拐点识别及时段划分，采用参数或非参数方法建立藻类密度与营养物浓度响应关系多时段曲线，以及非线性多时段 TFI 关系，实现营养状态评估的"一湖多标"。该方法的最大优势是可以在富营养化湖泊"返贫路径"中的非响应关系段进行适当的预估和评价，这是现有方法无法实现的。

（4）湖泊富营养化变权营养状态指数（TLIcw）评价方法

变权营养状态指数（TLIcw）法是对现有综合营养状态指数（TLI）法的改进。TLIcw 反映目前背景条件下营养盐水平导致的浮游植物密度水平，从而与氮磷负荷的削减产生明确的关联。TLIcw 是通过比较显势和潜势营养状态指数得到的综合营养状态指数，两个指标的权重为 0～1 可变配置，指数高者权重为 1。TLIcw 的计算公式为

$$TLIcw = \max(TLI_{EX}, TLI_{IM}) \tag{3-1}$$

$$TLI_{EX} = TLI(Chla) \tag{3-2}$$

$$TLI_{IM} = \alpha TLI(TP) + \beta TLI(TN) \tag{3-3}$$

式中，TLI_{EX} 为显势营养状态指数，用 Chla 表达为 TLI（Chla）；TLI_{IM} 为潜势营养状态指数，用 TP 表达为 TLI（TP），用 TN 表达为 TLI（TN），α、β 为权重系数，$\alpha + \beta = 1$。

TLIcw 评价方法将富营养状态评价结果与湖泊治理需达到的目标相结合，从显势和潜势指标分别进行分析，剔除干扰评价指标，比较实际灾害水平与可能灾害潜能，计算得到综合营养状态指数，可较准确地对湖库富营养化状态作出评价，有效地支撑湖库水质目标管理。

3.1.3.3　水环境问题成因分析技术

通过合理有效的方法分析流域水体受损的成因，识别主要污染因子，有助于水质目标的分类管控。本研究主要方法有湖泊污染成因诊断方法、湖泊化学需氧量藻源内负荷贡献分析技术、基于低通滤波轨线法的湖库富营养化返贫路径识别技术和控制单元水环境受损综合诊断方法。

（1）湖泊污染成因诊断方法

在"前期调查—诊断分析"方法的基础上，结合已有调查成果，集成相关评价方法与

模型，形成了一套完整的湖泊污染成因诊断方法。该方法包括调查与数据获取、系统分析与问题识别、研究计算与科学评价、水污染成因诊断 4 个步骤。相较于原"前期调查—诊断分析"方法，该"调查—识别—评价—诊断"方法的调查指标更完善，问题识别更科学，评价方法更具体，成因诊断更准确。

（2）湖泊化学需氧量藻源内负荷贡献分析技术

该技术主要借鉴了传统方法——首先利用年内实测 COD 和 Chla 协调关系，推算无藻 COD 值，然后利用 COD 年均值与无藻 COD 值的差值得到藻源 COD 年均贡献。开发了可以在 COD 和 Chla 非协调关系的情况下，通过滤波方法识别 COD 和 Chla 的协调关联，进而得到藻源 COD 贡献，同时采用轨线法或滤波轨线法，识别 COD 和 Chla 之间的领先与滞后关系，有助于识别其因果关联是否受到其他因素的干扰。

（3）基于低通滤波轨线法的湖库富营养化返贫路径识别技术

该技术提出了先对时间过程进行低通滤波再进行相空间轨线的描述，使相空间轨线技术可以很好地应用于湖泊富营养化管理。其中低通滤波主要采用局部加权回归散点修匀（locally weighted scatterplot smoothing，LOWESS）法进行时间滤波，其优点是非参数化，比较灵活，时段首尾数据完整（一般算术滑动平均方法在首尾两端数据有缺失），可以较好地处理少量数据缺失的问题。

（4）控制单元水环境受损综合诊断方法

控制单元水环境受损综合诊断是控制单元水质目标管理的基础工作。为全面、客观地评价控制单元水环境问题，提出了分类分级综合指标评价法，对控制单元的水质、物理生境、生物生态受损程度进行了综合评估。

3.1.4 污染负荷核定和源识别技术

水体污染物依据污染来源主要划分为点源污染和面源污染，两种污染在产生机理、入河方式、影响机制等因素上具有各自不同的特点。污染源解析评价的对象为陆域上的各类污染源，通过污染负荷估算和溯源识别等技术，识别引起流域/控制单元水体污染的主要污染源，是水质目标管理中一项重要环节，只有明确流域污染源分类，才能采取针对性措施控制污染。污染负荷核定和源识别技术主要包括污染负荷核定、污染源结构分析及识别等关键技术。

3.1.4.1 污染负荷核定技术

污染负荷核定是水质目标管理中的重要环节。目前点源的污染负荷核定技术较为成熟，可以通过多种成熟的方法进行定量化估算，如通过对排污企业的污水量和浓度监测、企业生产工艺的物料衡算等方法来进行定量化。而非点源的污染负荷核定相对比较复杂，考虑到不同类型下垫面非点源污染产生机制和特征存在差异，不同下垫面类型非点源负荷核定方法也存在较大差异。针对山区丘陵、平原河网、平原圩区、城市区域以及感潮河流/河口下垫面类型，分别提出非点源污染负荷核定方法，在赣江、太湖及铁岭等丘陵、平原河网地区、山区等不同类型控制单元完成非点源污染负荷核定技术示范验证,同时编制的《控制单元非点源污染负荷核定技术导则》已通过团体标准立项。

(1) 基于水环境响应的水污染负荷总量核定技术

针对我国污染源调查统计不全面、负荷核算方法不完善以及总量数据与水环境质量之间相互脱节的现象,一方面,通过现有方法改进和集成,完善工业、城镇生活与集约化畜禽养殖等不同类型点源的负荷核算方法,建立城镇、农业、农村生活与散养畜禽等非点源负荷核算的实用方法集;另一方面,建立河流污染物通量核算的不确定性分析方法,并通过污染源排放负荷与环境水体纳污负荷之间的总量平衡分析与不确定性分析,核定区域/流域的水污染负荷总量,从而形成基于水环境响应的水污染负荷总量核定技术。

(2) 大型水库流域污染负荷及环境压力解析关键技术

以库区水质安全保障和支流富营养化控制为目标,构建基于分布式水文过程模型的库区污染负荷解析与负荷估算技术体系,包括库区流域面源污染负荷估算模型、库区点源调查及多元污染负荷数据耦合数据整合技术、库区流域污染物迁移转化机理研究技术方法、流域经济社会-水环境-水生态集成模型技术等,该关键技术的突破点在于发展了以流域水文分布式模型为基础的技术,实现了流域不同属性污染负荷源强(工业点源、城市生活污染源、农业面源、规模养殖、干湿沉降大气源)在空间、时间上的同步动态展布,形成了大型水库流域基于物理机制的污染负荷与通量估算分析,为全面评估三峡水库水环境演化的流域驱动机制和环境压力提供了技术基础,为制定库区水质安全保障和支流富营养化控制流域环境管理方案提供了依据与科学数据。

(3) 基于流域分布式水文面源污染模型和河流水系水质模型耦合的库区污染物入库通量计算与预警技术

在流域分布式水文模型的基础上,构建了多源复合的面源污染模型,包括城镇地表径流非点源污染模块、农村生活非点源模块、农药化肥模块、土壤侵蚀模块以及畜禽养殖模块。

分布式水文模型:模拟的水循环过程分为流域水循环的陆面阶段和水文循环的演算阶段。其中前者控制进入子流域的水、沉积物、溶解态污染负荷,后者定义通过流域水网到流域出口的水、污染物迁移运动过程。模拟计算主要涉及的输入要素包括气象要素、水文要素、植被覆盖要素以及土地管理措施等。

面源污染模型:陆面水质过程模拟将流域水污染物过程概化为污染物产生、入河及其在河道中的迁移、转化三个过程,分别与水循环的产流、坡面汇流、河道汇流过程相耦合。

污染源分点源和面源,并分开估算,点源污染分工业和城镇生活,非点源污染负荷入河量是指一定时期内,由地表径流挟带进入河流等地表水体的非点源污染负荷量,可随时随地发生的直接对大气、土壤、水体构成污染的污染物来源。

(4) 不同类型控制单元非点源污染负荷估算技术方法

在总结水环境控制单元点污染源调查评价、污染负荷核定和预测技术基础上,重点针对山区丘陵、平原河网、平原圩区、城市区域等不同类型控制单元提出了非点源污染负荷核定和预测的通用技术方法。

根据控制单元下垫面特征的差异，分别对山区丘陵、平原河网、平原圩区和城市区域控制单元的非点源污染产生特征进行了研究，提出了不同类型控制单元非点源负荷核定方法。对于山区丘陵地区非点源污染负荷的核定，SWAT 等非点源模型的应用是首选的方法。对于平原河网地区，提出的农村生活和畜禽养殖污染问卷调查方法、平原区农田径流试验方案，对解决类似地区的非点源负荷估算问题具有较大的应用价值。而对于属于平原地区的下游圩堤地区（平原圩区），其水文过程受到水利工程（如电力排灌站）的极大影响，对非点源污染负荷的估算除了可采用问卷调查和类型源试验的方法以外，还提出了圩堤地区 SWAT 建模过程中子流域划分的方法，为类似区域的 SWAT 建模提供了一个技术选择。而对于城市区域暴雨径流污染的负荷研究，提出采用类型源试验与基于城市排水系统构建 SWMM 数学模型的方法来进行负荷核定。

（5）基于分类输出系数法的平原河网区非点源污染负荷估算技术

针对农村生活污染，考虑家庭卫生设施的类型（干厕、水冲厕）、污染排放和处置方式（还田）等构建农村生活污染输出模型，针对畜禽养殖污染，考虑养殖模式和调查粪尿的处理处置方式，分别构建畜禽养殖污染输出模型，针对农田种植类型（水稻、葡萄），考虑降水—径流—产污过程，构建农田污染物输出模型。

3.1.4.2 污染源结构分析及识别技术

污染源结构分析及识别技术用于分析区域/控制单元污染源结构，识别主要污染来源，确定区域需重点控制的污染源，有助于污染源的分期、分类管理。主要支撑技术有水污染源化学质量平衡源解析技术和主要水污染源溯源技术。

（1）流域水污染源化学质量平衡源解析技术

将正向的水质降解模型与逆向的化学质量平衡受体模型相结合，开发了流域水污染源化学质量平衡源解析技术。该技术特点是在化学质量平衡源解析集成上加入污染物的一维扩散模型，使用污染源排放的污染物扩散到环境受体时的成分谱进行源解析，提高了与实际情况的符合程度，使解析结果更加准确。该技术包括模型的建立、模型的优化、软件的开发，以及模型的应用。首先对水污染源与受体进行分类，其中污染源分为上游断面、直排工业源、支流源和未知源，然后将污染源在排放口的成分谱通过一维稳态水质模型转化成在受体断面上的成分谱再进行解析。在模型构建的基础上对其进行遗传算法优化、二重源解析优化和结果最优拟合优化。最后开发出河流污染源解析化学质量平衡受体模型软件系统（NKRCMB 1.0）。该技术可用于流域水相中污染物的源解析，可解析出具体污染源对环境受体的贡献，既能得到相对贡献率，也能得到绝对贡献值，并附有诊断指标以判断拟合结果的优劣。

（2）主要水污染物溯源技术

针对 N、P 累积性风险预警确定的流域风险点（断面），基于流域内人口分布、产业布局、点源污染等信息调研和定期水样采集检测，建立流域污染负荷与风险贡献时空分布数据库，通过 GIS 技术分析断面和河流上下游空间关系，提供框选、列表、上下游连接方式帮助查询断面水质数据和相关支流风险贡献比例,提供重点污染断面或支浜空间覆盖范围分析,且可对该区域内的所有点源、面源进行检索,根据 N/O、P/O 同位素分析结果确定主要风险源类型(种植业、养殖业、工业、生活污水等),并对风险源进行排序,最终确定主要风险源类型与空间位置。

3.1.5 污染源–水质响应关系模拟与容量总量技术

3.1.5.1 水质目标确定技术

控制单元水质目标确定以水功能标准为主要依据,参考水环境质量标准,同时综合考虑各类约束因素,最终确定研究区域受纳的水质目标,为流域/控制单元的水环境容量总量的模拟技术提供约束条件。水质目标的主要构成因素包括:①地理约束。水功能区划等形成空间约束。②功能约束。水功能区的水质目标,形成控制级别的约束。③排污口约束。允许混合区限制,形成对排放量、排放浓度和排放位置的限制。各类约束形成一个多约束关系系统,其中各方面最严格约束的组合作为对流域及区域最大允许纳污量的限制。在上述约束的基础上补充设计水文条件的时间约束,依据不同污染物的特征属性及保护目标来合理确定所需达标的时间和频率,以通过允许平均期及超标重现期来控制风险,确保结果更为全面、客观。

(1)分湖营养物水质目标过程管理轨线定标技术

该技术采用滤波相空间轨线技术,可以克服波动干扰,在看似混乱无序近乎随机游走的数据中寻找随时序变化的因果关系,为单一湖泊路径发展演化评估及治理措施效果研判及重大背景环境因素变化的响应识别提供技术工具,可用于单一湖泊多时段的营养物承载浓度的确定。

(2)湖库控藻营养物水质目标双概率定标技术

双概率营养物定标是弱时序的分段定标,强调对近期路径的依赖,即含有时序信息的定标。对于严于全国模式标准、松于研究湖泊本地模式的情况,双概率营养物定标采用的是目标湖泊模式标准,不仅能实现分湖精细管理,同时能够适应气候等背景因素变化引起的标准阶段性和动态性特性,实现营养物承载浓度的动态跟踪过程管理。

3.1.5.2 设计水文条件选择技术

针对确定环境风险条件下,选用稳态水质模型,进行允许纳污量计算和总量分配时采用的设计水文条件,常为一个常数。该水文条件的选择需要根据水污染控制指标类型和环境风险特征,确定污染物浓度的允许平均期和允许超标期,在此基础上计算稳态设计水文条件。

3.1.5.3 流域水环境模型选择与评价技术

通过水质模型模拟的方法来建立污染负荷和水质之间的响应关系,直观清晰地展示不同污染源对水质的影响，有利于流域最大允许纳污量的计算和分析。当前应用较广的有WASP 模型、WASP 与 EFDC 模型耦合及 MIKE21 模型等。重点针对水环境模型选择与评价，形成水环境管理模型分类评价技术及适用性定量化验证方法。该方法基于模型的内部评估与外部评估相结合的评价原则，将研究主题和模型评估准则相结合，通过文献调研、专家打分、数值实验等方法建立了模型综合评价指标，包括通用性、可靠性、友好性、先进性、普及性及易用性等 28 个指标，并提出了指标值及指标权重的定量分析方法，完成了地表水环境质量模型评价体系构建。采用模型验证案例法、模型比较法等技术方法对模型的科学性及适用性进行定量化分析。

3.1.5.4 流域水环境模拟分析技术

（1）大流域尺度多维度多组分水质实时模型系统

该技术的多维模型主要是为局部河段提供高空间精度的水动力和水质模拟，因此模型的外部边界中，干流边界主要是由一维流域河网模型提供，而汇入的支流边界则由流域水文模型提供。另外，为了应对不同模拟范围的要求，加入局部模型提取技术。

（2）河流流域水环境系统分析与模拟技术

该技术基于河流流域容量总量管理要求，以支持流域容量总量计算和分配为目标，采用社会经济预测模型、流域分布式非点源模型和河流水体水质响应模型（含水动力模型、水工程水力学模型）等，开展流域负荷估算与水体水质响应计算，具备流域坡面水循环物理过程、主要污染物化学过程、河道与水工程水质过程等综合分析能力，实现流域经济社会–水资源系统–水环境–水生态系统过程耦合模拟。

3.1.6 负荷总量分配到源技术

水环境容量总量分配由流域容量总量分配（流域–控制单元分配）和控制单元容量总量分配（控制单元–污染源分配）两个分配过程构成，前者可以称为流域总量分配，后者可以称为控制单元总量分配。流域总量分配是总量分配的中间产物，其分配结果必须依托控制单元的二次分配才能进行实际管理，但是流域总量分配直接与水质达标建立关系，是控制单元分配的基础。流域–控制单元分配重点解决总量分配方案的整体协调性（水质目标协调、区域协调等），控制单元–污染源分配重点解决分配结果的可操作性。在流域–控制单元分配过程中还包括水环境容量安全余量（margin of safety，MOS）设计过程。因此，所谓的流域容量总量分配实际包括三个过程：流域–控制单元分配过程、控制单元内部分配过程、安全余量确定过程。本节集成技术包括流域容量总量分配技术、控制单元容量总量分配技术、水环境容量安全余量确定技术等。

3.1.6.1 流域容量总量分配技术

（1）流域分区、分级、分类、分期容量总量计算与分配技术

分级是指建立按照河湖水系分级的流域分级计算体系，降低问题的复杂程度，但同时不过分简化流域的整体性特征。分期包括两个方面，一是年内分期，指基于不利水文条件（年内不同水文条件，月最大允许纳污量）的水功能区限制排污总量计算技术体系；二是阶段分期，指与规划水平年水功能区达标率目标对应的阶段性限制排污总量的技术方法。分类指分阶段达标目标及安全余量设计均按照水功能区分类保护需求、水功能区水质达标现状、陆域经济社会发展特征等制定。分区基于水功能区控制陆域单元建立的限制排污总量流域分区及行政分区管理结合的分区。应用基于水质响应系数矩阵的流域入河污染物水质响应分析技术，结合流域水动力水质模型，按照兼顾上下游左右岸，实行流域统筹的原则要求，形成适用于水功能区限制排放总量的流域空间分解、年内水期分解的模型技术方法，实现各级流域限制排污总量的计算与分解。

（2）少资料流域水污染物总量分配技术方法：负荷历时曲线

历时曲线法是一种非常实用的水质管理方法，主要包括两种，流量历时曲线（flow duration curve，FDC）和负荷历时曲线（load duration curve，LDC）。

FDC 主要用于水体水文学的研究，但尚未应用到污染物总量控制的工作中。FDC 是指目标河流断面处某个时段内大于和等于某一流量的保证率，是描绘某一给定流量在一段时间内发生频次高低的曲线。这里的流量可以是日流量，也可以是月流量，数据越多，FDC 越准确，但必须能反映出研究断面一年内流量总体变化规律。FDC 的计算公式为

$$P_f = m/n \tag{3-4}$$

式中，P_f 代表流量值时的保证率；m 代表大于或等于流量值 f 时的流量监测数；n 代表流量监测总数。

LDC 是在流量历时曲线的基础上乘以水质目标或标准值后得到的曲线。LDC 将流量与污染物负荷容量合理地联系在一起，曲线上各点代表不同流量保证率下的污染物负荷容量。

3.1.6.2 控制单元容量总量分配技术

（1）基于水质模型与优化方法的控制单元允许排放量计算方法

通过水质模型模拟计算设计水文条件下污染负荷输入与受纳水体水质响应关系，通过优化算法求解满足分配原则下控制单元多目标总量分配模型，并结合方案比较法确定控制单元排污口的允许排放量。

（2）基于河网模型与系统最优化方法的流域动态水环境容量总量计算与分配技术

利用平原河网水环境系统数学模型，以各控制单元水质目标作为约束条件，求出控制单元各排污口贡献率，通过贡献率矩阵构建各控制单元 TMDL 模型，求出长系列设计水文条件下各控制单元 TMDL，实现允许排放水污染物总量核算，以各控制单元 TMDL 作为污染物总量初始分配。

在各控制单元分期 TMDL 初始分配基础上，以能承载的各控制单元的社会经济总量为依据，以各控制单元为对象进行污染物总量次级分配，形成污染物总量次级分配方案。

（3）河网总量控制目标制定与小区域分配技术

通过水文、水质同步监测得到的重污染区污染物降解规律成果，依据国家和地方制定

的重污染区水体水质目标，考虑研究区域水文情势和水流特征，采用非稳态水环境数学模型计算成果为基础的容量测算技术，以河道单元（几百米至几千米）为最小计算单元，开展各河道逐日水环境容量计算，进行时间及空间求和后得出研究区域的污染物总量控制目标值。

以各镇区水面面积与水体水质目标两者为权重，将区域的污染物总量控制值分配到各镇区单元，各镇区水面面积根据遥感资料解译成果及 GIS 技术分析得到。根据入湖通量的测算结果和太湖流域入湖断面的水质达标控制要求，综合考虑区域内社会经济的影响，制定重污染区主要入太湖河流水质达标的区域污染物分配方案。

（4）平原河网区污染负荷削减及其动态分配

平原河网水系有大量闸坝和人工渠道，河流地貌形态和水动力条件复杂，水资源利用效率不高，水环境容量低。以河流断面达标为目标，按照不同控制单元的水环境容量来确定削减量并进行动态分配。涉及分级分类控制单元体系构建，水环境管理系统构建，以及污染负荷与河流水环境容量的确定及其动态分配等诸多内容。该技术中区域污染负荷削减及分配是以河流断面水质达标为约束，从区域公平性、人与自然和谐性、经济可成长性、生态环境可持续性等方面制定优化原则，计算各级流域分类控制单元的综合点源与非点源的污染负荷量，以及多年平均、丰水期和枯水期月平均污染负荷入河负荷量，制定控制单元污染负荷总量分配方案。该技术主要包括非点源污染负荷计算技术、水环境容量核算技术、区域负荷削减分配的优化技术。

（5）基于正反算法与情景分析法的控制单元允许排放量计算方法

通过反算法利用简单的水质模型可以得到允许纳污量总量的初算结果，以此为基础，结合污染负荷的分配方法，制定不同的负荷分配情景，然后通过正算法利用动态水质模型进行分配方案的达标校核及其对水质影响的分析。在负荷分配方案优化中，利用模型对污染源贡献度的分析，计算污染源权重，并结合分配方案的环境影响程度、经济因素、技术可行性因素等，对方案进行筛选和优化。

3.1.6.3 水环境容量安全余量确定技术

安全余量是指水环境容量计算过程中，考虑污染负荷与受纳水体之间的不确定性，未来发展所预留的部分可容纳负荷的余量。目的是保证水环境管理与污染负荷控制在执行后能对水环境状况的改善有保证性的效果，降低由模型的不确定性以及管理方法本身的误差所带来的水质超标风险。模型不确定性包括模型结构不确定性和参数不确定性两个方面，提出了基于模型参数不确定性 FOEA（first-order error analysis）的安全余量计算方法，该方法建立在基于方差分析的线性近似的基础上，是近年来常用于水环境模型不确定性分析的新方法。

3.1.7 水质目标管理效果评估技术

水质目标管理效果是水质目标管理适应性反馈系统的重要手段之一，即通过评估的方式对不符合预期结果调整纠偏，分析不确定性，修改设计及方案：水质目标管理各类技术问题—适应性反馈—问题诊断分析—寻找措施及方法—适用检验。本节主要介绍水专项湖泊控藻绩效评估技术和污染物减排绩效评估技术。

3.1.7.1　湖泊控藻绩效评估技术

（1）基于零点射线法的湖泊控藻绩效分解评估方法

该方法是一种用过零点射线与滤波轨线的交点确定参考点的湖泊控藻绩效评估方法，评价分析藻类水平及产藻效率的变化，计算湖泊富营养化治理的控藻效益，包括视在效益、实在效益和潜在效益，分析影响三效比例的原因，评估治理过程的得失，提出改进的对策。

用 Chla 与主控营养盐浓度年均数据建立二维的实际滤波轨线，并在图中找到评价起点、评价终点以及评价参考终点及标识的 Chla 浓度。然后利用三者的差值关系计算降藻视在效率、实在效率和潜在效率。其中评价起点、评价终点信息已知，在实际滤波轨线上有年号及 Chla 滤波均值。主要技术难点是确定评价参考终点，其关键是明确终点在条件平稳情况下处于的单调轨线。

（2）基于低通滤波轨线的湖泊控藻绩效分解评估方法

该方法是一种用实际分段滤波轨线得到参考点的湖泊控藻效率评估方法，评价分析藻类水平及产藻效率的变化，计算湖泊富营养化治理的控藻效益，包括视在效益、实在效益和潜在效益，分析影响三效比例的原因，评估治理过程的得失，提出改进的对策。利用单调轨线确定参考点，若评价点不在轨线数据区间内，用实际分段滤波轨线向外延伸得到参考点。该方法假设在滤波轨线的拐点之间一般为单调曲线，若该线是协调的，假定背景条件平稳，则该线的外推是合理的。

3.1.7.2　污染物减排绩效评估技术

（1）基于环境经济分析的水污染物总量减排绩效评估技术

针对流域水污染物总量减排绩效评估体系尚不完善，目前水污染物总量减排考核体系中，主要考核指标与流域水环境改善割裂的现状情况，构建流域水污染物总量减排绩效评估指标体系。在流域水污染总量减排绩效评估指标准则制定的基础上，采用集对分析法对流域水污染物总量减排情况及水环境影响的绩效情况进行评估，获得每年水污染物总量减排的绩效情况。同时通过构建的水污染物总量减排措施的实施效率 DEA 模型和超效率模型，对总量减排措施的实施效率进行评估，判断每年总量减排措施是否得到高效实施。

（2）基于污染物断面通量的控制单元水质目标管理实施效果评估技术

污染物总量监控是指对具有一定空间范围的流域或具体的污染源排放总量进行监督性监测和评估的过程。通量监控是指通过控制断面的污染物通量，计算区域或者污染源污染物排放总量和，评估其总量目标完成情况。该技术根据污染物通量计算的五种方法，采用随机抽样的方法对河流断面和污染源排污口断面的采样频率的误差进行分析，提出不同污染物和排污条件下通量估算的方法与监控频率建议。

3.2 基于水质的固定源排污许可管理技术

我国排污许可管理制度已基本建立，到 2020 年我国基本实现排污许可管理覆盖到所有固定污染源，"十四五"时期，我国排污许可管理将进入深化发展阶段。从发达国家排污许可的经验来看，美国的排污许可管理也经历了从基于技术到基于水质的发展历程。1972 年美国《清洁水法》303（d）条款要求各州每两年向 USEPA 汇报当地水体的整体卫生情况及水体是否达到水质标准。如果没有达到相应的水质标准，则要求对这些水体制定并实施 TMDL 计划。TMDL 计划最终通过"国家污染物削减系统"（NPDES）落实到排污许可管理。欧盟《水框架指令》要求欧盟境内水体达到良好的水质状态，并通过调整排污许可限值来实现预期的水环境质量目标。各国和地区经验表明，水质达标是排污许可管理的核心，排污主体同时负有达标排放和受纳水体水质达标的双重责任。地表水质达标可能涉及多个排污主体，还受到自然环境条件等复杂因素的影响，导致企业难以直接对水体达标负责，排污许可管理就成为企业对地表水水质达标负责的间接体现形式。

3.2.1 技术内容介绍

3.2.1.1 基本原理

按照控制单元水体的达标情况进行分类管理，其中达标控制单元依据适用的排放标准确定基于排放标准的许可限值。不达标控制单元采用水质模型进行模拟，判断基于排放标准情景以及基于 BAT 能否满足水质目标，如果能满足水质目标，则执行基于排放标准或 BAT 的许可限值，如果不能满足水质目标，则需要制定控制单元的总量削减计划，根据污染源的污染物最大允许排放量，以及基于技术的污染物排放浓度和排放量，综合考虑水环境质量改善的阶段性目标，确定污染源排污许可限值。

3.2.1.2 技术路线

基于水环境容量的排污许可限值核定主要步骤包括：

1）开展控制单元水环境问题识别。以控制单元为基础，对流域内的水环境质量和生态状况进行评估，识别主要的污染指标和存在的主要水环境问题。

2）开展水环境质量评价。以控制单元为基础，对控制单元内的水质达标情况进行评估，按照达标情况对控制单元进行分类，识别不达标控制单元的超标因子和超标时段。

3）识别水环境污染源。对流域内点源、非点源负荷的产生量和排放量进行估算，分析造成流域水环境问题的主要污染源。

4）针对达标控制单元，依据现行的排污许可限值核定方法，根据污染源的行业特征，确定主要污染物指标，并基于排放标准、环评审批等的结果，确定基于排放标准的许可限值。

5）针对不达标的控制单元，构建流域水质模型。根据流域特征，采用水环境质量模型，建立流域污染源和水质的响应关系。

6）利用水环境数学模型模拟水质负荷响应关系，判断基于排放标准的许可限值情景下水质是否达标，如果能则基于排放标准确定许可限值。

7）如果基于排放标准许可限值情景不能满足水质目标，则通过模型进一步模拟执行基于 BAT 技术的许可限值情景能否满足水质目标，如果能则基于 BAT 确定许可限值。

8）如果基于 BAT 的许可限值情景仍然不能满足水质目标，根据水环境质量改善阶段目标、现状的污染物排放量和最大允许排放量，制订控制单元点面源削减计划。依据公平性、经济性和可行性原则，开展流域污染物总量分配，确定各污染源的最大允许排放量。综合考虑水环境质量改善的阶段性目标，对基于技术的排放许可限值进行调整，确定基于水质目标的排污许可限值。

排污许可限值核定技术路线如图 3-3 所示。

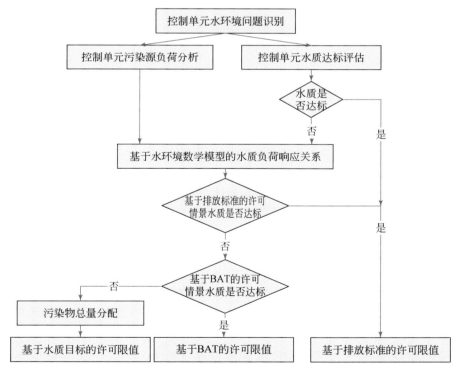

图 3-3　基于水质目标的排污许可限值核定技术路线

3.2.2　主要关键技术

3.2.2.1　排污许可限值核算技术

（1）基于技术的排污许可限值核算技术

基于技术的排污许可限值核算技术以排污行业现有污染控制技术为基础进行污染物排放许可限值核算，即根据污染物排放标准确定排放许可限值。对于没有国家排污许可限值准则和标准的行业，可由专家们根据污染源的实际情况综合评价后确定（最佳专业判断），但这种判断必须有充分的依据和科学资料支撑，并且在技术上可行、经济上合理。邀请专家、官员、民众、利益相关方等代表共同为行业子类制定对应的排放标准，同时对不同地区、不同环境以及不同污染物处理技术给予相应的弹性指标，以满足该行业子类的排放标准在全国范围内适用。推行以技术为基础的排污许可限值时，相关行业应严格按照行业标准的规定进行排污活动。我国目前常用基于技术的排污许可限值核算技术，主要是依据企业行业排放标准、环评审批等要求，因此更多考虑了企业的行业属性和已有法定审批要求。这种核算方式的优点是可实现性较强，不需要建立复杂的排污和水体水质间的定量响应关系。不足之处是对技术改革缺乏刺激作用，灵活性差，忽视了受纳水体同化污染物的能力，存在"一刀切"的弊端。因此，该方法更适用于核算稳定达标水体的固定源排污许可限值。

（2）基于水质的排污许可限值核算技术

当实施了基于技术的排污许可限值仍不能有效地保护水体的使用功能时，需要以受纳水体预定的使用功能而确定的水质指标反推允许排放量，即需要实施以水质为基础的排污许可限值，以水质为基础的排污许可限值主要应用于受损水体的水环境质量改善过程中。其理论依据为美国颁布的反退化政策（anti-degradation policy）。虽然基于水质的排污许可限值主要应用于受损水体中，但这并不意味着基于水质的排污许可限值要严于基于技术的排污许可限值，只是在综合考虑了经济成本以及技术可行性的基础上，为保证水体达标而实施的强制措施。

现阶段，我国总体上按行业分步实现固定污染源排污许可证核发，随着排污许可管理工作的不断深化，进一步提升管理的精细化程度，推进基于水质的排污许可管理，突显固定污染源排放控制对水质改善的作用，是排污许可管理发展的必然。特别是在一些不达标水体或者有水质持续改善需求的区域，亟待在现行排污许可管理基础上，根据环境质量改善需求，进一步深化排污许可工作，强化固定污染源减排对水质改善的贡献。

（3）不同时间周期许可排放限值核定技术方法

在水质目标管理技术体系的框架下，固定污染源排污许可限值的确定过程就是从"允许排放量"向"许可限值"的转化过程。通常情况下，排污许可证载明的许可限值包括污染物浓度限值和排放量限值两种。基于控制单元容量总量和负荷分配所得到的污染源允许排放量，是在容量计算过程中基于设计水文条件得到的允许排放量。对于

COD、氨氮、总氮、总磷等常规污染物，为 30 天平均的污染物允许排放量。因受生产和生活活动的影响，污染源的排放具有明显的波动性。因此，在进一步用于排污许可管理时，为避免污染源短时间大量排放对水质造成的冲击性影响，同时也方便对企业进行监管，需要制定更短时间平均周期的排污许可限值。对不同周期的污染物排放量之间的关系进行研究，可为制定不同时间周期许可排放限值提供科学的依据。目前我国已经开展的行业排污许可管理，也是基于排放标准确定许可限值，即体现的是"日均值"的允许排放量。

3.2.2.2 排污许可监管技术

（1）以容量总量控制为核心的排污许可证动态管理技术

该技术综合运用软件技术、互联网技术和 GIS 技术，对各个控制单元地图区域进行划分并信息化储存以及提供动态仿真演示功能，提供多种推演、分析功能；能根据控制单元的承载容量实时监控、反控及动态仿真演示功能；帮助省级行政单位进行宏观调控，降低决策风险，协助地方完善排污许可证管理工作；将控制单元的承载容量与试点地区发放的排污许可证许可容量进行汇总对比。

基于以上需求，将 Microsoft. NET Framework4.5 技术与 ArcGIS 技术结合，开发了江苏省太湖流域排污许可证动态管理系统。以往的各个地方行政区在管理排污许可证发放工作时，依托于自身以往的业务经验进行发证；而新开发的排污许可证动态管理系统可进一步简化工作内容、加强宏观决策分析辅助功能，并自动建立各个行政区用户层级关系，上级行政区可查询下级行政区相关信息数据。

（2）以排污自动控制为核心的一证式水污染物排放许可监管技术

运用该技术建立集气象、产汇流和污染物迁移转化为一体的杭嘉湖区域水环境数学模型，考虑控制断面及功能区水质达标的双重要求，计算得到杭嘉湖各行政区及控制单位的水环境容量值。在控制单元划分结果的基础上，核定各控制单元水质目标，核算其污染负荷情况，将水环境容量分配至点源和非点源，结合点源排放口和纳管信息，基于现状原则、合规守法原则、达标排放原则、敏感目标水质达标原则，得到各行政区排污许可企业最大允许排污量，即 278 家直排企业、59 家污水处理厂以及 1718 家纳管企业。基于杭嘉湖区域现有工业、生活、农业的污染控制水平，得出杭嘉湖区域在规划年满足污染物总量达标控制要求的各类污染源控制指标，并与浙江省推行的一证式水污染物排放许可管理体系相结合，实现从区域整体总量出发、贯穿企业建立注销全程的管理模式，在 4 个示范区最终发放排污许可证 258 套。将交界断面自动站、一证式水污染物排放许可证和刷卡排污等内容有效串联，形成系统整体、先进科学的水环境管理体系，推动水环境管理从目标总量控制向容量总量控制的转变，可有效支撑水污染物总量减排和环境质量改善工作，为地方产业结构调整和经济发展方式改进提供水环境管理技术支持。

（3）基于水质目标–最佳可行技术的固定源排污许可监管技术

固定源排污许可监管涉及地表水、排污口和污染源，层次复杂。针对监管的每一环节，该技术从宏观到微观，逐步细化，建立了基于区域优化布点、断面通量监测和污染源监测三层次的固定源排污许可监管技术：①在区域层次上，基于污染源分布和超标风险判定，以地表水水质响应为基础，按照最有效监管排污单位的水质响应原则，研究了的固定源排污许可监管监测优化布点技术，并在常州开展了具体的应用。②在河流和入河排污口断面层次上，以污染物通量优化监测为研究对象，基于蒙特卡罗随机抽样技术，研究了不同频率和通量计算方法对通量估算误差的影响，基于通量监控误差需求，提出了最佳采样频率和通量核算技术，建立了基于断面通量优化监测技术。③在固定源监控层次上，从污染源监测结果的超标判定上，基于企业污水和污染物排放的波动性，建立了企业污水和污染物排放浓度的概率统计函数，以此为基础建立了基于瞬时浓度监测的达标判定技术（图3-4）。

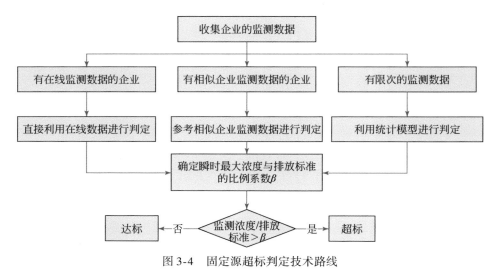

图 3-4　固定源超标判定技术路线

3.2.3　技术应用案例：常州市控制单元排污许可管控方案

以江苏省常州市太湖流域为技术应用示范区，针对常州市 17 个控制单元开展水环境问题识别，依据控制单元水体达标情况对控制单元进行分类，并在污染源解析和水质评估基础上构建太湖水网地区水质负荷响应关系数学模型。利用水质负荷响应模型，分析现状排放情景、点源达标排放情景、点源排放限值和许可限值取小的情景、削减面源情景四种排放情景下，考核断面水质的改善效果。结果表明，常州市的绝大多数企业都已纳管，通过加严直排企业许可限值的手段对断面水质改善效果不明显。污染负荷贡献中占比较大的污染源为污水处理厂及未纳管的生活污水。因此，建议通过加严污水处理厂排污许可限值和提高生活污水的收集处理率等措施来实现水质目标。依据公平性、经济性和可行性原则，开展流域污染物总量分配，确定各污染源的最大允许排放量。

3.3 重点行业水污染物排放限值管理研究

3.3.1 重点行业排污许可限值管理技术体系

水专项建立了容量总量控制以及许可证管理制度框架，进行了排污许可限值、达标判定以及排污权的有偿转让等技术研究，且随着排污许可工作的推进，进一步突破了重点行业固定源污染物排放限值分级确定方法、综合毒性的达标判断技术等。本节以农药、淀粉、印染三个行业作为典型案例，系统集成、评估和验证重点行业排污许可管理技术方法，通过关键技术的集成创新，构建出一个针对重点行业基于技术的排污许可技术体系，支撑国家"水十条"以环境质量改善为核心的流域水质目标管理技术体系和管理。

3.3.2 重点行业污染物排放限值分级

3.3.2.1 对基于水质的排污许可限值确定的意义

在排污许可制中充分体现水质的约束作用，实现水环境质量改善的最终目标，是水质管理时代的基础，其技术关键在于排污许可限值的确定。我国目前实施的排污许可限值核定方法主要是依据企业行业排放标准、环评审批等要求，因此更多考虑了企业的行业属性和已有法定审批要求，主要是一种基于技术的排污许可限值。在我国排污许可制实施的初期，这种核定方法是实事求是的，符合我国水环境管理的实际情况。而基于水质的排污许可限值确定以流域水质改善为目标，将固定污染源排污许可限值的确定置于流域水质目标管理的框架之下。通过控制单元精细划分和单元内污染源解析，建立控制单元内污染物排放与水质之间的响应关系，解析固定污染源对水质的影响和贡献。通过控制单元环境容量计算与总量分配，或者通过情景设计，依据河流水质要求确定控制单元中固定污染源的排放限值，作为各个单元中"多源"排放限值。

目前基于水质的排污许可限值核定技术已取得重大进展，可实现固定污染源的排放限值的精准核算。然而，在推广进程中仍存在多个需要解决的问题，主要表现为：①制定的限值在行业层面是否具备可行性，限值过低以现有治理水平无法实现或利润不足以支持高昂的废水处理成本，将对行业的发展产生压制作用；②行业间排污行为差异性极大，废水基质复杂，污染物削减的难度可能存在巨大差别，限值制定需考虑行业的污染物削减潜力，对污染物削减潜力大的行业实行优先执行，对污染物削减潜力小的行业适当给予"保护"；③与现行排污许可制缺少衔接，体现在由具体的排放量限值落实的排放浓度游离于排放标准的管控体系外，环保管理者缺少执法抓手。

研究行业严于国家排放标准污染物浓度分级限值及对应的技术方法和削减潜力与成本，将重点行业基于技术的排放限值与地表水环境质量达标相结合，建立地表水质达标和行业治理技术相结合的排污许可限值核定技术方法，为固定源由执行基于技术的排污许可限值到执行基于水质的排污许可限值提供过渡方案，同时可支撑标志性成果关键技术"基于水质目标的排污许可管理"的构建。

3.3.2.2　水质目标分级方法

行业水质目标分级遵循统一原则，统一架构、分级分管、分级分治，是实现行业间复杂排污治污数据的降维处理、公式化和可视化的第一步。重点行业水质目标分级按污染物浓度由低到高依次分为 1~5 级，分级依据首先是参照现行有效的排放标准；其次是浓度级别可较好区分所需达到的处理技术水平。按照《固定污染源排污许可分类管理名录（2019 年版）》，不同分类的行业如若生产情况、废水污染物产生水平、最佳治理工艺、适用标准等方面相同或相似，可使用同一分级进行管理。

一般的行业的水质目标分级可遵循以下步骤：5 级和 4 级为企业间接排放限值，3 级和 2 级为企业直接排放限值，1 级为《地表水环境质量标准》相应功能区限值。其中，5 级为企业排放浓度必须达到的最低标准，否则将会超标排污，触犯《中华人民共和国水污染防治法》；1 级为企业排放浓度可能达到的最高标准，企业需投入大量资金改进清洁生产或废水处理工艺。

3.3.2.3　技术分级方法

按照废水处理的先后顺序将处理工艺分为预处理、一级处理、二级处理和深度处理，某个行业的废水要实现不同等级的达标排放，需根据废水种类和特性设置不同的治理工艺组合。例如，农药废水各级处理的主要技术见表 3-1。单纯制剂企业由于废水成分简单，处理难度相对低，采用预处理+二级处理即可达到 Ⅱ 级标准。生产化学原药、中间体以及生物农药的企业一般可采取预处理+二级处理达到 Ⅳ 级标准（大多数企业会增加一级处理以降低废水处理系统的负荷，提高处理效率），采取预处理+一级处理+二级处理达到 Ⅱ 级标准，采取预处理+一级处理+二级处理+深度处理达到 Ⅰ 级标准。农药废水性质根据所生产的农药品种不同具有很大的差异性，为使某种难处理农药废水达到对应排放标准要求，不少农药企业需要采取高于表 3-2 所列举的处理技术组合。

表 3-1　农药废水各级处理的主要技术

废水处理阶段	预处理	一级处理	二级处理	深度处理
主要废水处理技术	多效蒸发，氧化，萃取，蒸馏，吸附，气提，其他	调节，中和，水解，吹脱，混凝，沉淀，气浮，破乳，油水分离（隔油、浮选），其他	升流式厌氧污泥床（UASB），厌氧颗粒污泥膨胀床（EGSB），厌氧流化床（AFB），复合式厌氧污泥床（UBF），厌氧内循环反应器（IC），水解酸化，活性污泥法，序批式活性污泥法（SBR），氧化沟，缺氧/好氧法（A/O），膜生物法（MBR），曝气生物滤池（BAF），生物接触氧化法，传统硝化反硝化（AO），短程硝化反硝化，同时硝化反硝化，其他	蒸发结晶，砂滤，臭氧氧化，芬顿（Fenton）氧化，超滤（UF），反渗透（RO），焚烧，其他

表 3-2　不同排放限值等级对应的处理技术汇总

排放限值等级	1	2	3	4	5
化学原药及中间体、生物农药企业	预处理+一级处理+二级处理+深度处理	预处理+一级处理+二级处理		预处理+（一级处理）+二级处理	
单纯制剂企业	预处理 +二级处理+深度处理	预处理+二级处理		预处理+一级处理	

3.3.3　示范区常州市重点行业固定源污染物排放限值分级方案

根据统计学分析，纺织业、化学原料及化学制品制造业和食品制造业位列示范区常州市污染大、产值低的行业排名前三，因此列举以上三个水污染防治重点行业的排放限值分级方案（表 3-3 ～ 表 3-5）。

表 3-3　印染行业水污染物排放浓度限值分级及对应的处理技术 （单位：mg/L）

水质分级	COD	氨氮	总氮	总磷	执行标准	对应处理技术
1	40	2	2	0.4	《地表水环境质量标准》 （GB 3838—2002）V 类水标准	预处理+一级处理+二级处理+深度处理
2	60	8	12	0.5	《纺织染整工业水污染物排放标准》（GB 4287—2012）表 3	
3	80	10	15	0.5	一般限值/非工业集聚区执行标准 （特殊限值）	预处理+一级处理+二级处理
4	200	20	30	1.5	非工业集聚区执行标准 （一般限值）	预处理+一级处理
5	500	20	30	1.5	工业集聚区执行标准	

表 3-4　农药及有机化工行业水污染物排放限值分级及对应的处理技术

（单位：mg/L）

水质分级	COD	BOD	氨氮	总氮	总磷	悬浮物	执行标准	对应处理技术	
								化学原药及中间体、生物农药企业	单纯制剂企业
1	40	10	2	2	0.4	—	《地表水环境质量标准》 （GB 3838—2002）V 类水标准	预处理级+一级+二级+深度	预处理 +二级+深度

水质分级	COD	BOD	氨氮	总氮	总磷	悬浮物	执行标准	对应处理技术 化学原药及中间体、生物农药企业	单纯制剂企业
2	100[注1]（80[注2]）	20	15	20	4[注5]（1[注6]）	50	农药工业水污染物排放标准（送审稿）表1 直排	预处理级+一级+二级	预处理+二级
3	150	30	25	—	—	150	《污水综合排放标准》（GB 8978—1996）表4 二级标准		
4	400[注3]（200[注4]）	—	30	40	10[注7]（2[注8]）	150	农药工业水污染物排放标准（送审稿）表1 间排	预处理+（一级）+二级	预处理+一级
5	500	300	—	—	—	400	《污水综合排放标准》（GB 8978—1996）表4 三级标准		

注：注1 其他排污单位；注2 生物类农药生产；注3 其他排污单位；注4 生物类农药生产；注5 有机磷类农药生产；注6 其他排污单位；注7 有机磷类农药生产；注8 其他排污单位

表3-5　淀粉行业水污染物排放限值分级及对应的处理技术　（单位：mg/L）

水质分级	COD	BOD	悬浮物	氨氮	总氮	总磷	执行标准	对应处理技术
1	30	6	6	1.5	6	0.3	《地表水环境质量标准》（GB 3838—2002）Ⅳ类水标准	预处理级+一级+二级+深度
2	50	10	10	5	10	0.5	《淀粉工业水污染物排放标准》（GB 25461—2010）表3 直接排放标准	预处理级+一级+二级
3	60	10	10	5	15	0.5	《太湖地区城镇污水处理厂及重点工业行业主要水污染物排放限值》（DB 32/1072—2018）表3（新建企业）	
4	100	20	30	15	30	1	《淀粉工业水污染物排放标准》（GB 25461—2010）表2 直接排放标准	预处理+（一级）+二级
5	300	70	70	35	55	5	《淀粉工业水污染物排放标准》（GB 25461—2010）表2 间接排放标准或《杂环类农药工业水污染物排放标准》（GB 21523—2008）	

3.4 城镇污水处理厂水污染物排放限值管理研究

3.4.1 城镇污水处理厂进水污染物种类分析

根据《中华人民共和国水污染防治法》第四十九条，城镇污水应当集中处理。县级以上地方人民政府应当通过财政预算和其他渠道筹集资金，统筹安排建设城镇污水集中处理设施及配套管网，提高本行政区域城镇污水的收集率和处理率。根据《中华人民共和国水污染防治法》第二十一条，直接或者间接向水体排放工业废水和医疗污水以及其他按照规定应当取得排污许可证方可排放的废水、污水的企业事业单位和其他生产经营者，应当取得排污许可证；城镇污水集中处理设施的运营单位，也应当取得排污许可证。排污许可证应当明确排放水污染物的种类、浓度、总量和排放去向等要求。排污许可的具体办法由国务院规定。

按照《固定污染源排污许可分类管理名录（2017 年版）》，水处理排污单位需在 2019 年完成排污许可证的核发，其中包括城镇污水处理厂。根据《城镇污水处理厂污染物排放标准》（GB 18918—2002），城镇污水处理厂是指对进入城镇污水收集系统的污水进行净化处理的污水处理厂。由于城镇污水处理厂接收处理的废水既包括生活污水，也包括工业废水，因此，在申请与核发排放许可证时，进水污染物的分析非常重要，对城镇污水处理厂排水中污染控制项目的确定具有重要影响。

3.4.1.1 控制项目选取主要考虑因素

对涉及城镇下水道安全的控制项目，考虑我国城镇下水道的建设标准及养护水平较低，项目设置是最全的，包括水温、可沉固体、pH、氨氮、总氰化物、硫化物、硫酸盐、总余氯、甲醛和挥发性卤代烃等，应严格控制；对城镇污水处理厂可以降解去除的常规污染物，包括色度、悬浮物、五日生化需氧量、化学需氧量、总氮、总磷、动植物油、石油类、阴离子表面活性剂等，可严格控制；对城镇污水处理厂难以降解去除的有毒有机物，由于各国工业类型、环保法规（限制/禁止使用）和检测技术的不同，项目设置的侧重点也有所不同；对污水处理过程主要转入污泥的重金属类污染物，由于对环境有持久性影响，且大多具有生物蓄积性，各国都应严格控制；对影响城镇污水再生利用的无机盐类，由于我国现有再生处理技术工艺难以经济地去除，需专门考虑。

3.4.1.2 进水污染物分类

（1）可去除污染物

分析调研获取污水处理厂的进出水水质情况，以满足《城镇污水处理厂污染物排放标准》（GB 18918—2002）达标要求为基准，测算得出可去除污染物的去除能力，见表 3-6。表 3-6 给出了分别对应达到《城镇污水处理厂污染物排放标准》（GB 18918—2002）中一级

A、一级 B、三级标准限值的污水处理厂去除能力需求以及目前污水处理厂的实际去除能力。

表 3-6　城镇污水处理厂出水水质达标对应的污染物项目去除能力测算　（单位：%）

序号	控制项目名称	达到一级 A 标准	达到一级 B 标准	达到三级标准	调研城镇污水处理厂的实际处理效能
1	悬浮物	97.5	95	80	82.9～99.5 [95.0]
2	动植物油	99	97	80	55.6～99.9 [90.6]
3	石油类	93.3	80	0	31.0～98.9 [96.2]
4	五日生化需氧量	97.1	94.3	60	86.2～99.0 [95.5]
5	化学需氧量	90	88	60	74.4～96.2 [90.3]
6	氨氮	88.9（82.2）	82.2（66.7）	—	77.0～99.0 [88.3]
7	总氮	78.6	71.4	—	36.6～83.4 [68.6]
8	总磷	93.8	87.5	0	12.9～97.6 [82.7]
9	阴离子表面活性剂	97.5	95	50	58.4～99.0 [79.6]
10	色度（稀释倍数）	53.1	53.1	21.9	66.7～97.0 [92.9]

注：圆括号中为水温低于 12℃的数值，方括号中为加权平均值。

测算结果表明，城镇污水处理厂对悬浮物等 10 项指标的去除能力能够满足《城镇污水处理厂污染物排放标准》（GB 18918—2002）的要求，属于可去除的污染物。这类污染物来源广泛，是城镇污水处理厂的主要去除目标和运行考核项目，其限值根据城镇污水处理厂的平均处理效能，并参照城镇生活污水（城镇居民的生活排水，包括与居民日常生活密切相关的商业和服务业排水，但不包括城镇区域内的医疗机构污水及工业企业废水）中污染物的背景浓度确定。

（2）干扰生物活性污染物

美国将城镇污水处理厂传统工艺难以除去，最终进入到污泥中，造成污泥难以循环利用实现资源化的污染物划分为干扰生物活性污染物，包括 Pb、Hg、Cr、Cd 等难降解的重金属及石油、矿物油和非生物可降解油类等污染物。这些污染物主要来自工业企业废水和医疗机构污水，应进行针对性预处理，满足污染物减排要求。

参照城镇生活污水的背景浓度，以及城镇污水处理厂污泥满足现行《城镇污水处理厂污泥泥质》（GB 24188—2009）要求等，测算出含相应污染物的特种废水占城镇污水的允许比例，见表 3-7。

表 3-7　特种废水占城镇污水的允许比例

序号	控制项目	城镇污水处理厂调研去除率/%	污水处理过程中转入污泥率/%	《城镇污水处理厂污泥泥质》（GB 24188—2009）限值/（mg/kgDS）	生活污水背景浓度/（mg/L）	限值/（mg/L）	城镇污水中特种废水的允许比例/%
1	总汞	46～89	85	25	0.0035	0.005	2.0

续表

序号	控制项目	城镇污水处理厂调研去除率/%	污水处理过程中转入污泥率/%	《城镇污水处理厂污泥泥质》（GB 24188—2009）限值/（mg/kgDS）	生活污水背景浓度/（mg/L）	限值/（mg/L）	城镇污水中特种废水的允许比例/%
2	总镉	24～51	50	20	0.004	0.05	1.7
3	总铬	46～88	85	1000	0	1.5	9.4
4	总砷	56～77	75	75	0.0085	0.3	1.2
5	总铅	53～79	75	1000	0.15	0.5	2.9
6	总镍	22～38	35	200	0	1	6.9
7	总铜	58～77	75	1500	0	2	12.0
8	总锌	52～81	80	4000	0	5	12.0
9	石油类	31～98	60	3000		15	4.0

注：调研城镇污水处理厂的污泥产率为114～142mg/L，平均产泥率按120mgDS/L计算，DS指污泥量。

（3）"穿过性"物质

根据美国"穿过性"物质定义，将城镇污水处理厂无能力去除的物质，且会限制再生水循环利用的氯化物、硫酸盐、溶解性总固体三项指标划分为"穿过性"物质。参照城镇生活污水的背景浓度，目前城镇污水再生处理不能去除的无机盐类达到再生水系列水质标准［《城市污水再生利用 城市杂用水水质》（GB/T 18920—2020）、《城市污水再生利用 景观环境用水水质》（GB/T 18921—2019）、《城市污水再生利用 工业用水水质》（GB/T 19923—2005）、《城市污水再生利用 农田灌溉用水水质》（GB 20922—2007）］。

3.4.2 我国污水间接排放系统环境监管执法主要问题分析

1989年，全国第三次环境保护会议提出五项新的环境管理制度，污染集中控制制度就是其中之一，其目的在于提高污染治理效率，发挥规模效益，以城镇污水处理厂为代表的污水集中处理就是这一制度的典型体现。随着我国工业园区化的快速发展，工业污水集中处理厂也如雨后春笋般涌现出来，此外我国还存在企业委托其他企业的污水处理设施进行污水处理的情况。这些形式的污水处理厂/设施均可称为污水集中处理设施，企业将污水排入污水集中处理设施的情形称为间接排放。随着环境监管执法的深入，我们发现与间接排放相关的超标排放问题日益突出，其中相关责任界定和处罚主体问题引起各方争议，有必要及时梳理分析问题所在和深层原因，提出解决方案，从而推动污染集中控制制度体系更加明确、规范、合理，更有利于充分发挥这一制度的积极作用。

3.4.2.1 监管执法中的主要问题

将间接排放涉及的相关主体和关联关系视为一个系统，主要主体包括间接排放的排污单位（简称间排单位）、污水集中处理设施，以及负责环境监管的环保部门、负责污水集中处理设施业务主管的部门或单位［城镇污水集中处理设施多为住房和城乡建设（简称住建）部门，工业废水集中处理设施多为工业园区管理委员会］。在实际运行和监管执法中，经常出现"责任不清""一事多罚"和间排标准不统一及执行难等问题。

一是"责任不清"。对间排系统进行环境监管执法，主要出现的情况包括：①企业排水达标，污水集中处理设施也达标；②企业排水达标，污水集中处理设施不达标；③企业排水超标，污水集中处理设施达标；④企业排水超标，污水集中处理设施也超标。

后三种情形均存在违法排放问题，第②③种责任主体和罚则比较明确，第④种争议最大，主要集中在是否应对污水集中处理设施进行处罚。事实上，第④种情形普遍存在。2017年中央第二环境保护督察组对上海市开展环境保护督察并形成督察意见，且意见指出上海市18家城镇污水处理厂存在出水重金属超标情况，且6家长期超标。同时查明一些工业企业超标纳管问题长期存在。这是进水超标引起污水处理厂排口超标的典型案例。

按照《中华人民共和国水污染防治法》第十条，排放水污染物，不得超过国家或者地方规定的水污染物排放标准和重点水污染物排放总量控制指标。第五十条第二款，城镇污水集中处理设施的运营单位，应当对城镇污水集中处理设施的出水水质负责。第八十三条，"超过水污染物排放标准或者超过重点水污染物排放总量控制指标排放水污染物的"应由县级以上人民政府环境保护主管责令改正或者责令限制生产。因此，当城镇污水处理厂超标时应当处罚。例如，湖北省武汉市中级人民法院在审理相关诉讼时，行政判决书（（2016）鄂01行初94号）明确进水水质超标不是免于城镇污水处理厂行政处罚的理由。

但是，污水处理厂则普遍认为如此责任确定不合理，甚至一些建设–运营–转让（BOT）项目的协议书中规定"进水水质超标造成出水水质不达标，污水处理厂运营单位不承担经济责任"。主要理由是进水超标并非污水处理厂可以控制和解决的。2018年，河北省住房和城乡建设厅、生态环境厅联合印发的《城镇污水处理和城市黑臭水体整治专项行动方案》（冀建城〔2018〕61号）就提出，各部门在执法中对污水处理厂出水超标问题要根据进水参数区别对待；对污水处理厂管理不善等原因造成污水处理厂出水水质超标的，排水和环保主管部门要加强监管，要求限期整改。对确因进水水质和水量发生重大变化导致出水水质超标的，环保和排水主管部门要依法从轻或减免对其处理（处罚）。由此可见，无论是管理层面还是污水处理厂，均对进水超标引起污水处理厂排口超标的责任归属有不同的理解。

二是"一事多罚"。间排单位出现超标排放的行为，按现行法律法规的规定，将面临两个行政处罚主体的处罚。①按照《中华人民共和国水污染防治法》由环境保护部门实施处罚；②按照《城镇排水与污水处理条例》由城镇排水主管部门实施处罚。宁波市环境保护局2017年向环境保护部提交的《关于企业废水超标排放但纳管经城市污水处理厂处理后达标排放行政处罚法律适用问题的请示》中也曾提到"一事多罚"这一问题。同时，如果下游污水处理厂由于间排企业超标引起污水处理厂排口超标，根据《中华人民共和国水污染防治法》也将由环境保护部门对污水处理厂实施处罚，如此，间排企业的一个超标行为将引起三次处罚。《中华人民共和国行政处罚法》第二十四条，对当事人的同一个违法行为不得给予两次以上罚款的行政处罚。因此，需要分析这三种处罚是否恰当，有无重复处罚问题。

三是间排标准不统一及执行难问题。按照《中华人民共和国水污染防治法》第四十五条，"工业集聚区应当配套建设相应的污水集中处理设施"；"向污水集中处理设施排放工业废水的，应当按照国家有关规定进行预处理，达到集中处理设施处理工艺要求后方可排放"。第五十条，"向城镇污水集中处理设施排放水污染物，应当符合国家或者地方规定的水污染物排放标准"。因此，向工业污水集中处理设施和城镇污水集中处理设施排放水污染物的规定是不同的，前者为预处理要求，后者为排放标准。实际上，2010 年之前的排放标准中并未规定向工业污水处理厂排放的管控要求，2010 年之后的排放标准则将城镇污水处理厂和工业污水处理厂统称为"公共污水处理厂"并规定了间接排放标准。与此同时，住建部门也制定了《污水排入城镇下水道水质标准》（GB/T 31962—2015），其管控要求与排放标准存在差异。因此，对于间接排放，同时存在排放标准和纳管标准两类标准，企业分别按此领取排污许可证和排水许可证且要求不一，引起企业困惑与执行问题。

即使排放标准体系本身对间排管控的思路也不统一。2009 年《关于印发〈国家排放标准中水污染物监控方案〉的通知》（环科函〔2009〕52 号）发布，目的在于统一间接排放控制的有关要求，其核心思想是将城镇污水处理厂与工业污水处理厂等同对待，统称为公共污水处理厂，并原则规定有毒污染物的间排限值等于直排，一般污染物的间排限值取直排的 1.3 ~ 2 倍。实施中主要遇到的问题是排向工业污水处理厂的企业往往由于土地面积限制、企业与污水处理厂重复处理而难于执行，如纺织、制革、石化等专业园区内的企业。

3.4.2.2　主要原因分析

（1）目标定位不清，管控对象不准

在间排系统中，环保部门的职责或目标定位是保护环境水体不受排放污染物的污染。无论是企业自行处理还是委托污水集中处理设施处理均应满足排放标准要求。根据下游污水集中处理设施的处理能力，企业产生的污染物可分为两类，一类是污水集中处理设施能够有效去除的污染物；另一类是其不能有效去除须由企业自行处理的污染物。对于前者，环保部门应监管污水集中处理设施排口；对于后者则应监管企业排口。

目前出现问题的原因无论是企业排口还是污水集中处理设施排口，环保部门对两类污染物均须进行管控。一方面，由于在企业排口设置了后续能够被去除的污染物的间排限值，可能使污水集中处理设施的处理能力得不到充分发挥，一些被企业削减的碳源往往正是污水集中处理设施所需要的；另一方面，在污水集中处理设施排口设置其不能去除的污染物排放限值，一旦企业超标排放，污水集中处理设施也无能为力，却要承担不是由其引起的责任。

对于污水集中处理设施能够去除的污染物，应由其提出进水的浓度和水量要求，以保障其稳定运行和达标排放。住建部门作为城镇污水处理厂的主管部门，出台的《污水排入城镇下水道水质标准》（GB/T 31962—2015）应为其代表城镇污水处理厂而制定的纳管要求。但实际上，该标准并非按污水处理厂去除能力确定污染物项目，而是通过进水中有检出的污染物来确定，因此已远远超出其能够去除的污染物范围。超出的污染物主要为重金属和难降解有机污染物等，但其纳管要求又与排放标准中的间排限值不完全相同，其实没有必要重复规定。

（2）法律关系不清，权责尚不对等

我国目前对间排系统的管理以政府监管为主，环保部门既监管企业排口，也监管污水处理设施排口，体现在排放标准和排污许可证中均规定了这两类排口的法定要求。但如上所述，每类排口的管控对象多了，造成责任归属不清或者重复处罚。

我国排水管理普遍为厂网分离的模式，污水集中处理设施特别是大多数城镇污水处理厂不掌握其进水来源，各地管网均存在混接、错接的情况，污水处理厂往往被动承受进水的结果而无权实施管控，既不清楚来源，也不能实施监测，但要承担进水引起的排口超标责任。同时，我国污水集中处理设施的收费统一由住建部门收取和拨付，处罚时难以溯源。

（3）管理不够精细，缺乏方向引导

工业污水处理厂不同于城镇污水处理厂，其针对排入污水的工艺设计针对性更强一些。基于此，《中华人民共和国水污染防治法》在 2018 年修正案中虽然增加了关于配套工业污水集中处理设施的规定，但却未规定企业要达到排放标准的要求才能排入污水集中处理设施，而只是规定应达到预处理要求。这个预处理要求应根据污水集中处理设施的处理工艺一事一议，总的原则是污水集中处理设施排口的污染物排放量不能较企业自行处理时增加。因此，对于专业型园区，一些污染物可以通过园区有针对性的处理设施去除，而不必企业自行处理。例如，印染园区企业排放的苯胺，其可生化性较强，各家企业均排此类物质不存在稀释排放，企业与园区污水处理厂可通过协商确定该污染物间排要求。

但是，我国很多工业园区污水处理厂在建设之初，对园区入驻哪些企业不清楚，无法开展针对性设计，多采用与城镇污水处理厂相似的工艺，仅能去除常规的一些污染物。因此，保守起见，2010 年之后发布的排放标准中大部分对排入工业污水集中处理设施和城镇污水集中处理设施的要求相同。然而，随着工业园区的发展，专业型园区越来越多，园区污水处理厂的针对性日益加强，偏保守的间排要求已不适应"对企业应管控下游污水集中处理设施不能去除的污染物"的原则，需要尽快调整。

3.4.3 城镇污水处理厂排放浓度限值分级与技术可行性评估研究

城镇污水处理厂既是城镇污水的治理单位，也是重要的水污染物排放单位。城镇污水处理厂的排污许可管理，是实现水环境质量改善必须考虑的污染物减排单位，从而满足控制单元的允许排污量要求。本节重点研究我国城镇污水处理厂进水污染物种类和管控项目，并对我国城镇污水处理厂许可排放限值开展分级体系设计及达标技术经济成本分析，为控制单元的污染减排提供技术参考。

3.4.3.1　分级体系设计

随着水环境质量改善压力的加大，各地陆续出台了专门的城镇污水处理厂排放标准或涵盖其排放控制要求的流域水污染物排放标准。随着城市化进程加快，我国的城镇污水排放量不断增加，城镇污水处理设施的建设规模不断扩大，污水处理率呈逐年上升的趋势，如何确保城镇污水处理厂达标排放，确保污水处理厂的排放管理与受纳水体水质管理目标相一致已成为当前一大重要挑战。本研究围绕我国城镇污水处理厂排放限值进行分级设计并开展技术经济可行性评估，提出工业污水集中处理设施的许可排污浓度限值计算方法，为地方制定城镇污水处理厂排污许可方案、核发排污许可证提供技术支撑。

针对地方存在盲目提标改造的问题，区分排放浓度限值和排放量限值，对城镇污水处理厂许可排放限值给出四级体系设计，见表3-8。随着水环境质量改善目标的压力加大，建议可首先从收严排放标准入手，依次依据国家行业排放标准、地方行业排放标准、地方流域排放标准中浓度限值水平，确定许可排放量限值。若还不能满足改善目标要求，则可针对单个污水处理厂核定许可排放量。当然，地方也可以不制定地方行业排放标准和地方流域排放标准，直接根据改善目标规定许可排放量，污水处理厂需做好处理水量的衔接。

表3-8　城镇污水处理厂许可排放限值分级体系设计

分级	许可排放限值		适用范围	限值水平宽严程度
	许可排放浓度限值	许可排放量限值		
四级	国家行业排放标准中的排放限值	基于标准计算排放量限值	全国全行业适用	宽
三级	地方行业排放标准中的排放限值	基于标准计算排放量限值	地方全行业适用	中
二级	地方流域排放标准中的排放限值	基于标准计算排放量限值	流域全行业适用	较严
一级	地方流域排放标准中的排放限值	基于水环境质量改善目标计算排放量限值	单个污水处理厂适用	最严

按照从宽到严的顺序，分别以达到《城镇污水处理厂污染物排放标准》（GB 18918—2002）一级 A、准 V 类水、准 IV 类水和准 III 类水排放浓度水平进行分级设计（表3-9）。

表3-9　城镇污水处理厂排放限值分级设计　　　　　　（单位：mg/L）

序号	污染物项目	一级（准III类）	二级（准IV类）	三级（准V类）	四级（一级 A）
1	悬浮物（SS）	5	5	10	10
2	五日生化需氧量（BOD_5）	4	6	10	10
3	化学需氧量（COD_{Cr}）	20	30	40	50
4	氨氮（以 N 计）	1.0（1.5）	1.5（3）	3（5）	5（8）
5	总氮（以 N 计）	5（8）	10（15）	15	15
6	总磷（以 P 计）	0.2	0.3	0.4	0.5

注：括号内限值为水温小于12℃的控制指标。

3.4.3.2 达标技术筛选与成本分析

城镇污水处理厂处理工艺主要分为预处理、生物处理和深度处理，其中一级处理主要为格栅、沉砂等预处理，二级处理主要为生物处理，三级处理主要为氧化、膜处理等深度处理。我国污水集中处理多采用预处理+生化处理（厌氧、缺氧、好氧及其组合工艺）+深度处理的方式。我国一些地方已发布实施了更严格的排放限值，如地表水 V 类、IV 类、III 类水质限值等要求，达标技术路线举例如图 3-5 所示。

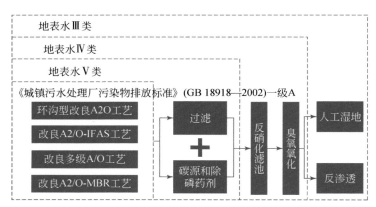

图 3-5   不同分级排放限值的达标技术路线

城镇污水处理厂排放限值达标技术的成本估算，主要包括固定成本、运行成本和新增占地成本等。固定成本包括投资建设技术改造构筑物和设备所需要的费用投资。运行成本是指污水处理设施在整个运行过程中所需要的各项成本的总和。包括：①修理费。用于设备专修时使用的资金。②药剂费。在对城市污水进行处理时需要向污水中添加相关药剂，因此产生的费用。③电费。污水处理时由于用电需要而产生的相关费用，通常情况下这项费用会占总费用的60%。④设备维护费。对相关设备进行维护时所需要的费用。⑤人员工资福利费。用于员工工资以及福利发放。⑥其他费用。外运、污泥处理造成的费用等。此外，由于提标改造需要新建处理设施和安装新设备等，还需要新增占地成本。

目前，国际先进的水处理技术可以满足收严排放限值的需要，如臭氧活性炭法、超滤+反渗透或电渗析等很多工艺和方法都能使污水处理厂的排放达到 IV 类水甚至 III 类水的要求。但相应地，这必然提高固定投资和运行的成本。

3.4.3.3 案例分析

以南方某城市目前执行《城镇污水处理厂污染物排放标准》（GB 18918—2002）一级 A 水平的一座 10 万 t/d 规模的城镇污水处理厂为例，该厂采用的是以"A2/O+高效沉淀池或微絮凝过滤"污水处理工艺，出水水质可达到《城镇污水处理厂污染物排放标准》（GB 18918—2002）一级 A 水平，可考虑增加活性砂滤池或滤布滤池、反硝化滤池、臭氧接触池、超滤、反渗析或电渗析等作为进一步提高出水水质的工艺措施。通过采用以上工艺措施的成本，分别估算该座城镇污水处理厂城镇污水处理厂达到四个排放限制要求所需要的技术改造成本，结果见表 3-10。

表 3-10 南方某城市城所有镇污水处理厂技术改造所需的成本分析

序号	限值分级	增加占地/m²	增加固定成本/（万元/a）	增加运行成本/（万元/a）
1	一级限值	15 420	195 850	73 667 ~ 84 579
2	二级限值	11 000	10 000	20 000
3	三级限值	1 000	5 500	3 650
4	四级限值	400	1 120	145

此外，以本研究试点城市常州市为对象，分别对 18 座城镇污水处理厂提标到四个级别排放限值的技术改造成本分析，结果见表 3-11。从以上分析结果可以看出，常州市目前所有城镇污水处理厂均达到四级限值，基本上不用增加成本，只需要维持正常运行并保证达标排放。但如果需要进一步加严排放限值，需要增加的成本逐步递增，最高需要增加固定成本 4.3 亿 ~ 8.8 亿元/a，运行成本 1.7 亿 ~ 3.2 亿元/a，增加占地面积约 2.5 万 m²。

表 3-11 常州市城镇污水处理厂提标改造经济成本计算

序号	限值分级	增加占地/m²	增加固定成本/（万元/a）	增加运行成本/（万元/a）
1	一级限值	25 200	42 675 ~ 88 195	17 417 ~ 31 760
2	二级限值	18 000	17 639 ~ 18 208	8 196 ~ 10 245
3	三级限值	0	1 120 ~ 1 680	4 098 ~ 6 147
4	四级限值	0	0	0

综上，采用该许可排放限值分级设计和评价方法，可整体评估单个城市或区域所有城镇污水处理厂技术改造的经济可行性，为城镇污水处理厂排污许可和提标改造规划决策提供技术支撑。同时，通过对城镇污水处理厂各个分级排放限值进行可行技术的筛选和技术经济性分析，可为流域控制单元基于水质目标的排污许可方案制定提供技术参考。

3.4.4 许可排放限值和许可排放量制定方法

3.4.4.1 许可排放浓度限值

从排放标准来看，主要是《城镇污水处理厂污染物排放标准》（GB 18918—2002），需考虑是否设置去除率要求的问题，并与标准修订相衔接。同时还要考虑地方已发布的更严格的排放标准。根据国家或地方排放标准确定许可排放浓度限值，根据许可排放浓度限值和环评批复的污水处理量的乘积作为许可排放量限值。还要注意与水环境质量的衔接，一方面落实地方政府更严格的要求，另一方面给出基本的控制思路，即排水分为四个层次：①饮用水水源保护区等禁排；②不同层次的排放标准；③再生水水质标准；④新生水水质标准（即执行《地表水环境质量标准》要求）。

许可排放限值包括污染物许可排放浓度和许可排放量。许可排放量包括年许可排放量和特殊时段许可排放量。年许可排放量是指允许排污单位连续 12 个月排放的污染物最大排放量。有核发权的地方生态环境主管部门根据环境管理要求（如枯水期等），可将年许可排放量按季、月进行细化。

出水排放口许可污染物排放浓度和排放量：城镇污水处理厂和其他生活污水处理厂出水为再生利用仅许可排放浓度，不许可污染物排放量，工业废水集中处理厂出水为再生利用时，不许可污染物排放浓度和排放量。

根据国家或地方污染物排放标准，按照从严原则确定许可排放浓度。依据允许排放量计算方法和依法分解落实到排污单位的重点污染物总量控制指标从严确定许可排放量。2015 年 1 月 1 日（含）后取得环境影响评价文件审批意见的排污单位，许可排放量还应同时满足环境影响评价审批意见。

3.4.4.2　许可排放量限值

初步考虑城镇污水处理厂的许可排放量，采用环评批复的污水处理量与许可排放浓度限值进行计算。

排污单位水污染物年许可排放量计算公式为

$$E_{j,许可} = Q \times C_{j,许可} \times 10^{-6} \tag{3-5}$$

式中，$E_{j,许可}$ 为排污单位出水第 j 项水污染物的年许可排放量（t/a）。Q 为取近 3 年实际排水量的平均值（m³/a），运行不满 3 年的则从投产之日开始计算年均排水量，未投入运行的排污单位取设计水量；如果排污单位预期来水水量有变化，可在申请排污许可证时提交说明并按预期排水量申报，地方环境管理部门在核发排污许可证时根据排污单位合理预期许可排放量，但不得超过设计水量。$C_{j,许可}$ 为排污单位出水第 j 项水污染物许可排放浓度限值（mg/L）。当实际污水处理量与环评批复的污水处理量相差较大时，应考虑采用实际污水处理量作为计算依据。

|第 4 章| 重点行业最佳可行技术评估与验证技术集成及应用

污染防治可行技术是根据一定时期内的环境需求和经济水平，在污染防治过程中综合采用污染预防技术、污染治理技术和环境管理措施，使污染物排放稳定达到国家污染物排放标准、规模应用的技术。BAT 作为国家环境技术管理体系的有机构成，是重点行业排放限值设定的重要依据，也是排污许可证核发的重要技术支撑文件。BAT 管理的主要目标是在排污许可制下，筛选评估出技术达标、运行稳定、性能可靠的可行技术，用于指导管理部门进行排污许可证发放、监督检查以及信息反馈等工作。为此，需要规定指标体系、评估方法、评估程序、评估人员、评估机构等基本要求和评估程序，并建立起可行技术评估与排污许可的互反馈机制，实现可行技术支撑排污许可制实施的集成优化。

在水专项、公益项目、技术管理体系专项资金等支持下，我国已经初步形成了 BAT 评估程序与方法、BAT 指南编制、BAT 评估平台和验证平台以及重点行业 BAT 评估试点等系列成果。这些成果在促进和健全国家环境技术管理体系方面初显成效。然而，随着排污许可制在企业环境管理体系中核心地位的确立，当前 BAT 管理存在三个方面需要深化完善。

首先，现有 BAT 体系尚未与环境管理制度有效衔接。排污许可制的优势在于将流域管理转变为行业管理，通过明确行业污染物排放限值，给流域管理提供有力的抓手，从而有助于实现流域的整体管控。这就迫切需要开展重点行业 BAT 评估验证与集成相关研究工作，并进一步开展基于 BAT 支撑排污许可制度实施及应用示范研究。

其次，当前发布的行业 BAT 指南尚未完全覆盖 "水十条" 确定的十大重点行业。截至目前，已发布 BAT 指南 28 项，在编的 BAT 指南 12 项，涉及了十大重点行业中的造纸、焦化、有色、电镀、氮肥、印染、原料药和制革等，但农药行业以及大部分农副细分行业并未涉及。同时，这些指南只针对了产品生命周期阶段的某一两个环节，并未进行全生命周期的覆盖。因此，需要从全生命周期视角针对行业技术簇来深化行业 BAT 的编制工作。

最后，前期研究尽管已经建立了 BAT 评估方法、虚拟评估平台和环境技术验证平台，但在方法上尚需要进一步科学化和集成化，在平台开发应用上需要进一步示范应用和业务化运营。不同行业在特征污染物、排放强度和技术环节均存在显著差别，因此 BAT 有效实施需要平衡一般化和个性化的关系，这给 BAT 管理体系带来了很大的挑战，需要在实践中不断摸索和逐步完善。

总之，系统化、科学化、法治化、精细化和信息化的排污许可制"一证式"管理需要集成化、平台化和智能化的 BAT 管理体系。因此，非常有必要组织实施重点行业污染防治 BAT 评估、验证与集成工作。

4.1 基于生命周期评价的最佳可行技术筛选与评估创新

4.1.1 最佳可行技术的筛选

与欧美基本一致，我国的污染防治可行技术筛选也主要考虑环境和经济两个方面。环境方面主要考察备选工艺带来的减排降耗水平，涉及的环境影响指标与排污许可证的污染排放控制指标相对应，包括 COD 减排、降低水耗和排水量等。经济方面主要考虑生产技术的投资成本和处理技术的处理成本，如电费、药剂费及人工费。

污染防治最佳可行技术筛选方法可分为定性评价和定量评价两类（Evrard et al.，2016；Dellise et al.，2020）。定性评价主要采用专家评价法，考虑技术可行性、环境表现、经济可行性等（Dijkmans，2000）；定量评价主要采用量表打分法（Ibáñez-Forés et al.，2013）和多目标优化法（Mavrotas et al.，2007）等。筛选指标包括环境指标和经济指标。其中，环境指标包括两大类，一类是与原工艺进行减污降耗比较，比较范围包括对水体、大气、土壤、固体废物（固废）、噪声、能耗、物耗等方面；另一类是生命周期环境影响指标。经济指标主要包括投资净现值和技术成本等。

技术筛选过程主要采用定性评价法，基于行业专家的判断和工程实例，筛选各个生产单元及末端处理的污染防治可行技术，在此基础上，考虑实际生产过程的技术可行性，将各个单元过程中选出的可行技术进行串联，得到最终的污染防治可行技术路线。

污染防治可行技术筛选首先在各个生产单元过程层面进行，即选取该生产单元中可提升环境效益且经济可行的技术，这种处理方式可能存在的潜在问题是环境影响的跨介质、跨过程转移。例如，某一废水处理技术尽管能显著降低污染物排放水平，但也可能带来能耗的上升。再如，某一生产单元过程物耗的降低可能造成另一生产单元过程能耗或物耗的上升。因此，从生命周期的角度出发，综合考虑整个工艺链条的环境影响能够提升技术筛选的科学性和准确性。

4.1.2 生命周期评价理论与实施框架

根据《环境管理 生命周期评价 要求与指南》（GB/T 24044—2008），生命周期评价（life cycle assessment，LCA）是指对一个产品系统生命周期中输入、输出及其潜在影响的汇编和评价。一个产品系统完整的生命周期包括原材料开采、产品制造、产品使用和处理处置。根据评价范围的差别，生命周期评价可分为从"摇篮"到"坟墓"（即包括从原材料开采到产品废弃的所有阶段)、从"摇篮"到"大门"（即包括从原材料开采到产品生产阶段）（图 4-1）。

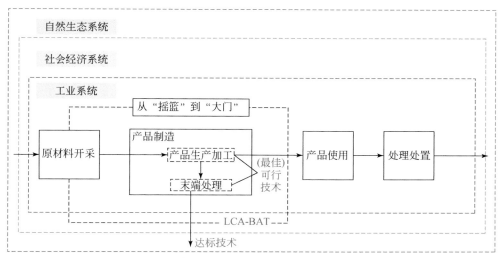

图 4-1 生命周期视角下的污染防治可行技术管理

生命周期评价方法基本框架如图 4-2 所示，主要包括四个阶段：目标和范围定义、清单分析、影响评价、解释说明，各阶段主要内容如下。

目标和范围定义：根据研究目标确定生命周期评价的研究边界，明确评价覆盖的生命周期阶段，确定生命周期评价的功能单元，即评价对象。

清单分析：确定研究边界内整个产品系统在各阶段的物质、能量的输入输出，建立生命周期清单。

影响评价：选取特定的环境影响评价方法，将清单中的输入输出换算成多种不同类型的环境影响，即评价结果。

解释说明：对照研究目的，对评价结果进行进一步分析。

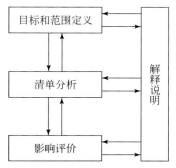

图 4-2 生命周期评价方法基本框架

与其他研究方法相比，生命周期评价方法更为系统、综合，主要体现在两个方面。首先，生命周期评价对整个产品系统的环境影响进行量化，因此考虑各生产阶段间可能存在的环境影响转移；其次，生命周期评价考虑的环境影响更为综合，可基于环境影响模式，考虑多种环境影响类型，如资源消耗、全球变暖潜势、酸化指数、富营养化程度等（Guinee et al., 2011）。

然而，应用生命周期评价方法同样存在挑战，主要表现在：①数据要求高。完整的生命周期评价不仅考虑实际生产过程的环境排放及能耗水耗，也同时考虑物质投入，因此，需要收集工艺在生产过程中的物质投入量数据，而这类数据的获取成本较高，同时可能存在涉及商业机密的问题。②行业间的责任划分问题。生命周期评价对象为某一产品系统，考虑物质投入带来的环境影响，将原材料开采过程中的环境影响算作该产品生产带来的环境影响，因此，存在跨行业的问题，如纺织行业印染环节需使用染料，从行业环境管理的角度来看，染料生产的环境影响应由化工行业负责，然而在计算过程中，将这部分环境影响纳入印染环节，对行业间环境责任的划分带来挑战。③与排污许可制管理的衔接问题。排污许可主要对环境排放标准中涉及的污染物进行排放控制，而生命周期评价方法计算的环境影响指标与排污许可证控制指标并不能完全对应，因此，将生命周期评价方法直接用于技术筛选会产生与排污许可证发放的衔接问题。

4.1.3 基于生命周期评价的 BAT 筛选与评估

基于上述分析，需要转变生命周期评价方法的应用思路，由直接采用生命周期评价进行技术筛选转变为在可行技术筛选前和筛选后两个阶段进行应用（图4-3）。

在第一阶段，应用生命周期评价方法对完整生产过程进行基础性评价（Laso et al., 2017）。主要分为四个步骤：①划分单元过程，将完整生产过程划分为多个生产单元，如生产单元 A ~ D；②明确各个生产单元中广泛采用的生产技术，如常用技术 A1 和 A2、常用技术 B1 ~ B3 等；③对组合成的基础生产技术路线（如 A1—B1—C1—D1）进行生命周期评价，计算得到基准情景环境影响；④识别整个生产过程中环境影响较大的生产单元，即热点单元，考虑整体环境影响的改善，可行技术筛选应主要在热点单元层面进行。

在第二阶段，对筛选出的可行技术进行评价（Yilmaz et al., 2015）。对于筛选出的可行技术，可采用生命周期评价方法进一步优选排序，这一阶段同样可分为四个步骤：①明确可行技术路线（如 BATA1—BATB1—C1—D1）；②对各技术路线建立清单，明确物质能量的输入输出；③计算各技术路线的生命周期环境影响；④与基准情景环境影响进行比较，从而进行可行技术路线的优选。

在 BAT 筛选与评估过程中，为降低数据获取成本，可以采用模块化生命周期评价方法，将各技术的生命周期环境影响封装为各个模块，整个技术路线的环境影响即为多个模块的组合，从而提升计算效率。

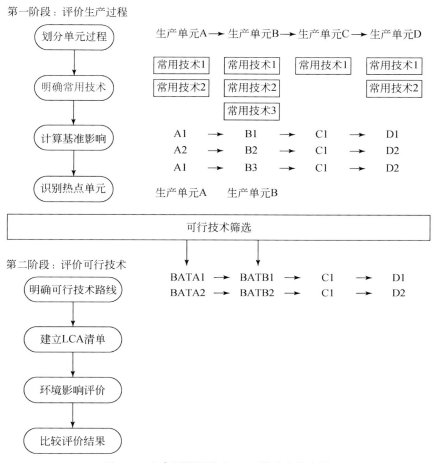

图 4-3　生命周期评价在 BAT 筛选中的应用

　　基于生命周期评价的 BAT 筛选与评估的优点在于综合考虑了产业链多环节以及环境与经济等多方面因素，可适应于火电、造纸、钢铁、水泥、印染、制革、石油炼制、合成氨、制药、有色金属冶炼、农副食品加工等重点行业污染防治可行技术指南的编制。技术创新性表现为：①体现了"源头预防、过程控制、末端治理"的污染物综合防治与全生命周期管理的理念，明确了包括污染预防技术和污染处理技术；②有效支撑了污染物排污许可制，强调了实现污染治理源头的可控性和治理技术的可达性；③强化了行业污染防治过程的环境管理措施；④对比了欧盟关于污染防治技术"可行性"的定义，并结合编制导则制定的直接目的是为排污许可核发提供有效支撑，考量了"可行技术"的指标重点是技术达标、运行稳定、性能可靠等，以实现污染物的稳定控制。

4.2　重点行业最佳可行技术评估方法集成

4.2.1　方法集成框架与特点

针对排污许可制有效落实之前，BAT 体系没有考虑与排污许可证体系有效衔接的问题，本课题根据工业集群化发展特点，结合"水十条"等政策要求，重新梳理划分了 BAT 体系，构建了工业行业 BAT 体系，提出了"三阶段"实施规划路线，确立了"评估—验证—集成"为主线的重点行业污染防治最佳可行技术管理体系，打通了 BAT 筛选、通用评价、面向新技术的物理验证、面向技术组合的虚拟评估、指南编制到业务化应用支撑排污许可的闭环管理创新链条。同时，密切结合排污许可制的实施，通过多主体、多任务和多平台的优化集成，实现了 BAT 与排污许可的快速迭代，解决了数据成本过高、流程冗长和可靠性不足等问题，有力地支持了排污许可制的落实与顺利实施。其集成框架如图 4-4 所示。

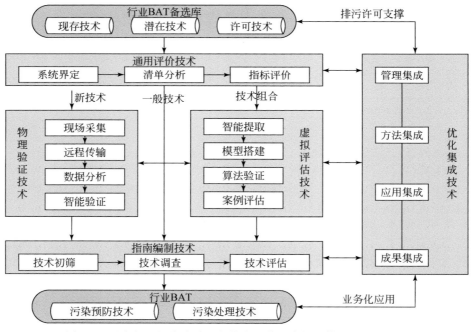

图4-4　重点行业污染防治可行技术评估成套技术体系的逻辑框架

4.2.2　四级技术体系

重点行业水污染防治可行技术评估及其支撑排污许可制实施整装成套技术包括 5 项核心技术、15 项关键技术和 43 项支撑技术，四级技术体系见表 4-1。

表 4-1　重点行业水污染防治可行技术评估成套技术的四级技术体系

成套技术	核心技术	关键技术	支撑技术
重点行业水污染防治可行技术评估及其支撑排污许可制实施整装成套技术	重点行业水污染防治最佳可行技术指南编制技术	污染防治最佳可行技术指南编制导则通用流程与模板确定方法	污染防治最佳可行技术指南编制导则通用流程确定方法
			污染防治最佳可行技术指南编制导则通用模板设计方法
		重点行业最佳可行技术指南编制技术	纺织工业污染防治可行技术指南制修订技术
			制革工业污染防治可行技术指南制修订技术
			农药工业污染防治可行技术指南编制技术
			制药工业污染防治可行技术指南制修订技术
			氮肥工业污染防治可行技术指南制修订技术
			调味品/发酵品工业污染防治可行技术指南编制技术
			电镀工业污染防治可行技术指南制修订技术
			啤酒工业污染防治可行技术指南编制技术
			畜禽养殖工业污染防治可行技术指南制修订技术
	重点行业水污染防治最佳可行技术通用评价技术	产业组团划分与模块化技术	产业组团划分方法
			重点行业工艺流程模块化方法
		重点行业水污染防治最佳可行技术通用评价指标体系构建技术	通用评价指标体系构建方法
			通用评价方法开发方法
		重点行业物质流清单构建技术	重点行业物质流数据库构建方法
			重点行业物质流数据采集技术
		重点行业水污染防治最佳可行技术影响评价技术	环境影响评价方法
			经济影响评价方法
			综合影响评价方法
	基于多元数据提取与智能匹配的行业最佳可行技术虚拟评估技术	行业污染防治技术数据匹配建模及智能数据提取技术	典型行业关键技术库构建技术
			典型行业最佳可行技术库构建技术
			典型行业污染防治管理方法集构建技术
		多维数据底层封装和算法云服务技术	典型行业水污染物减排模型开发技术
			数据有效性验证算法
			标准化技术评估算法和行业多目标优化算法
		污染物排污许可证辅助管理及减排潜力分析技术	多行业最佳可行技术虚拟评估服务技术
			多行业节能减排潜力评估等服务平台搭建技术
	基于远程传输与智能处理系统的最佳可行技术物理验证技术	远程工艺运行指标测试与监控系统技术	工艺运行指标测试与监控
			测试及视频数据远程传输
		权重数据采样及智能评估技术	数据有效性分析方法
			多源数据评估技术
		行业可行技术验证评估与应用技术	辽河等流域水污染减排技术验证评估与应用示范
			重点行业企业废水处理可行技术现场验证

续表

成套技术	核心技术	关键技术	支撑技术
重点行业水污染防治可行技术评估及其支撑排污许可制实施整装成套技术	水污染防治最佳可行技术集成优化与应用示范技术	重点行业最佳可行技术与排污许可体系协同优化技术	造纸行业污染防治可行技术支撑排污许可证的申请、核发和日常管理
			电镀行业污染防治可行技术支撑排污许可证的申请、核发和日常管理
			煤化工行业污染防治可行技术支撑排污许可证的申请、核发和日常管理
		重点行业最佳可行技术应用示范技术	炼化、化纤、氮肥等重污染化工行业水污染防治技术评估研究与示范
			稀土、电解锰和黄金冶炼等典型重污染冶金行业清洁生产水污染防治技术评估研究与示范
			典型重金属污染防治技术评估研究及示范
		典型区域或流域最佳可行技术应用示范技术	东江流域水污染防治技术评估与示范究与示范
			太湖等流域棉纺、毛纺、化纤染整行业污染防治技术评估研究与示范
			重点流域典型工业园区水污染防治技术评估和管理制度研究

4.2.3　污染防治可行技术指南编制技术

污染防治可行技术指南编制技术的突破在于可适应火电、造纸、钢铁、水泥、印染、制革、石油炼制、合成氨、制药、有色金属冶炼、农副食品加工等重点行业领域的污染防治可行技术指南的编制。该技术规定了污染防治可行技术指南编制工作的总体要求、指南编制的原则与方法、指南结构及内容等。适用于指导污染防治可行技术指南的编制工作，为排污许可核发提供技术支撑，推动企事业单位污染防治措施升级改造和技术进步。该技术的创新性表现在以下几方面：①体现了"源头预防、过程控制、末端治理"的污染物综合防治与全生命周期管理的理念，明确了包括污染预防技术和污染处理技术；②有效支撑了污染物排污许可制，强调了实现污染治理源头的可控性和治理技术的可达性；③强化了行业污染防治过程的环境管理措施；④对比了欧盟关于污染防治技术"可行性"的定义，并结合编制导则制定的直接目的是为排污许可核发提供有效支撑，考量了"可行技术"的指标重点是技术达标、运行稳定、性能可靠等，以实现污染物的稳定控制。以上编制技术的突破和创新推进了纺织、制革、制药、农药、氮肥、调味品和发酵制品、电镀、啤酒和禽畜养殖的污染防治技术指南编制；从源头到预防，降低了废水量及污染物的产生量；各行业实现了生产全过程水污染物的防治，满足了达标排放和特别排放限值的要求。

4.2.4 重点行业水污染防治最佳可行技术通用评价技术

重点行业水污染防治最佳可行技术通用评价技术包括四项关键技术，即产业组团划分与模块化技术、重点行业水污染防治最佳可行技术通用评价指标体系构建技术、重点行业物质流清单构建技术、重点行业水污染防治最佳可行技术影响评价技术。该技术的创新性表现在以下几方面：①充分利用工业行业污染预防与污染治理技术的内在模块化特征，首先划分污染预防技术和污染治理技术两大板块，在此基础上基于产品生命周期原则和清洁生产审核流程，构建包含化工、轻工、纺织、制药等十大重点行业在不同工序/段下的模块化技术；②基于产业生态学思想和生命周期评价方法构建重点行业污染防治可行技术通用评价指标体系，综合考虑产业链多环节以及环境与经济等多方面因素，保障科学性与可行性；③采用物质流分析技术，给出重点行业物质流数据采集和清单构建方法，并建立相应的数据库。

4.2.5 基于数据匹配建模及智能数据提取技术

基于数据匹配建模及智能数据提取技术的突破包括典型行业关键技术库、最佳可行技术库和污染防治管理方法集的大数据体系；基于相关方法学研究，研发涵盖典型行业水污染物减排模型、数据有效性验证算法、标准化技术评估算法和行业多目标优化算法的方法库；基于多维数据底层封装和算法云服务技术，提供多行业排污许可评估以及多行业虚拟最佳可行技术评估服务，搭建多行业节能减排潜力评估等服务平台。该技术的创新性表现在：在前端污染防治技术数据来源的多样性条件下，重点突破智能化的数据接入系统，实现数据入库，并结合企业排污许可申报系统等有关技术信息库，搭建行业主体工艺或设备、污染物减排技术等各类别数据架构体系，从而开发多元数据智能提取技术和智能匹配算法关键技术。

4.2.6 BAT 物理验证技术

BAT 物理验证技术结合重点行业废水处理运行效果波动较大及污染减排全生命周期特点，构建适用的技术指标清单和评价方法，从环境效果、工艺运行和维护管理三个方面实现废水处理可行技术验证评价。其技术突破主要是在"十一五"和"十二五"环境技术验证体系建设与评估方法学研究基础上，实现现场工艺指标在线测试及远程传输、数据有效性分析及重点行业可行技术验证应用，有效支撑基于远程传输及智能处理系统的可行技术物理验证关键技术。利用无线远程传输和多源数据智能处理系统，对 3 个重点行业企业废水处理可行技术应用现场进行实证评估，完善物理验证系统功能，为可行技术指南编制和排污许可证实施提供数据支撑。

4.2.7 最佳可行技术支撑排污许可制实施的集成优化与应用示范技术

最佳可行技术支撑排污许可制实施的集成优化技术主要目标是在排污许可制下，筛选评估出技术达标、运行稳定、性能可靠的可行技术，用于指导管理部门进行排污许可证发放、监督检查以及信息反馈等工作，包含了环境一般性技术评估、新技术验证和最佳可行技术评估等，并规定了指标体系、评估方法、评估程序、评估人员、评估机构等基本要求和评估程序。通过可行技术评估和排污许可互反馈机制，形成最佳可行技术支撑排污许可制实施的集成优化与应用示范技术。

4.3 重点行业及畜禽养殖防治可行技术指南

重点行业污染防治可行技术指南是排污许可证的重要支撑文件，旨在确保环境管理目标的技术可达性，增强环境管理决策的科学性，引导污染防治技术发展。我国自"十一五"开始部署污染防治最佳可行技术的系统研究，形成了最佳可行技术评估程序与方法、指南编制、技术验证等支撑环境管理等系列成果，使我国成为继欧盟之后第二个系统建立最佳可行技术体系的国家。在 2017 年排污许可制实施之前，已发布最佳可行技术指南 28 项。其后，出台了《污染防治可行技术指南编制导则》（HJ 2300—2018），发布了火电、造纸、制糖等 8 个重点行业最佳可行技术指南。

"十三五"期间，在水专项支持下，开展了重点行业及面源污染防治可行技术指南编制工作，旨在集成"十一五"以来的 BAT 研究成果，制修订纺织、制革、制药、农药、氮肥、电镀、调味品/发酵制品、啤酒和畜禽养殖行业的污染防治可行技术指南，健全支撑排污许可证管理制度的 BAT 管理体系。

4.3.1 纺织工业污染防治可行技术指南

纺织工业是关系国计民生的基础性行业，也是污染较为密集的行业。根据《第二次全国污染源普查公报》，纺织工业废水的主要污染物排放量均居行业第三，其中 COD 排放 10.98 万 t，占工业总排放的 12.07%；NH_3-N 排放 0.34 万 t，占工业总排放的 7.64%；总氮 1.84 万 t，占工业总排放的 11.81%。在纺织工业中，印染废水和污染物排放量约占纺织工业的 70%，是主要的排污环节。

《纺织工业污染防治可行技术指南》编制组于 2017 年 10 月起开始开展《纺织工业污染防治可行技术指南》的制定工作。工作期间，编制组赴浙江、江苏、福建等 12 个地区纺织工业企业展开实地调研工作，涉及废水、废气排放的 13 个小行业，调研范围涵盖了纺织行业各种类型的生产企业 529 家，获得实测样本数据 6015 个，基本实现纺织工业污染防治可行技术的全覆盖。基于调研数据和专家访谈，《纺织工业污染防治可行技术指南》筛选了 15 项清洁生产技术作为可行的推荐技术，落实了"防"的技术措施。同时结合大量现场监测结果,《纺织工业污染防治可行技术指南》对水、气、声、固废均提出了各项可行技术,并明确了技术工程应用的关键参数和管理细节,具体技术见表4-2。

表 4-2　纺织工业污染防治可行技术

污染物类型	可行技术
水污染物	①格栅/筛网–调节池+②混凝–沉淀/气浮+③水解酸化–好氧生物
	①分质预处理+②格栅/筛网–调节池+③混凝–沉淀/气浮+④水解酸化–好氧生物
	①分质预处理+②格栅/筛网–调节池+③混凝–沉淀/气浮+④水解酸化–好氧生物+⑤混凝–沉淀/气浮+⑥深度处理
	①分质预处理+②格栅/筛网–调节池+③混凝–沉淀/气浮+④水解酸化–好氧生物+⑤混凝–沉淀/气浮+⑥臭氧氧化或芬顿氧化+曝气生物滤池
	①格栅/筛网–调节池+②混凝–沉淀/气浮+③水解酸化–好氧生物
	①分质预处理+②格栅/筛网–调节池+③混凝沉淀或气浮+④水解酸化–好氧生物+⑤混凝–沉淀/气浮
	①分质预处理+②格栅/筛网–调节池+③混凝沉淀或气浮+④水解酸化–好氧生物+⑤混凝–沉淀/气浮+⑥深度处理
	①分质预处理+②格栅/筛网–调节池+③混凝沉淀或气浮+④水解酸化–好氧生物+⑤混凝–沉淀/气浮+⑥臭氧氧化或芬顿氧化+曝气生物滤池
	①格栅/筛网–调节池+②混凝–沉淀或气浮+③水解酸化–好氧生物
	①格栅/筛网–调节池+②混凝–沉淀或气浮+③水解酸化–好氧生物+④混凝–沉淀
	①格栅/筛网–调节池+②混凝–沉淀/气浮+③水解酸化–好氧生物+④深度处理
	①格栅/筛网–调节池+②混凝–沉淀/气浮+③水解酸化–好氧生物+④臭氧氧化或芬顿氧化+曝气生物滤池
	①格栅/筛网–调节池+②水解酸化–好氧生物+③混凝–沉淀+④臭氧氧化或芬顿氧化+曝气生物滤池
大气污染物	过滤除尘
	喷淋洗涤+吸附
	静电处理+吸附
	(多级)喷淋洗涤
	冷却+静电处理
	喷淋洗涤+静电处理
	喷淋吸收+吸附
	喷淋吸收
	生物处理
固体废物	收集后资源化利用
	交由相关单位进行无害化处置

续表

污染物类型	可行技术
噪声	厂房隔声
	隔声罩
	减震
	消声器

　　《纺织工业污染防治可行技术指南》选取的可行技术均基于行业特点，以棉印染废水处理的可行技术路线为例。某印染企业主要加工生产棉纺织产品，以印染蜡染面料为核心，其生产工艺包括前处理（退浆、煮炼、丝光和漂白）、蜡染印花。产生的印染废水由企业自行设计工程处理，采用传统的以生化为主+膜法处理回用的技术组合。企业对最终产生的废水进行分道处理，利用蜡染废水其浓度高且组分相对单一、具有疏水特性，采用气浮工艺对松香进行回收，剩余废水汇合印染废水进入调节池。企业用水量大且有回用需求，在综合废水处理末端采用 MBR 和 RO 进行膜法处理，各项指标均能够达标排放，中水回用率能够达到 70%。MBR 和 RO 也是目前最为成熟的中水回用处理技术（李方，2020）。

　　与其他行业的可行技术指南相比，《纺织工业污染防治可行技术指南》具备两大特色，一是基于行业特点提出分质预处理的可行技术；二是针对专门的纺织工业集聚区提出纺织工业废水集中处理设施的可行技术。《纺织工业污染防治可行技术指南》实施以后能够带动纺织行业的绿色生产技术提升，预计行业在污染治理方面成本整体节约 20% 左右。

4.3.2　制革工业污染防治可行技术指南

　　制革工业是我国轻工行业的支柱产业之一，在我国国民经济建设和出口创汇中发挥着重要作用。经过 20 多年的快速发展，我国已成为世界主要制革产品的生产地区。改革开放以来，我国制革工业快速发展，进入 2000 年以后仍然维持逐年递增，到 2010 年达到最高，为 7.5 亿 m^2，2013 年以后受国际大环境影响，产量有所下降，2013~2017 年皮革产量维持在 6 亿 m^2 左右，2018 年下降至 4.9 亿 m^2。2018 年受市场环境及中美贸易战的影响，全国规模以上轻革行业累计完成产量 4.9 亿 m^2，比上年同期规模以上企业下降 20.7%。从原料皮种类看，牛皮约占 74%，羊皮约占 18%，猪皮约占 8%。

　　近年来，由于原材料、劳动力和能源成本上升，环保压力不断加大以及国内外市场不振等因素影响，制革行业发展进入一个深度调整、转型升级时期。目前制革企业正积极从污染预防、规模工艺与设备、资源与能源消耗、污染治理等多方面进行改造，促使企业走集中生产、集中治理的模式，提升制革行业的产业结构，提高资源利用率，减少能源消耗，减少污染物的排放。

　　制革行业指南编制组于 2011 年开展了调研资料，并对文献资料、相关法律法规、标准、政策和规范性文件进行了深入分析，于 2012 年编制完成了《皮革及毛皮加工工业污染防治最佳可行技术指南》（讨论稿），2014 年根据专家意见修改形成了《皮革及毛皮加工工业污染防治可行技术指南》（征求意见稿），2017 年 10 月～2019 年 12 月，编制组赴福建晋江、河北辛集、浙江海宁、江苏徐州、广东佛山等地的 30 多家企业开展了补充调研和现场取样测试工作。2018 年 5～12 月，编制组对全国 463 家制革企业的排污许可证进行了梳理，总结了污染防治技术应用情况。2020 年 4 月 10 日，生态环境部科技与财务司主持召开了标准征求意见稿技术审查会，审议委员会通过了标准征求意见稿的审议，并提出了修改建议，具体可行技术如表 4-3 所示。

表 4-3 制革工业污染防治可行技术

序号	污染物类型	污染预防技术	污染治理技术
1	水污染物	①环境友好型化学品替代技术+②转笼除盐技术+③低硫低灰脱毛技术/脱毛浸灰废液循环利用技术+④少氨或无氨脱灰技术	①混凝沉淀/混凝气浮+②A/O 或其变形工艺
2			①混凝沉淀/混凝气浮+②生物接触氧化
3		环境友好型化学品替代技术	①混凝沉淀/混凝气浮+②水解酸化+③A/O 或其变形工艺
4			①混凝沉淀/混凝气浮+②A/O 或其变形工艺
5			①混凝沉淀/混凝气浮+②水解酸化+③SBR
6			①混凝沉淀/混凝气浮+②水解酸化+③生物接触氧化
7		①环境友好型化学品替代技术+②转笼除盐技术+③低硫低灰脱毛技术/脱毛浸灰废液循环利用技术+④少氨或无氨脱灰技术	①混凝沉淀/混凝气浮+②A/O 或其变形工艺+③芬顿氧化/曝气生物滤池/臭氧氧化
8		环境友好型化学品替代技术	①混凝沉淀/混凝气浮+②水解酸化+③生物接触氧化+④芬顿氧化/曝气生物滤池/臭氧氧化
9	大气污染物	水性涂饰材料+高流量、低气压（HVLP）喷涂技术/辊涂技术	水膜除尘器+酸-碱法喷淋吸收技术
10		—	袋式除尘
11		—	生物滤塔
12		—	酸-碱法喷淋吸收
13	固体废物		再生铬鞣剂制备技术
14			工业蛋白及蛋白填料制备技术
15			工业明胶生产技术
16			再生革生产技术
17			静电植绒材料生产技术

续表

序号	污染物类型	污染预防技术	污染治理技术
18			隔声罩
19	噪声		消声器
20			厂房隔声
21			减震

《制革工业污染防治可行技术指南》推荐的可行技术均经过多方论证，如在多家大规模行业龙头企业、部分中小规模企业经过验证，在企业规模方面具有很好的代表性（表4-4）。以废水污染治理可行技术为例，所列末端治理技术已经基本覆盖国内制革工业行业所采用的主流技术。制革企业对含铬废水应单独收集处理或回用，处理至车间排口达标后排入综合废水。制革企业综合废水应依次经过物化处理、生化处理后达标［《制革及毛皮加工工业水污染物排放标准》（GB 30486）或地方标准］排放，是否进行深度处理可根据排放或回用要求进行选择。制革企业综合废水一般分为两种方式，间接排放（纳管）和直接排放（排入水体），直接排放标准比间接排放标准要求更为严格。制革工业企业排放方式占比情况如图4-5所示。

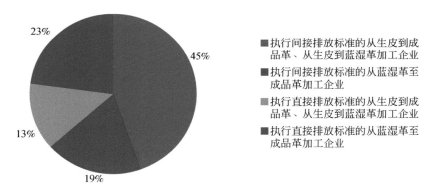

图 4-5　制革工业企业排放方式占比情况

表 4-4　制革工业综合废水污染防治可行技术及调研中应用企业数量统计

序号	污染预防技术	污染治理技术	技术应用企业数量
1	①转笼除盐技术+②低硫低灰脱毛技术/脱毛浸灰废液循环利用技术+③少氨或无氨脱灰技术+④环境友好型化学品替代技术	①混凝沉淀/混凝气浮+②A/O 或其变形工艺	137
2		①混凝沉淀/混凝气浮+②生物接触氧化	40

续表

序号	污染预防技术	污染治理技术	技术应用企业数量
3		①混凝沉淀/混凝气浮+②水解酸化+③A/O或其变形工艺	17
4	环境友好型化学品替代技术	①混凝沉淀/混凝气浮+②A/O或其变形工艺	26
5		①混凝沉淀/混凝气浮+②水解酸化+③生物接触氧化	34
6		①混凝沉淀/混凝气浮+②水解酸化+③SBR	3
7	①转笼除盐技术+②低硫低灰脱毛技术/脱毛浸灰废液循环利用技术+③少氨或无氨脱灰技术④环境友好型化学品替代技术	①混凝沉淀/混凝气浮+②A/O或其变形工艺+③芬顿氧化/曝气生物滤池/臭氧氧化	13
8	环境友好型化学品替代技术	①混凝沉淀/混凝气浮+②水解酸化+③生物接触氧化+④芬顿氧化/曝气生物滤池/臭氧氧化	4

4.3.3 制药工业污染防治可行技术指南

中国是世界医药大国之一，是抗生素第一生产大国。制药生产排污单位遍布全国。我国的医药制造业包括原料药制造业制造、化学药品制剂制造、中药饮片加工、中成药生产、兽用药品制造、生物药品制造、卫生材料及医药用品制造七个子行业及纳入行业管理的制药机械和医疗器械工业八个板块；其中兽用药品制造归农业部门管理。2018 年，我国医药工业企业共计 6206 家，其中化学原料药 1273 家、化学药品制剂 1107 家，中成药 1633 家，中药饮片加工 1263 家，生物、生化制品工业企业 930 家。工业总产值 2.4 万亿元，同比增长 12.6%，高于全国工业增速 6.4 个百分点。目前，我国制药行业污染呈多元化、多尺度、复杂化，其中，"废水污染聚集"的发展趋势；废气污染物成分复杂、排放量大，属于中低浓度的 VOCs 排放废气，VOCs 治理不容忽视，异味扰民时有发生；抗生素发酵菌渣被列入《国家危险废物名录》（除氨基酸、维生素品种外），无经济合理、切实可行技术途径等环境问题，制约制药行业的可持续发展。

2017 年 9 月，编制组在北京参加了由环境保护部水专项管理办公室组织召开的"水污染防治可行技术（BAT）指南编制绿色通道调度会"，重新启动指南编制与发布工作。共计补充调研 72 家制药企业，实地调研 20 家，文献调研 52 家，其中化学合成类 19 家、发酵类 7 家、提取类 36 家、混合类 7 家、制剂类 3 家。开展了制药行业排污许可管理信息平台数据的收集、整理与分析工作。共计收集 116 家制药企业数据，废气有效数据 64 家，废水有效数据 62 家，其中化学合成类 41 家、发酵类 16 家、制剂类 7 家。此外，于

2017～2020 年十余次召开标准编制讨论及专家咨询会，对标准征求意见稿主要技术内容进行修改完善。2020 年 8 月 5 日，编制组组织召开标准预审查会，进一步听取专家意见，对标准文本和编制说明进行了修改完善，最终形成《制药工业污染防治可行技术指南 原料药（发酵类 化学合成类 提取类）和制剂类》（征求意见稿）以及编制说明。

基于调研数据和专家访谈，《制药工业污染防治可行技术指南》对水、气、声、固废均提出了可行技术，并明确了技术适用范围及条件，具体可行技术如表4-5所示。

表 4-5 制药工业污染防治可行技术

污染物类型	类型	可行技术
水污染物	发酵类	①预处理技术（多效蒸发或 MVR/吹脱或气提/混凝沉淀或气浮）+②厌氧（水解酸化或 UASB 或 EGSB 或 IC 或厌氧生物膜反应器）+③多级 AO+④混凝沉淀/气浮
		①预处理技术（多效蒸发或 MVR/吹脱或气提/混凝沉淀或气浮）+②厌氧（水解酸化或 UASB 或 EGSB 或 IC 或厌氧生物膜反应器）+③多级 AO+④芬顿试剂技术（或臭氧氧化+BAF/MBR）+混凝沉淀+（过滤+消毒）
		①预处理技术（多效蒸发或 MVR/吹脱或气提/混凝沉淀或气浮）+②厌氧（水解酸化或 UASB 或 EGSB 或 IC 或厌氧生物膜反应器）+③多级 AO+④高级氧化技术+（膜技术+MVR 技术）
	化学合成类	①预处理技术（多效蒸发或 MVR/吹脱或气提/混凝沉淀或气浮/Fe-C 技术或芬顿试剂等化学氧化还原技术）+②厌氧（水解酸化或 UASB 或 EGSB 或 IC 或厌氧生物膜反应器）+③多级 AO+④混凝沉淀/气浮
		①预处理技术（多效蒸发或 MVR/吹脱或气提/混凝沉淀或气浮/Fe-C 技术或芬顿试剂等化学氧化还原技术）+②厌氧（水解酸化或 UASB 或 EGSB 或 IC 或厌氧生物膜反应器）+③多级 AO+④芬顿试剂技术（或臭氧氧化+BAF）+混凝沉淀+（过滤+消毒）
		①预处理技术（多效蒸发或 MVR/吹脱或气提/混凝沉淀或气浮/Fe-C 技术或芬顿试剂等化学氧化还原技术）+②厌氧（水解酸化或 UASB 或 EGSB 或 IC 或厌氧生物膜反应器）+③多级 AO+④高级氧化技术+（膜技术+MVR 技术）
	提取类	①预处理技术（混凝沉淀或气浮）+②厌氧（水解酸化或 UASB 等）+③多级 AO+④混凝沉淀/气浮
		①预处理技术（混凝沉淀或气浮）+②厌氧（水解酸化或 UASB 等）+③多级 AO+④芬顿试剂技术（或臭氧氧化+BAF/MBR）+混凝沉淀+（过滤+消毒）
		①预处理技术（混凝沉淀或气浮）+②厌氧（水解酸化或 UASB 等）+③多级 AO+④高级氧化技术+（膜技术+MVR 技术）
	制剂类	①预处理技术（混凝沉淀或气浮）+②A/O（水解酸化或缺氧水解）+③混凝沉淀/气浮
		①预处理技术（混凝沉淀或气浮）+②A/O（水解酸化或缺氧水解）+③芬顿试剂技术（或臭氧氧化+BAF/MBR）+混凝沉淀+（过滤+消毒）
		①预处理技术（混凝沉淀或气浮）+②A/O（水解酸化或缺氧水解）+③高级氧化技术+膜技术

续表

污染物类型	类型	可行技术
大气污染物	含尘废气	（旋风除尘）+袋式除尘
		高效空气过滤器
	有机废气	冷凝回收+吸附
		吸附浓缩+冷凝回收
	发酵尾气	吸收+回收
		燃烧
	酸碱废气	吸附浓缩+燃烧
		化学氧化+吸收
	恶臭气体	吸收+活性炭吸附
		碱洗+化学氧化+（水洗）
	沼气	吸附浓缩+燃烧
		酸碱吸收法
		碱吸收+生物净化+化学氧化
		碱吸收+化学氧化
		湿法（化学/生物）+干法脱硫
		干法脱硫处理技术
固体废物		再利用
		资源化利用
		焚烧/委托有资质的单位进行处置
噪声		厂房隔声
		隔声罩
		减震
		消声器

总体来说，原料药及制剂类制药工业企业采取《制药工业污染防治可行技术指南》中的污染预防技术，使用无毒、无害或低毒、低害的原料，能大大减少废物的产生量或降低废物的毒性，防止或减少有毒有害物质进入环境；鼓励在制药生产过程中采用新技术、新工艺，减少含氮物质、含硫酸盐辅料、含磷物质、重金属等物质的使用，降低生产废水中的 NH_3-N、硫酸盐、磷浓度，提高厌氧生化处理效果。末端治理技术中，根据废水、废气特点、排水去向、环境标准等多因素选择《制药工业污染防治技术指南》中可行技术工艺路线，实现达标排放，总体环境效益明显。以水污染物可行技术路线为例，对于①预处理技术（多效蒸发或 MVR/吹脱或气提/混凝沉淀或气浮）+②厌氧（水解酸化或 UASB 或 EGSB 或 IC 或厌氧生物膜反应器）+③多级 AO+④芬顿试剂技术（或臭氧氧化+BAF/MBR）+混凝沉淀技术来说，在河北×××股份有限公司、石药集团×××有限公司、天津×××制药公司三家公司均得到了应用。该技术的应用，首先对企业高盐、难降解废水进行预处

理，有效降低总体处理成本，其次厌氧及多级 AO 好氧的应用可大幅度削减 COD_{Cr}，最后芬顿试剂技术等氧化技术的应用，保障废水稳定达标排放。经该技术处理后，企业的废水排放指标可以达到 COD_{Cr}<120mg/L，氨氮<35mg/L，总磷<1.0mg/L。

据不完全统计，截至 2020 年我国拥有化学药品原料厂 1118 家，是制药工业最主要废水（高 COD_{Cr}、高氨氮）和废气（VOCs 和无机污染物）的排放源。采用《制药工业污染防治可行技术指南》中的可行防治技术，制药废水 COD_{Cr}、氨氮等污染物的排放强度将大幅度削减。对于废气治理，如采用合理的预处理技术，在良好的气体收集系统配合下，高温氧化、废气洗涤等净化工艺可实现 85% 以上的减排。通过对各类污染物的排放控制，可以有效削减 VOCs 等 O_3 和 $PM_{2.5}$ 前体物的排放量，对改善环境空气质量具有积极作用，同时也可以在一定程度上减轻药企周边恶臭污染严重的问题。

另外，《制药工业污染防治可行技术指南》作为企业排污许可申报的依据，减少了企业自行填报和验证的成本，为原料药和制剂类排污许可证发放工作提供了基础与保障。

4.3.4 农药工业污染防治可行技术指南

农药是我国国民经济发展的重要组成部分，不仅维系农业稳产丰产、粮食自给自足，还关系到食品安全和卫生防疫等关键的国计民生问题。近年来，我国农药产量一直处于世界前列。根据国家统计局统计，2016 年，483 家农药原药企业生产折百原药 377.83 万 t。截至 2018 年底，登记证持有人数量（境内）2010 家，其中原药登记证持有人 705 家，制剂登记证持有人 1935 家，原药和制剂登记证持有人 630 家。2019 年农药产量前三名的省份依次是江苏省、四川省和浙江省，农药产量分别为 74.3 万 t、39.2 万 t 和 20.8 万 t。农药属于精细化工范畴，生产过程工艺复杂，化工原料种类多样，产污环节点多面广，农药工业污染物主要是生产过程排放的废水、废气、固体废物及产品干燥包装过程产生的粉尘，对环境污染最大的是废水（王韧，2016；程迪和李正先，2009，2010）。据统计，农药工业每年排放的废水占全国工业废水排放总量的 2%~3%。水量相对小，但是浓度高、毒性大，废水中有许多是不可生物降解物或对生物抑制物，因而治理难度大。

《农药工业污染防治可行技术指南》编制组于 2017 年 10 月起开始开展《农药工业污染防治可行技术指南》的制定工作。工作期间，编制组赴山东、江苏农药工业企业展开实地调研工作，针对浙江、安徽、河南、江苏等行业内典型的农药生产企业开展函调，调研范围涵盖了农药行业各种类型的生产企业 40 多家，涉及产品的总产量覆盖农药行业产品产量的 60% 以上。同时，针对近 1000 家生产企业，收集企业排污许可平台信息，基本实现农药工业污染防治可行技术的全覆盖。

基于现场调研、函调数据、平台信息和专家访谈，《农药工业污染防治可行技术指南》从生产端的"防"，到中端的"治"，到排口端的"控"，体现了对生产过程全流程的控制。《农药工业污染防治可行技术指南》对水、气、声、固废均提出了各项可行技术，并结合行业污染物的产生特点明确了技术工程应用的关键参数和管理细节，具体可行技术如表 4-6 所示。

表 4-6　农药工业污染防治可行技术

污染物类型	可行技术
水污染物	焚烧
	盐的资源化+湿式氧化+蒸发+厌氧+好氧
	理化除杂+高级氧化+厌氧+好氧
	回收甲醇、三乙胺、THF+理化除杂+高级氧化+厌氧+好氧
	理化除杂+厌氧+好氧
	盐的资源化+理化除杂+厌氧+好氧
	毒死蜱水相法工艺+理化除杂+厌氧+好氧
	理化除杂+厌氧+好氧+深度处理
	甲叉法生产工艺+物理除杂+高级氧化+厌氧+好氧
	理化除杂+高级氧化+厌氧+好氧+深度处理
大气污染物	甘氨酸法草甘膦生产过程中回收氯甲烷/溶剂回收+吸附技术+/吸收技术+/燃烧技术
	除尘技术+/吸附技术
	吸收技术
	吸附技术+吸收技术
	除尘技术+脱硫脱氮技术+（吸附+/吸收）
	生物滴滤/碱洗/吸收+/吸附
	氧化/焚烧
	选用浮顶罐/设置呼吸阀/呼吸气收集进行吸收/吸附/焚烧处理
固体废物	再利用
	资源化利用或用于氯碱行业
	焚烧/委托有资质的单位进行处置
噪声	厂房隔声
	隔声罩
	减震
	消声器

　　《农药工业污染防治可行技术指南》选取的可行技术均基于行业特点，以水污染物可行技术路线为例，对于盐的资源化+湿式氧化+蒸发+厌氧+好氧技术来说，在江苏×××股份有限公司、江苏×××有限公司、江西×××化工有限公司三家公司均得到了应用。该技术的应用，首先解决了企业废水排放无法达标的问题，其次有效降低盐的资源化处理成本，最后湿式氧化技术的应用，最大限度地使流程能够畅通并减少危险废物和蒸发母液的产生。经该技术处理后，企业的废水排放指标可以达到 $COD_{Cr}<260mg/L$，氨氮<27mg/L，总磷<6.5mg/L。

　　《农药工业污染防治可行技术指南》充分考虑了农药制造工业产品种类繁多、处理工艺多元化、废水排放量大及可生化性高等特点，采用全流程控制评价技术对农药重点产品水污染防治可行技术和大气污染物污染防治可行技术进行了筛选、评估与集成，通过生产工艺分析—源头控制—备选技术筛选—系统集成，实现了基于污染物排放控制目标的农药制造工业污染防治技术评估和筛选，提升了农药制造工业所处区域的环境治理工作水平。

4.3.5　氮肥工业污染防治可行技术指南

氮肥是化肥产品中的最主要品种，确保粮食安全是保证国民经济平稳较快增长和社会稳定的重要基础。氮肥工业是国民经济中的支柱产业，同时也是高污染、高能耗和高排放行业。随着氮肥工业污染物排放总量持续削减压力的与日俱增，污染物排放标准的不断加严，氮肥工业污染处理技术发展迅速，并已逐步呈现出多样化及深度化的趋势。我国氮肥行业污染防治技术种类繁多，但技术却参差不齐，没有统一的标准来指导，技术上选取的偏差，导致成本加大，更有甚者造成环境的二次污染。

为对国内外氮肥工业现状开展深入调研，编制组查阅了欧盟等国家或地区的标准体系和污染防治可行技术的相关文件，以及我国氮肥工业污染防治相关的管理政策和文件等。采取现场考察、座谈和调研问卷等形式对国内氮肥企业开展技术调研。2009 年 7月 ~2011 年 6 月，在综合考虑原料、气体净化工艺、地域差别、规模差别、技术及管理水平等因素的基础上，编制组对于国内目前的合成氨企业进行全面调研，调研覆盖行业不同生产原料、技术与工艺以及产品线。实地调研与考察企业包括 39 家固定层间歇式煤气化制氨氮肥企业、2 家鲁奇煤气化制氨氮肥企业、6 家水煤浆气化制氨氮肥企业、3 家恩德煤气化制氨氮肥企业、6 家粉煤加压气化制氨氮肥企业、2 家固定层富氧煤气化制氨氮肥企业以及 35 家典型以天然气为原料的合成氨氮肥企业。编制组全面分析、整理调研资料和数据，根据不同工序可能产生的污染物情况，考虑多数企业环保治理现状（目前所采取的防治技术所能达到的环境绩效），在广泛参阅国内外现有政策、规范和标准及有关防治技术资料，对主要问题和疑难问题进行反复研讨及论证等综合因素的前提下，确定了氮肥行业污染防治备选技术。编制组在对氮肥企业生产现状调研分析的基础上，广泛搜集资料信息，如生产规模、产量质量、工艺流程、技术装备、能耗物耗、产污排污、控制措施、运行管理等，同时在对技术特点、经济效益、环境效果、资源综合利用能力等全面分析和专家评价的基础上，进行可行技术筛选及验证，形成了可行技术清单。

基于调研数据和专家访谈，《氮肥工业污染防治可行技术指南》以清洁生产技术和末端直接技术作为可行的推荐技术，落实了"防"的技术措施。同时结合大量现场监测结果，《氮肥工业污染防治可行技术指南》对水、气、固废均提出了各项可行技术，并明确了技术工程应用的关键参数和管理细节，具体可行技术如表 4-7 所示。

表 4-7 氮肥工业污染防治可行技术

污染物类型	可行技术	
大气污染物	袋式除尘	
	①除尘（袋式除尘/电除尘/湿式除尘）+②脱硫（半干法脱硫/湿法脱硫）+③低氮燃烧+④选择性催化还原技术	
	①低氮燃烧+②袋式除尘	
	①袋式除尘+②洗涤	
	湿法除尘	
	蓄热燃烧或热力焚烧	
	①硫黄回收+②氨水吸收	
	低氮燃烧	
	生物滴滤	
水污染物	①气提脱酸脱氨	③重力除油/气浮+④SBR/CASS +⑤混凝沉淀
	①硫酸亚铁等脱氰脱硫+②混凝沉淀	
	①气浮/重力除油+②酚氨回收	③重力除油/气浮+④A/O 法或 A2/O+⑤混凝沉淀+⑥芬顿/臭氧催化
	①硫酸亚铁脱氰脱硫+②混凝沉淀	③重力除油/气浮+④SBR/CASS
	①混凝沉淀	
	①微涡流塔板澄清技术	
	①重力除油/气浮+② SBR/CASS+③混凝沉淀+④超滤+⑤反渗透	
	①重力除油/气浮+②A/O 法或 A2/O+③混凝沉淀+④超滤+⑤反渗透	
	①重力除油/气浮+②SBR 或 CASS	
	①重力除油/气浮+②二级 A/O 法	
	①重力除油/气浮+②A/O 法或 A2/O +③BAF	
	尿素冷凝液水解解吸技术	
	①硝酸或氨水调节 pH +②电渗析	
	①硝酸或氨水调节 pH+②电渗析浓缩+③反渗透淡化	
固体废物	委托有资质的处理单位处置	
	收集后资源化利用（制砖制水泥）	
	填埋/焚烧	

　　《氮肥工业污染防治可行技术指南》选取的可行技术均基于行业特点，以水污染物可行技术为路线，对各类废水（煤气化废水、尿素冷凝液、硝酸铵冷凝废水等）的收集、分质处理和综合处理进行了个性化，以及对不同处理目标提出了相应的技术路线，以废水处理①重力除油/气浮+②A/O 法或 A2/O +③BAF 为例，辽宁以天然气为原料的某化工（集团）公司，年产 30 万 t 合成氨，52 万 t 尿素，6 万 t 精甲醇，1 万 t 碳酸二甲酯/丙二醇。该公司综合废水处理工艺采用重力隔油+A/O 法+BAF 生物滤池，废水处理量 250m³/h，处理后出水水质

pH7～9、COD≤50mg/L、氨氮≤15mg/L、总氮≤30mg/L，处理成本约2元/t，达到排放要求。

综合废水处理工艺采用A／O法+BAF生物滤池，处理量250m³/h。采取《氮肥工业污染防治可行技术指南》中推荐的全过程生产工艺和末端治理工艺以后，氮肥工业基本全部能达到氮肥行业清洁生产二级标准，部分指标达到清洁生产一级标准。

4.3.6 电镀工业污染防治可行技术指南

电镀是多种工业产品不可或缺的工艺，截至2020年10月已申领排污许可证的电镀企业有9335家，其中广东、江苏、浙江、山东数量最多。电镀企业一直存在分布散、装备水平低、环境问题多、监管难度大等问题，为加强电镀行业规范管理，各地区结合电镀行业专项整治行动，已逐步建立或筹划建立电镀园区（集控区），将过去零散的电镀企业集中至园区管理。电镀园区作为特殊的工业集聚区，其"集中生产、集中治理、集中管理"的运营模式决定了电镀园区的环境管理与一般工业园区完全不同。电镀行业尚未形成规范化的电镀园区环境管理体系，仍然存在较多薄弱环节，集中体现在各类电镀园区环境管理水平参差不齐；部分电镀园区环境监管工作薄弱；入区电镀企业和园区污水处理厂责任界定模糊；现行《电镀污染物排放标准》（GB 21900—2008）适用性不明确；实施重金属废水特征污染物在线监控的经济技术可行性及数据有效性尚不明确（王海燕，2014）。

《电镀工业污染防治可行技术指南》编制组于2019年4月完成开题报告，召开并通过开题论证会。2019年5～10月，编制组赴无锡、商丘、常州、宁波、广州、惠州等地实地调研电镀企业及电镀园区的污染防治技术水平和环境管理水平，组织《电镀污染物排放标准》修改单承担单位、广东省《电镀水污染物排放标准》编制组、广东省生态环境厅相关处室、广东省电镀园区代表座谈会、宁波鄞州电镀集聚区入园企业座谈会，了解电镀园区污染防治可行技术应用情况及存在的问题，研讨电镀工业污染防治相关问题。2020年10月，召开指南征求意见稿专家咨询会。

《电镀工业污染防治可行技术指南》针对电镀产生的水、气、固废、噪声等污染，提出了24项污染防治可行技术，明确了技术工程应用的关键参数，并提出了电镀园区具体管理措施，具体可行技术如表4-8所示。

表4-8　电镀工业污染防治可行技术

可行技术	预防技术	治理技术	污染物排放水平	技术适用条件
含氰废水	无氰电镀	—	—	电镀金、银、铜基合金及予镀铜打底工艺除外
	—	碱性氯化法	氰化物≤0.2mg/L	不适用于铁氰化钾
	—	亚铁沉淀法	氰化物≤0.2mg/L	铁氰化钾
重金属废水	—	化学还原法+碱性沉淀法	六价铬<0.1mg/L 总铬<0.5mg/L	含六价铬废水
	—	电化学还原法+碱性沉淀法		含六价铬废水
	闭环技术	化学还原法+碱性沉淀法		镀硬铬工序（PFOS作为酸雾抑制剂）含铬废水

可行技术	预防技术	治理技术	污染物排放水平	技术适用条件
重金属废水	①逆流漂洗+RO ②逆流漂洗（远离镀槽）回收水+离子交换 ③逆流漂洗（紧邻镀槽一级）+离子交换	氧化法+化学沉淀法	镍0.08~0.5mg/L	含镍废水
		氧化法+化学沉淀法+微滤膜过滤		含镍废水、化学沉淀采用氢氧化钠中和
		化学沉淀法+离子交换		
	—	硫化物化学沉淀法	镉<0.01mg/L	含镉废水
	逆流漂洗+RO+电解回收	破氰+氯化铁碱性沉淀	银<0.1mg/L	含银废水
	—	化学沉淀法	铅<0.1mg/L	含铅废水
	—	化学沉淀法	锌<1.0mg/L 铝<2.0mg/L 铁<2.0mg/L	含锌、含铝、含铁废水
	①逆流漂洗+RO ②逆流漂洗+RO+电解回收 ③逆流漂洗+离子交换	破氰+化学沉淀法	铜<2.0mg/L	氰化镀铜废水
		焦磷酸铁法/焦磷酸锌法（与前处理废水混合处理）		焦铜废水
		化学沉淀法		其他镀铜废水
	—	次氯酸钠氧化+重捕剂+化学沉淀（类）芬顿氧化+重捕剂+化学沉淀	镍0.08~0.5mg/L 锌<1.0mg/L	化学镍废水、锌镍合金电镀等
电镀混合废水	—	化学氧化还原+多级沉淀	COD<350mg/L 总氰化物<0.2mg/L	适用于间接排放
	—	化学氧化还原+多级沉淀+生化	COD<50mg/L 氨氮<8mg/L 总氮<15mg/L 总磷<0.5mg/L 总氰化物<0.2mg/L	适用于直接排放
大气污染物	闭环技术 不含PFOS酸雾抑制剂	格网凝聚回收+还原吸收	铬酸雾<0.05mg/m³	镀硬铬工序（PFOS作为酸雾抑制剂）
				镀硬铬工序
	—	氧化吸收法	氰化氢<0.5mg/m³	含氰废气
	—	碱液吸收法	硫酸雾<0.5mg/m³ 氯化氢<0.5mg/m³ 氟化物<7mg/m³	硫酸雾、氯化氢、氟化物废气
	—	氧化+碱液吸收法	氮氧化物<200mg/m³	氮氧化物（酸洗槽硝酸浓度<500g/L）

可行技术	预防技术	治理技术	污染物排放水平	技术适用条件
固体废物	污泥脱水、干燥	氨法/酸法浸出	—	含镍（镍含量>1%）、含铜（铜含量>1%）分质污泥
	—	酸化回收技术	—	含氰废液，氰化物（以 CN 计）含量不小于 1g/L
噪声		厂房隔声/隔声罩	降噪量 20dB（A）左右	
		减震	降噪量 10dB（A）左右	
		消声器	消声量 25dB（A）左右	

《电镀工业污染防治可行技术指南》选取的可行技术均基于行业特点，以水污染物某可行技术路线为例，根据宁波市执法部门污染源监督性监测结果，对于次氯酸钠氧化/（类）芬顿氧化+重捕剂+化学沉淀组合技术来说，在浙江宁波某三个公司均得到了应用。该技术的应用，首先解决了化学镍废水、锌镍合金电镀废水等难处理络合重金属废水无法达标的问题，其次通过废水的分质分流，难处理络合重金属废水单独处理，避免了与其他重金属废水混合，可以保障电镀企业/园区电镀废水整体达标排放。经该技术处理后，企业的废水排放指标可以达到 Ni<0.5mg/L，Zn<1.0mg/L。

与其他行业的可行技术指南相比，《电镀工业污染防治可行技术指南》具备两大特色，一是基于行业特点，提出了分质预处理的可行技术；二是针对现在的电镀园区发展趋势，提出了电镀园区的管理措施及废水集中处理设施的可行技术。《电镀工业污染防治可行技术指南》实施以后能够为电镀行业的达标排放提供技术支撑，减少行业的重金属污染物排放水平。

4.3.7 调味品/发酵制品工业污染防治可行技术指南

根据《国民经济行业分类》（GB/T 4754—2017），调味品、发酵制品制造（代码146）属于食品制造业十四大类，包含了味精制造（代码 1461），酱油、食醋及类似制品制造（代码 1462）和其他调味品、发酵制品制造（代码 1469）。2019 年全行业味精产量286 万 t、酱油产量 520 万 t、食醋产量 170 万 t、赖氨酸产量 253 万 t、柠檬酸产量 172 万 t、酵母产量 39 万 t，其中味精、酱油、食醋、赖氨酸和柠檬酸产量都位列世界第一，占全世界产量的一半以上。根据《固定污染源排污许可分类管理名录（2019 年版）》和 2015 年环境统计数据，全国规模以上的调味品和发酵制品企业 693 家，其中重点管理企业约 131家，据估计，全国调味品和发酵制品企业 3000 家左右。行业主要污染物是水污染物，废水、化学需氧量和氨氮的排放量分别为 0.8 亿 t、15.66 万 t 和 0.13 万 t，分别占全国工业比例的 0.4%、5.4% 和 0.6%。废气、二氧化硫和氮氧化物排放量占工业源比例不到

0.1%（汪苹等，2014；Dong et al，2018）。

《调味品、发酵制品工业污染防治可行技术指南》编制组于 2018 年 2 月开始开展《调味品、发酵制品工业污染防治可行技术指南》的制定工作。工作期间，编制组赴北京、内蒙古、山东、广东、江苏、河北、安徽、新疆、黑龙江、天津、广西等 11 个地区调味品和发酵制品工业企业展开实地调研工作，共对近 30 家行业企业进行了现场调研，调研范围覆盖了目前国内所有味精生产重点企业，国内南北方主要酱油、食醋生产企业，以及赖氨酸、柠檬酸和酵母生产企业，其中柠檬酸和酵母生产企业基本实现了全覆盖。

基于技术筛选和评估，《调味品、发酵制品工业污染防治可行技术指南》筛选了 11 项清洁生产技术及环境管理作为可行的推荐技术，落实了"防"的技术措施。同时结合大量现场监测结果，《调味品、发酵制品工业污染防治可行技术指南》对水、气、声、固废均提出了各项可行技术，并明确了技术工程应用的关键参数和管理细节，其中行业最重要的水污染防治可行技术如表 4-9 和表 4-10、图 4-6 所示。

表 4-9 调味品、发酵制品工业水污染预防可行技术

序号	污染预防技术	适用行业小类
1	浓缩等电结晶技术	味精
2	高浓废水浓缩资源化技术	味精、赖氨酸
3	种曲自动制备技术	酱油、食醋
4	圆盘制曲设备	酱油
5	高压水及清洗球清洗技术	酱油、食醋
6	新瓶灌装工艺	酱油、食醋
7	98 赖氨酸和 70 赖氨酸产品联产工艺技术	赖氨酸
8	分离回收铵盐技术	赖氨酸
9	色谱法提取柠檬酸技术	柠檬酸
10	氢钙法提取柠檬酸技术	柠檬酸
11	发酵母液浓缩资源化技术	酵母

表 4-10 调味品、发酵制品工业水污染治理可行技术

序号	技术名称		技术分类
1	调节		预处理技术
2	混凝沉淀		
3	混凝气浮		
4	水解酸化反应器		生化处理技术
5	厌氧折流板反应器	厌氧生物处理技术	
6	升流式厌氧污泥床反应器		
7	内循环厌氧反应器		
8	厌氧颗粒污泥膨胀床反应器		

序号	技术名称	技术分类	
9	常规活性污泥法	好氧生物处理技术	生化处理技术
10	序批式活性污泥法		
11	氧化沟		
12	生物接触氧化法		
13	生物转盘法		
14	缺氧/好氧生物脱氮处理技术	生物脱氮处理技术	
15	短程硝化-厌氧氨氧化生物脱氮处理技术		
16	混凝沉淀	深度处理技术	
17	混凝气浮		
18	过滤		
19	曝气生物滤池		
20	高级氧化技术		
21	膜处理技术		

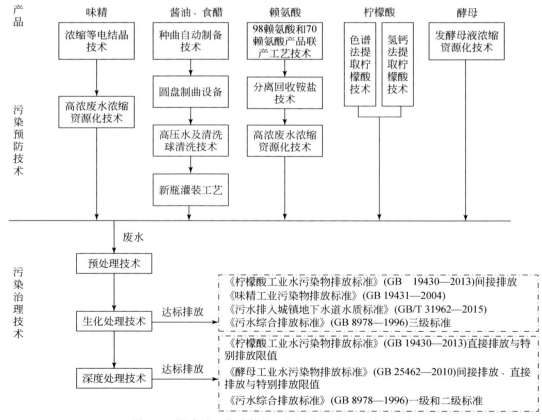

图 4-6　调味品、发酵制品工业污染防治可行技术组合

上述技术组合应用于山东、内蒙古及黑龙江某味精生产企业，废水排放量均小于 35m³/t 味精，废水分别满足地方污水排放纳管标准、味精行业排放标准和污水综合二级排放标准；应用于广东、北京、河北某酱油及食醋生产企业，废水排放量均小于 5m³/t 酱油或食醋，废水分别满足污水综合三级和二级排放标准；应用于宁夏、内蒙古、山东某赖氨酸生产企业，废水排放量均小于 15m³/t 赖氨酸，废水分别满足污水综合三级和二级排放标准；应用于山东、江苏和东北某柠檬酸生产企业，废水排放量均小于 20m³/t 柠檬酸，废水分别满足柠檬酸污水间接排放和直接排放标准；应用于广西、湖北和内蒙古某以糖蜜为原料的酵母生产企业，废水排放量均小于 70m³/t 干酵母，废水分别满足酵母行业污水间接排放和直接排放标准。

《调味品、发酵制品工业污染防治可行技术指南》专门针对部分总氮控制的重点行业提出了生化处理的脱氮可行技术。《调味品、发酵制品工业污染防治可行技术指南》实施以后能够带动调味品及发酵制品行业的污染预防与治理技术提升，预计味精行业的废水排放量相比可行技术组合广泛应用前降低 30%，为味精行业所处的东北及西北流域的水质全面改善提供重要支撑。柠檬酸行业可行技术组合已得到广泛应用，根据中国生物发酵产业协会 2019 年的柠檬酸产量 172 万 t 统计，年减少废水排放量近 850 万 t。同时，该技术指南有力支撑了《排污许可证申请与核发技术规范 食品制造工业—调味品、发酵制品制造工业》（HJ 1030.2—2019）的制定，为《食品加工制造业水污染物排放标准》（送审稿）的制定、《绿色设计产品评价技术规范 氨基酸》（T/CNLIC 0006—2019）（T/CBFIA 04002—2019）（包含赖氨酸产品）的制定、《酵母工业水污染物排放标准》实施评估项目提供了技术支撑，编制组多次在生物发酵行业论坛上进行报告，有力推动了上述可行技术在行业的推广应用。

4.3.8 啤酒工业污染防治可行技术指南

啤酒行业是我国酒业的重要组成部分，满足人们日益增长的生活需要，连续十几年来，我国啤酒总产量一直居世界首位。最近几年产量一直处于稳中持续下降的趋势，据国家统计局统计，2019 年总产量约 3770 万 kL。啤酒工业污染物主要是原料运输粉碎过程中产生的粉尘、生产过程中排放的废水、罐装包装过程中产生的噪声等，对环境污染最大的是废水。据统计，啤酒工业每年排放的废水约 15 000 万 t，水量不大，浓度较低、可生化性强，治理相对容易。

《啤酒工业污染防治可行技术指南》编制组于 2017 年 10 月开始开展《啤酒工业污染防治可行技术指南》的制定工作。工作期间，编制组对山东、江苏、湖北、广东企业展开调研工作，对全国生产企业开展函调，调研范围涵盖啤酒行业主要产能几家龙头企业，涉及产品的产量占啤酒行业产品总产量的 60% 以上。同时，针对生产企业，收集企业排污许可平台信息，基本实现啤酒工业污染防治可行技术的全覆盖。

基于现场调研、函调数据、平台信息和专家访谈，《啤酒工业污染防治可行技术指南》从生产端的"防"，到中端的"治"，到排口端的"控"，体现了对生产过程全流程的控制。《啤酒工业污染防治可行技术指南》对水、气、声、固废均提出了各项可行技术，并结合行业污染物的产生特点明确了技术工程应用的关键参数和管理细节，具体可行技术如表 4-11 所示。

表 4-11　啤酒工业污染防治可行技术

污染物类型	可行技术
水污染物	密闭式糖化和动态低压麦汁煮沸技术+麦汁一段冰水冷却技术+高效在线冷清洗 CIP 技术+采用高浓度啤酒发酵稀释制备技术+一级处理技术+二级处理技术（水解酸化+好氧生物处理）
	密闭式糖化和动态低压麦汁煮沸技术+麦汁一段冰水冷却技术+高效在线冷清洗 CIP 技术+采用高浓度啤酒发酵稀释制备技术+一级处理技术+二级处理技术（UASB 反应器+好氧生物处理）
	密闭式糖化和动态低压麦汁煮沸技术+麦汁一段冰水冷却技术+高效在线冷清洗 CIP 技术+采用高浓度啤酒发酵稀释制备技术+一级处理技术+二级处理技术（IC 反应器+好氧生物处理）
	密闭式糖化和动态低压麦汁煮沸技术+麦汁一段冰水冷却技术+高效在线冷清洗 CIP 技术+采用高浓度啤酒发酵稀释制备技术+一级处理技术+二级处理技术（UASB 反应器+缺氧生物处理+好氧生物处理）
大气污染物	袋式除尘/静电处理
	喷淋洗涤/湿法粉碎
	袋式除尘/湿法溶解
	冷凝吸附
	吸附+洗涤+回收
	吸附+洗涤+生物处理
固体废物	再利用
	资源化利用
	焚烧/委托有资质的单位进行处置
噪声	厂房隔声
	隔声罩
	减震
	消声器

《啤酒工业污染防治可行技术指南》选取的可行技术均基于行业特点，以水污染物可行技术路线为例，主要区别在于企业减排工艺的侧重点不同，有些企业全覆盖，有些企业重点覆盖，各企业投入和减排效果有差异。啤酒废水处理技术基本上都是一级处理技术+二级处理技术，一级处理工艺流程差别不大，主要区别在于二级处理的具体工艺技术，

表4-11所列技术在啤酒企业均得到了应用，且企业治理效果优良，排放达标率高。其中酵母资源化利用技术首先解决了企业废水排放有机污染物负荷高、治理困难的问题，其次资源化利用不仅降低了废水处理成本而且增加了副产物价值。UASB 反应器、IC 反应器的应用，生物能源的利用减少了企业投入（薛洁等，2012）。

《啤酒工业污染防治可行技术指南》充分反映了啤酒制造工业废水排放量较大及可生化性高等特点，采用全流程控制评价技术对啤酒重点产品水污染防治可行技术和大气污染物污染防治可行技术进行了筛选、评估与集成，通过生产工艺分析—源头控制—备选技术筛选—系统集成，实现了从"防"到"治"，对啤酒制造工业污染防治可行技术进行了筛选、评估与集成，其技术应用将提高企业区域环境质量。

4.3.9 畜禽规模养殖场污染防治可行技术指南

我国是农业大国，更是世界畜禽第一生产大国和消费大国，畜禽养殖是我国农业的支柱产业，生猪养殖量占世界总量的50%，畜禽养殖占世界总量的1/3，肉类总产量约占世界的30%（施正香，2015）。随着经济的发展和人民生活水平的不断提高，畜禽产品的需求量进一步增大，畜禽养殖业向专业化、规模化迅猛发展。我国生猪养殖主要分布在中部、中东部地区，其中四川、河南、湖南、山东、湖北养殖量最大，北部地区以河北、辽宁两省养殖量居多，西部地区整体养殖量偏少，西藏、青海、宁夏养殖量最少。肉牛养殖量以山东、河南两省最多，北部地区以及四川、云南、新疆等区域居其次，北京、上海、浙江养殖量最少。奶牛养殖集中分布在内蒙古、新疆、河北、黑龙江等区域，南方地区养殖量最少。家禽养殖同样以中部、中东部地区为主，其中山东养殖量最大，西部地区养殖量最少。羊养殖集中分布在内蒙古，河北、山东、河南、四川、新疆等区域居其次，其他区域养殖量均较少（龙雯琪等，2014）。综合而言，山东、河北、河南、四川、湖南、广东、内蒙古等是我国畜禽养殖集中分布的区域。

《畜禽规模养殖场污染防治可行技术指南》编制组于 2017 年 10 月起开始开展《畜禽规模养殖场污染防治可行技术指南》的制定工作。首先联合农业农村部规划设计研究院、北京沃土天地生物科技股份有限公司、中国农业科学院、北京化工大学、中国农业大学、中国农业机械化科学研究院、中国科学院过程工程研究所、福建农科农业发展有限公司、北京中源创能工程技术有限公司等组成专业庞大的指南调研编制组。工作期间，编制组赴畜禽养殖密集区域展开实地调研工作，针对山东、河南、河北等行业内典型的畜禽养殖场企业开展函调与实地考察调研，调研范围涵盖大中小型规模猪、牛、羊养殖场 200 多家，基本实现畜禽规模养殖场污染防治可行技术的全覆盖。

基于现场调研、函调数据、平台信息和专家访谈，《畜禽规模养殖场污染防治可行技术指南》从畜禽养殖污染来源及主要环境影响、污染预防、固体废物污染治理与综合利用、畜禽养殖废水治理、养殖臭气污染治理等领域技术进行了梳理，重点突出了畜禽养殖场污染治理与综合利用技术，并结合行业污染物的产生特点明确了技术工程应用的关键参数和管理细节，具体可行技术如表 4-12 所示。

表 4-12　畜禽养殖场污染防治可行技术

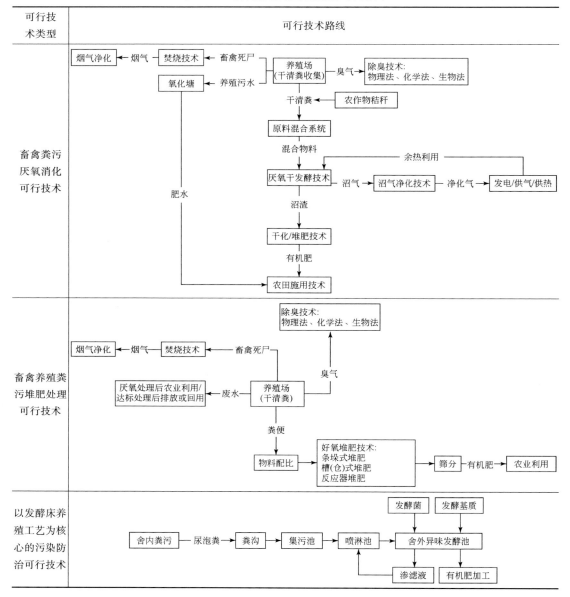

《畜禽规模养殖场污染防治可行技术指南》选取的可行技术均基于行业特点，以畜禽养殖粪污堆肥处理可行技术路线为例，编制组以临沂新好养殖有限公司演马猪场粪污好氧堆肥项目、东营大地生物科技有限公司万头奶牛粪污好氧堆肥项目、四川绵阳市某农牧有限公司20万蛋鸡粪污好氧堆肥项目等作为案例进行了调研，对工程概况、设计参数及技术指标、运行效果、技术经济分析等进行了总结，最终对技术的可达性和经济的可行性进行了比较与筛选。

《畜禽规模养殖场污染防治可行技术指南》充分考虑畜禽养殖行业废物可资源化利用以及面广场多等特点，围绕畜禽养殖过程中污染防治的实施需要，在对不同区域、不同养殖类型、不同养殖规模的养殖场粪污处理处置技术进行系统分析和评估的基础上，结合国际发展趋势和要求，提出了可行技术和环境管理要求，对于推进畜禽养殖粪污处理处置设施建设中技术选择、工程设计、工程施工、设施运营、监督管理等方面工作具有重要的指导意义。

《畜禽规模养殖场污染防治可行技术指南》确定的可行技术仅为现阶段推荐的可行技术，应用中在鼓励采用指南推进的可行技术的同时，也应鼓励引进国外先进的污染防治技术以及应用国内自主研发的成熟、可靠的新技术，并应根据国内畜禽养殖业污染防治水平的提高适时修订指南推荐的可行技术。

4.3.10 污染防治可行技术指南编制应用情况

污染防治可行技术指南编制的技术突破在于可适应火电、造纸、钢铁、水泥、印染、制革、石油炼制、合成氨、制药、有色金属冶炼、农副食品加工等重点行业领域的污染防治可行技术指南的编制。该技术规定了污染防治可行技术指南编制工作的总体要求、指南编制的原则与方法、指南结构及内容等，适用于指导污染防治可行技术指南的编制工作，为排污许可核发提供技术支撑，推动企事业单位污染防治措施升级改造和技术进步（表 4-13）。

表 4-13　BAT 技术推广与应用情况

序号	行业	应用情况	技术指标
1	纺织	纺织工业的龙头企业实施：江苏盛虹集团、山东如意集团、浙江富润控股集团等	纺织行业可行技术：新鲜用水量比行业额定用水量减少 10%～20%，吨水处理成本降低 15% 以上。 染整行业可行技术：通过再生回用技术，新鲜用水量可减少 20%～50%。 洗水行业可行技术：水洗工艺通过再生回用技术，新鲜用水量减少 20%～30%；无水工业可实现废水零排放
2	制革	制革行业的龙头企业	污染防治可行技术的经济效益通过废液循环利用和企业排污费用减少两项指标来体现，成本通过环境预防成本（基建投资和运行费用）来体现
3	制药	制药行业的龙头企业	发酵类可行技术：生产每吨 7- 氨基去乙酰氧基头孢烷酸（7-ADCA），能耗降低约 30%，COD 产生量减少约 27%，产品收率提高 1.3%，制造成本下降 8%。 化学合成类可行技术：生产每吨 6- 氨基青霉烷酸谷氨酸（6-APA），COD 产生量降低约 43%，氨氮产生量降低约 9%，无总磷的产生，减少硫酸雾挥发，原料消耗量降低约 65%。 提取类可行技术：生产肝素系列产品，可有效减少 COD、氨氮产生。 制剂类可行技术：用水量减少 25%，降低生产成本 20%，生产能力提高 50%～100%

序号	行业	应用情况	技术指标
4	农药	农药行业环保先进企业	经济指标：可指导新建企业和改扩建企业的环保设施建设，避免企业盲目建设污染治理设施，平均每家企业可节省上千万元的无效设施投资费用。 环境指标：测算以农药原药产量150万t/a计，每吨农药排放污水平均20t，行业年排放废水按3000万t计。对大宗产品进行估算和汇总，均按照在当前处理水平基础上额外变动值，年减少COD排放约3000t，减少排磷（以磷计）60t左右，含盐量减少约10万t，农药活性成分约15t
5	氮肥	氮肥工业部分企业	吨氨废水排放率<5m³，吨氨氨氮、COD、氰化物、悬浮物、石油类、挥发酚、硫化物排放量分别为≤0.6kg、≤1.5kg、≤0.003kg、≤0.7kg、≤0.1kg、≤0.002kg、≤0.001kg。基本全部能达到氮肥行业清洁生产二级标准，部分指标达到清洁生产一级标准
6	调味品和发酵制品	调味品和发酵制品行业的龙头企业	味精行业可行技术：生产每吨谷氨酸消耗硫酸量0.4~0.5t，综合能耗0.31tce~0.59tce，无液氨和新鲜水消耗。 酱油食醋行业可行技术：减少清洗水使用量和排放量50%以上。 其他调味品和发酵制品行业可行技术：柠檬酸收率大于98%，固定相利用率提高2~5倍，降低生产成本10%~15%，产品浓度提高5%~15%
7	电镀	广东、浙江、江苏、重庆等电镀园区	电镀废水不考虑回用，废水直接处理费用在30元/t左右，考虑回用超滤+反渗透+离子交换等废水直接处理费用在60元/t左右
8	啤酒	啤酒行业的龙头企业	干排糟通过0.5~0.6MPa的压缩空气吹送到干燥站进行干燥；麦汁一段冷却工艺与传统二段冷却相比，麦汁热回收率从60%提高到95%，冷冻机耗能降低30%~40%；水用量降低40%；罐体密闭发酵有利于发酵尾气和CO₂的回收，实现CO₂回收利用率可达到100%；低压煮沸二次蒸汽回收系统使煮沸蒸发量从原来的7%下降到3%，节能50%以上，煮沸时间从原来的1.5h缩减到1h
9	禽畜养殖	畜禽规模养殖行业的龙头企业	1）以发酵床养殖工艺为核心的污染防治可行技术： 该技术适用于大型及以下养殖场的清洁生产。采用发酵床生产工艺的养殖场，通常造价在150~200元/m²；运行成本主要包括锯末12~15元/m²，菌种4~10元/m²。 2）禽养殖粪污堆肥处理可行技术： 该技术适用于采用干清粪生产工艺的畜禽养殖场粪便的堆肥处理，尤其适用于鸡、牛养殖；以日处理100t粪便堆肥处理工程为例，投资约2000万元，运行成本约430元/t，肥料销售价为600~900元/t。 3）畜禽粪污厌氧消化可行技术： 该技术适用于中型及以上且周边具有土地利用条件的畜禽养殖场或畜禽养殖密集区粪污的厌氧处理，工程投资费用15~20万元/t鲜粪，以存栏1万养猪场为例，日运行费用70~100元，日产沼气约1000m³，日发电量1500~2000kW·h，则每日收益1000元左右

4.4 重点行业最佳可行技术虚拟评估与物理验证平台建设及业务化应用

4.4.1 重点行业水污染防治可行技术（BAT）虚拟评估平台

4.4.1.1 平台建设背景

"十二五"期间，在水专项支持下，BAT 虚拟评估平台初步搭建了钢铁、造纸、纺织三个重点行业"原料–工艺–技术–产品"的模拟系统，并以典型工业模拟体系为基础，针对区域和行业水污染物总量控制的环境管理目标，集成情景分析等方法构建了基于行业 BAT 的水污染物减排潜力分析模型，建立了钢铁、造纸、纺织行业主要污染物控制指标的国内–国际标杆数据库及对标管理方法，实现了三个重点行业的试点应用；探索开展了行业层次的节能减排潜力和技术途径分析，初步构建了基于 BAT 的虚拟生态工厂评估系统。

基于上述研究基础，针对"水十条"中污染防治技术管理体系的标准化和平台化的实际需求，本研究构建并完善典型重污染行业污染防治 BAT 评估虚拟平台，完成污染防治BAT 数据库建设，搭建包含钢铁、造纸、焦化、农药、制革、电镀 6 个重点行业的技术库和 BAT 分析方法库，为重点行业搭建工业污染物减排潜力分析及技术综合模型，研发 6 个行业技术评估的标准化和多目标优化的关键算法，针对特定企业实现在能耗和排放约束条件下智能化提出系统性的技术解决方案，为企业排污许可证的申请与环保主管部门的排污核算提供辅助平台，为 BAT 指南编制和排污许可证实施提供初步的业务化运行。

针对上述背景，本研究开发的国家重点行业 BAT 虚拟评估平台示范工程面向国家环境技术评估部门、相关省市环境技术部门及相关行业主要企业。该平台具有多行业BAT 虚拟评估技术筛选、多行业排污许可证评估以及多行业节能减排方案优化等功能，分别在工业数据和环保数据智能归集及匹配建模技术、多行业大数据体系构建、多行业标准化技术评估及多目标优化算法、绿色工厂评价及节能减排潜力评估服务架构技术等方面进行了技术创新。平台业务化运行时间 6 个月，无故障运行 90 天（平台详细要求见表 4-14）。

表 4-14 重点行业 BAT 虚拟评估平台简介

平台名称	重点行业 BAT 虚拟评估平台
用户单位	国家环境技术评估部门、相关省市环境技术部门及相关行业主要企业
平台功能	具有多行业 BAT 虚拟评估技术筛选、多行业排污许可证评估以及多行业节能减排方案优化等功能
平台硬件设施	服务器集群部署于中国环境科学研究院及清华大学，包括机架式服务器集群、网络存储、交换机等硬件设施

平台名称	重点行业 BAT 虚拟评估平台
服务器操作系统	Windows Server 2008 R2 及以上版本
开发语言类型	前端程序用 JSP 语言实现，后端程序用 PHP 语言实现
数据库类型	MS SQL Server 等
平台技术创新	工业数据和环保数据智能归集及匹配建模技术； 多行业大数据体系构建； 多行业标准化技术评估及多目标优化算法； 绿色工厂评价及节能减排潜力评估服务架构技术
平台访问地址	无
平台建成时间	无
平台业务化运行时间/月	6
平台无故障运行时长/天	90
平台最大并发数/个	100
平台响应速度/s	3
平台注册用户数/个	1 000
平台访问量/（次/d）	10 000
资源下载量/次	

4.4.1.2 平台整体设计

图 4-7 为平台技术路线图。本研究开发基于数据匹配建模及智能数据提取技术，构建包括 6 个典型行业关键技术库、最佳可行技术库和污染防治管理方法集的大数据体系；基于相关方法学研究，研发涵盖 6 个典型行业水污染物减排模型、数据有效性验证算法、标准化技术评估算法和多目标优化算法；基于多维数据底层封装和算法云服务技术，提供多行业排污许可评估以及多行业虚拟最佳可行技术评估服务，搭建多行业节能减排潜力评估等服务平台。

为完成平台建设，需研发三类方法。

（1）多源头数据智能提取方法

整体 BAT 体系技术数据来源相当复杂，同一数据存在多版本、多时间点、多次场景录入等问题，在数据提取过程中需要开发相关的智能提取技术配合，以实现同质异类、同类异版、同版不同质量的数据一次全量抓取且充分利用。本研究中，我们将采取采集数据散列化并标签化处理，通过采用多数据源全部读取保留的机制，相关提取数据进入系统后将被彻底打散，成为单个数据，各数据自动生成时间标签、场景标签和权限标签等并供提取过程使用；基于数据归集和智能数据模板技术以及数据字典，被提取数据将自动产生多层次、多类别的数据索引关系（数据自动归集成拓扑数据与数值数据）；系统通过迭代数据模型给出数据可用性权重矩阵并进行智能数据提取，结合数据使用场景、权限等情况，实现最终智能数据输出。

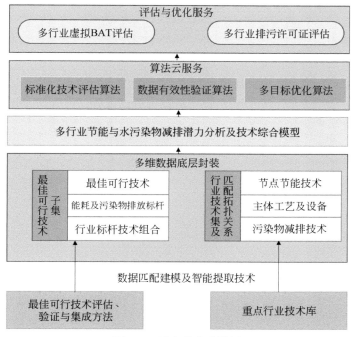

图 4-7　平台技术路线图

（2）权重数据采样及智能技术评估方法

建立大数据容错机制，通过数据统计以分布式 rank 算法实现数据有效性深度分析，实时验证有效数据，抽取数据样本标签，同时排查可疑数据，剔除无效数据；同时基于多案例技术评估，需要综合考虑实际案例的数据价值以及影响因素，结合人工评估和自动评估两种机制，配合多维数据评估矩阵算法进行深度评估参照，以多重评估算法和专家评分算法为基础，不断迭代相关矩阵权重分布，达到评估数据有效性最佳效果。

（3）敏感信息源数据半透技术及数据迭代方法

应用多重容错机制以及多重权限，实现不同版本数据之间任意因需调用，针对不同用户实现场景赋权，基于多维数据底层封装和数据半透技术支持灵活安全数据接口方式，可对内自动脱密提取排污数据、执法监测数据等涉密信息，形成评估数据子集，支撑 BAT自动评估技术迭代，同时也将技术潜力评估和技术发展趋势评估相关数据反馈至排污许可的相关平台辅助及时调整相关许可标准。

本研究完成了三类共八项关键技术的研发。

1）行业污染防治技术数据匹配建模及智能数据提取技术。通过企业主体、工段节点等要素匹配各个行业内企业使用的污染防治技术组合，实现企业技术系统自下而上定量化建模。①典型行业关键技术库构建技术。通过字段匹配典型行业中主要企业应用的污染防治技术，采用语义分析法归并同义技术，从而梳理该行业中针对不同工段、不同污染物的关键技术，形成关键技术库。②典型行业最佳可行技术库构建技术。在关键技术库基础上，通过智能算法快速比对最佳可行技术标准，识别应用广泛、污染排放达标的技术，形成最佳可行技术库。③典型行业污染防治管理方法集构建技术。通过字段匹配，对各企业应用技术、污染物排放水平进行比对分析，筛选主要生产工艺组合及对应的污染防治技术组合，形成污染防治管理方法集。

2）多维数据底层封装和算法云服务技术。对排污许可的预防技术、治理技术、原材料、产品信息及污染物排放水平等多个维度的数据进行处理，并验证减排效果，提出优化路径。①典型行业水污染物减排模型开发技术。基于自下而上建模方法，识别各个企业主要的原料、工段、技术、产品及污染物匹配关系，核算应用可行治理技术后的减排效果。②数据有效性验证算法。通过横向比对（不同企业案例之间的比较）及纵向比对（理论可行范围、数据类型）等比对方法，快速、自动筛选有效数据用于后续分析。③标准化技术评估算法和行业多目标优化算法。采用基于 TOPSIS 的标准化技术评估算法，全面基于技术的节能、多污染物减排、经济效益评估技术性能，并采用高维多目标优化算法 NSGA-Ⅲ实现综合技术选择。

3）污染物排污许可证辅助管理及减排潜力分析技术。基于水污染物减排模型，实现企业减排潜力的智能化快速核算，并搭建服务平台，辅助排污许可证的颁发、管理等工作。①多行业最佳可行技术虚拟评估服务技术。采用虚拟建厂技术，嵌入典型行业水污染物减排模型，实现最佳可行技术的评估及减排潜力分析，为排污许可证的颁布提供支撑。②多行业节能减排潜力评估等服务平台搭建技术。结合云计算、服务器搭建、用户配置等信息，搭建多行业节能减排潜力评估等服务平台，实现排污许可支撑平台的业务化运行。

4.4.1.3　平台主要创新点

（1）行业污染防治技术多源数据归集及基础库建设

基于前端污染防治技术数据来源的多样性，结合企业排污许可申报系统等有关技术信息库，重点突破智能化的数据接入系统，搭建行业主体工艺或设备、污染物减排技术等各类别数据架构体系，开发多源数据智能提取技术和智能匹配算法关键技术，构建多源技术数据存储系统，预计完成搭建涵盖 6 个典型行业基于"原料–工艺–技术–产品"体系的关键技术库、最佳可行技术库以及行业污染防治管理评估方法集，自动实现数据归集和存储，自动生成数据关系的拓扑数据库和相关数据模版的建模技术支持，进行自动化快速迭代搭建支持多行业完整数据架构体系。

（2）污染物排污许可证辅助管理及减排潜力分析平台

基于"原料–工艺–技术–产品"基础数据库，针对企业排污许可申报的技术需求，开发以企业为单元的主要污染排放核算方法，建立以工艺技术为核心的排污许可申报和审核发放的辅助性技术平台；开发以总量控制和达标排放为许可目标，开发行业和企业层次的污染减排潜力评估及技术路径分析模型，形成标准化的定量评估算法和多目标优化算法，评估行业中长期的节能减排潜力和企业通过工艺技术改造实现的节能减排空间。

（3）行业 BAT 虚拟评估平台集成及业务化运营机制探索

以行业 BAT 基础库和排污许可证实施的辅助服务为目标，开发权重数据采样及智能技术评估方法，研究数据质量及有效性验证技术；开发污染防治技术管理辅助平台，实现技术的知识管理功能和智能化查询，初步形成整体技术框架，并逐步开发各环境技术管理的业务应用系统，实现技术指南编制和技术评估等业务应用；开发多维数据底层封装和算法云服务技术，对核心数据进行集成封装统一多维数据接口，避免数据与算法深度绑定，实现算法与数据分离，形成业务化服务的技术架构；将核心算法转化为在线服务形式，通过算法云端化服务支撑多行业 BAT 指南编制、企业排污许可申报及审核评估等的业务化运行。

目前已经完成生态环境部评估中心课题，《基于排污许可大数据的造纸行业污染防治可行技术数据分析》相关报告获得专家一致认可。

4.4.2 重点行业物理验证平台建设

4.4.2.1 评估方法

构建了我国技术验证评估制度和验证评估方法标准化体系，建立了政府引导、联盟管理、市场运行的中国 ETV 运行模式，并在辽宁省成功应用（图 4-8）。

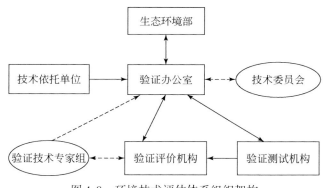

图 4-8 环境技术评估体系组织架构

在对国外环境技术验证评估制度进行详细调研和分析的基础上，结合我国具体国情从宏观层次、管理层次、技术层次三层次立体设计了我国环境技术验证评估制度体系。在宏观层次制定了《环境技术验证评估体系发展规划及政策保障体系建议》。在管理层次设计了由管理部门、测试机构、验证机构构成的三位一体的验证体系，提高了验证评估的公正性和专业性。在技术层次开发验证指标遴选与方法优化关键技术，建立最小投入下的可科学、客观检验环境技术性能的验证方法，发布 1 项地方标准［《农村生活污水处理技术指南》（DB21/T 2943—2018）］、4 项团体标准［《环境保护技术验证评价 通用范围（试行）》（CSES-1—2015）、《环境保护技术验证评价 测试通用规范（试行）》（CSES-2—2015）等］、4 项管理文件（《环境保护技术验证评价联盟章程》《环境保护技术验证评价实施指南》等），构建了验证评估方法标准体系，规范了新技术验证评估全过程，提高了新技术筛选的可靠性，为在水污染防治领域规范化开展验证评估示范奠定了基础。

"十二五"期间，在分散型污水处理、化工集聚区水污染减排、化学浆造纸清洁生产、水体修复等技术领域开展验证评估基础上，突破验证指标遴选与验证测试方法优化等关键技术，开发了分散型污水处理、化学浆造纸清洁生产、水体修复、典型化工集聚区废水处理等技术的验证评估方法。研究对比政府、联盟和企业主导的国外 ETV 运行模式，结合我国政府职能转移，提出政府引导、联盟管理、市场化运行的第三方咨询模式，成立由 25 家环保优势单位组成的环境技术验证评价联盟。结合我国简政放权新形势，提出政府引导、联盟管理、市场运行的中国 ETV 模式，并在辽宁省成功应用。结合流域水污染减排技术需求，开发基于评估技术的信息服务系统和技术推介系统，构建辽河流域水污染减排评估技术转移平台，打通技术转移全链条节点，推动技术转移及 ETV 制度长效运行，为 ETV 全国推广提供经验。

4.4.2.2 生物处理验证平台

建成我国第一个水污染防治生物处理技术验证评估示范平台，为环境技术验证评估基础能力建设奠定了基础（图 4-9）。

图 4-9　水污染防治生物处理技术验证评估示范平台

针对国内水污染防治技术验证的发展要求，以提高验证评估公正性、科学性、可靠性为原则，以提升环境技术验证评估基础能力为目标，研制了国内第一个水污染防治生物处理技术验证评估平台，包括现场验证测试的移动工作站和实验室验证的评估实验室及其相应的技术支持体系，申请 7 项实用新型专利。结合辽河流域减排需求，"十二五"期间在分散型污水、化工集聚区废水、化学浆造纸清洁生产、水体修复等技术领域完成 20 多项技术的现场和实验室验证评估示范。

验证评估实验室是在中国环境科学研究院污水处理装置性能评价实验室的基础上，通过一系列设备购置、能力建设、基础设施改造等，建成国内第一个以水污染防治生物处理技术验证评估为主的综合实验室，实现对分散型污水生物处理技术及装置的性能评价，主要包括水质调配和环境温控系统、安全保障系统、自控与显示系统、验证设备运移系统、测试数据与储存系统和绿色能源系统。实验室内环境条件、温度条件可以控制，不受天气、季节等外部条件的影响，可以在短时间内获得高质量、可重复的实验验证数据。主要用于可在室内进行的评估工作：①处理规模较小的水处理工艺系统的评估；②水处理过程中单元设备的技术评估；③水处理过程中材料（如生物填料等）的性能评估；④水处理药剂的效能评估。

验证评估移动工作站主要在技术的真实使用状况下进行验证，数据更可靠；装置的大小不受限制；评估费用低；原水水质容易确保。适合对污水水质复杂、水量变化大、进行实验室验证受到一定限制的工业废水处理技术及设备的验证评估。验证评估移动工作站包括箱体、升降支撑腿和八大系统，是目前国内快速监测技术及汽车改装技术，信息、数据处理技术的综合集成和运用。由 20ft[①] 标准集装箱改制而成，性能可靠、方便运输。平台使用面积约 13m²。与传统的环境监测车不同，验证评估移动工作站通过 COD、总氮、总磷、氨氮、pH、DO、水温、氧化还原电位（ORP）、电导率等在线分析仪器的集成，能够实现对验证技术工艺全过程，多种指标的同步在线分析以及全自动化样品采集、预处理、数据储存、分析处理功能；通过便携式重金属测定仪、显微镜、紫外分光光度计、便携式BOD 测定仪等车载仪器的集成，可以实现各种常规指标及动植物油、重金属、微生物相等特殊指标的人工现场分析测试，可在现场测试 30 多项水质指标，信息获取量大、数据可靠、同步性强。此外，验证评估移动工作站还配备太阳能绿色能源系统和应急发电系统，安全保障系统，局地通信、可视监控系统及减震系统等，保证了平台运行的安全、可靠，形成了对重点行业工业废水生物处理工艺技术的快速、可靠的现场验证评估能力。

通过相关技术的研发和集成，验证评估移动工作站包括八大系统，即现场多点自动连续采样及分析测试系统、移动实验室系统、多方式电源供给系统、安全保障系统、信息显示系统、数据处理与存储系统、通信系统和工作环境保障系统；具有四大服务功能，即可以全天候地实现新技术（ETV）、最佳可行技术（BAT）、突发性污染事故的水环境质量以及排污系数的现场测试。同时通过编制相关平台建设的国家标准，能够为其他平台的建设提供指导，强化我国环境技术验证评估的基础建设能力，填补国内在环境技术验证评估领域的空白。

4.4.2.3 远程智能验证系统

建立可行技术远程智能验证系统，实现 5 项现场工艺指标的在线传输及智能验证，支撑重点行业 BAT 编制。

在环境技术验证体系建设和评估方法学研究基础上，结合重点行业废水处理运行效果波动较大及污染减排全生命周期特点，构建适用的技术指标清单和评价方法，针对可行新技术建立远程智能验证系统，实现 5 项现场工艺指标的在线远程传输、数据智能处理及验证。利用无线远程传输和多源数据智能处理系统，对 3 个重点行业企业废水处理可行技术应用现场进行实证评估，完善物理验证系统功能，为可行技术指南编制和排污许可证实施

---

① 1ft＝0.3048m。

提供数据支撑。

　　针对重点行业污染防治可行技术确定智能验证物理装置架构设计方案，构建、完善并运行重污染行业污染防治可行技术物理验证装置，通过在线监测设备、采样设备、传输设备等的集成，实现水污染防治技术工艺运行参数的远程验证测试。现场监控、数据采集、远程传输、数据分析、异常报警、反馈控制等远程智能化验证测试功能，实现行业对污染防治可行技术全过程的验证评估能力。由 3 个点位的现场在线监控仪器和控制箱、视频监控设备、无线传输模块、数据分析处理模块组成，包括远程工艺运行指标测试与监控系统、数据采样及智能技术评估方法、行业可行技术验证评估与应用 3 个子系统（图 4-10）。

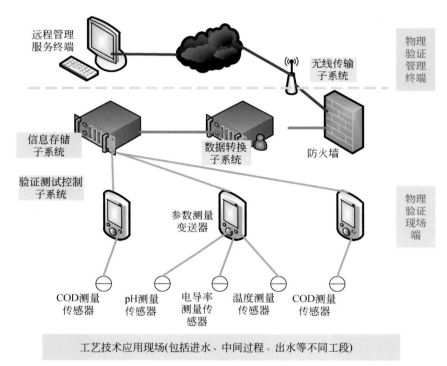

图 4-10　重点行业可行技术物理验证系统架构

　　远程工艺运行指标测试与监控系统：通过调研在线监测仪器设备的准确度和精确度，考察重点行业工艺运行指标（如温度、pH、污泥浓度、电导率、流量等）现场测试的可行性，选择监测仪器和相应传感器，集成 4G 无线发射及传输模块，试制技术验证现场测试数据远传装置，构建基于 4G 网络通信技术的远距离数据传输系统，实现 5 个以上工艺运行指标的远距离传输。

　　根据造纸行业企业调研现场不具备流量测量安装条件的实际情况，确认现场安装温度、pH、污泥浓度、电导率、进出水 COD 和现场视频监控，配置温度、pH、溶解氧、电导率、COD、污泥浓度仪等水质参数测试传感器和红外监控摄像机等仪器设备，进行技术验证现场的指标快速测试。安装 A/D、D/A 转换模块，外接工艺运行指标现场测量传感器，将数据转换成电流/电压信号，和技术验证评价现场的视频信号一起通过无线传输设备租用联通通信 4G 网络传送至验证评估云服务器。同时在数据上传过程中做加密解析处理，保证数据传输的安全性。

可实现通过域名访问物理验证平台，浏览所验证行业企业污水处理工艺流程，对应的监控位置显示相应的测量参数等，同时对监测指标进行数据筛选分析。

数据采样及智能技术评估方法：现场进行物理验证时，对采样数据和提取的多源数据确定数据权重，根据不同数据类型对可行技术的全过程进行智能评估。

通过在线监测、现场采样、实验室测试、厂方自动监测数据等获取不同来源的指标数据，首先根据一定的规则确定收集数据的可信度和准确性，然后基于同一时刻的自动与手动数据的对比计算置信度、置信区间、相对偏差等，以判断自动监测的准确度，再根据合理接受的误差范围进行平台监测部分调整；利用层次分析法、智能算法赋予评价指标不同权重，通过全过程有效数据分析实现技术的整体智能评价。

由于工艺过程的稳定性和监测仪表的现场不确定性影响，智能分析结果应在大范围样本数据基础上才能完成。因此利用物理验证装置进行现场验证应满足工艺周期和设备运行维护周期的要求。

以造纸行业企业现场验证为例，应用该物理验证平台开展为期 3 个月的现场监测。在进水、出水布设 COD，中间过程布设 5 个工艺指标（温度、DO、电导率、污泥浓度、pH）等传感器，整点取样进行自动监测，针对测试数据信息，应用智能算法进行数据校验和审核，从中筛选异常数据进行有效性甄别，提取有效数据信息为数据处理输出提供支持。在相同时间段手工取样监测 COD、DO、电导率、污泥浓度、pH，并与自动监测数据对比分析相对偏差，考察在线仪表的准确度，通过反馈调整平台系统设置。针对筛选的数据进行工艺技术的可行性、可达性分析，验证可行技术指南中列出技术的实际运行效果和处理能力。

行业可行技术验证评估与应用：根据重点行业可行技术特点，参照水专项成果构建适用的技术指标清单和评价方法，并在物理装置应用。结合重点行业废水处理运行效果波动较大及污染减排全生命周期特点，设计源头削减、过程减量、末端循环的效能指标，从环境效果、工艺运行和维护管理三个方面实现可行技术验证评价。

通过物理验证装置在制革企业的现场验证，分析制革废水处理工艺各指标的特点，构建评价指标体系，选择制革行业特征污染物指标，设计环境效果、工艺运行和维护管理等指标构成的分层次与分领域的验证指标清单，建立通用指标、特征指标和综合评估指标的遴选原则与优化方法。实际验证中增设在线铬离子分析仪，完善物理验证装置在线监测因子。

设计验证评价报告和测试报告模板，嵌入物理验证平台云服务器。只需后台调整所验证行业的工艺流程，根据现场验证和手动监测数据，后台数据进行智能筛选分析即可生成不同行业可行技术的现场验证报告和测试报告，分析可行技术在线监测数据，对行业可行技术的性能和效果做出定性与定量评价。通过行业企业现场应用，反馈完善平台功能。通过对数据缺失较大的工艺运行指标、重金属等非约束性指标进行测试，可为行业可行技术指南的编制提供基础数据，也可为排污许可证的申报、核发等提供基础数据，支持排污许可制的全面实施。

4.4.3 平台主要业务化应用

平台整体面向国家环境技术评估部门、相关省市环境技术部门及相关重点行业企业，完成污染防治最佳可行技术数据库建设，开发并业务化应用最佳可行技术虚拟评估与智能验证平台，搭建 5 个重点行业的行业技术库和最佳可行技术分析方法库；研发 5 个重点行业技术评估的标准化和多目标优化的关键算法，在造纸、制革和电镀等重点行业业务化运行，实现 3 个重点行业企业的可行技术验证。在天津和内蒙古部分城市的产业园区进行部分企业的技术虚拟评估工作，广西博冠环保制品有限公司和江苏明星减震器有限公司主要是采用可行技术现场物理验证有效性，目前监测数据已经完成 5 个月有效数据积累，完成相关技术有效验证工作；在浙江丽水和浙江海宁主要围绕合成革行业进行整体工艺技术流程模拟与虚拟化评估，配合现场物理验证评估技术，验证数据有效性。截至 2020 年 10 月末，平台已经稳定连续运作 297 天，累计注册用户 1100 个，随着整体平台推进过程，虚拟评估技术和现场物理验证技术相互从原先的实验室与计算机平台逐步走向实际应用，并通过现场数据反馈调整迭代整体技术平台，实现了平台持续优化。

第5章 流域水环境风险管理技术集成及应用

5.1 流域水环境风险管理的内涵、类型及理论

环境风险主要指环境污染造成生态系统安全与健康损害的概率，是潜在的危险，具有可能性、不确定性和隐蔽性。水环境风险评估通常基于暴露效应关系，利用风险评估模型方法对受体的环境风险进行表征，根据可接受水平确定风险等级。水环境风险可分为突发性风险和累积性风险，突发性风险评估主要考虑污染物性质和发生事故的概率，累积性风险评估主要考虑污染物对受体的暴露量与毒性效应。流域水环境风险管理是以流域为基本管理单元，根据流域自然、生态、社会和经济复合系统的特征及其需要，综合利用技术、经济、法规、政策、公众参与等多种手段，评估各类环境风险源对流域水环境的潜在影响，并综合协调流域内不同地区之前在资源开发利用、社会经济发展、水环境和生态保护等方面的关系，对流域的环境污染做出防控与应急措施等，并保持流域的生态完整性的综合管理。

水专项先后围绕水环境突发性风险和累积性风险评估与管理开展研究，并针对流域水环境风险管理存在的瓶颈问题开展研究，建立全类型（突发与累积）、全过程（评估、识别、预警、管控）、全链条（流域、行业）流域水环境风险管理理论技术体系，突发性环境风险评估与管理基于污染物性质和发生事故概率进行识别分级，结合事故前、事故中与事故后防控处置，支持对事故前识别与评估、事故中预警及应急处置、事故后评估损害鉴定评估；累积性环境风险评估与管理基于暴露和效应关系评估分级，结合可接受风险水平提前预警防控，支持对流域水环境中风险识别、评估及风险预警，以及基于风险识别评估及预警采取措施防范和化解风险。水专项陆续在三峡库区、太湖、辽河、松花江、东江等流域开展了流域水环境风险评估与预警监控平台的构建和试点应用，并取得了一定的阶段性成果。

突发性环境风险管理技术体系包括风险识别、风险评估、风险预警、风险管控和损害评估5项核心技术，支持对事故前识别与评估、事故中预警及应急处置、事故后评估损害鉴定评估。其中事故前的风险识别技术主要针对储存危险化学品可能发生污染事故的企业进行分级评估，分别基于风险源、敏感保护目标来对企业及区域发生突发污染事故的可能性进行分级分区，从而为加强对高风险企业的监管提供依据。事故中的风险预警技术主要是水环境突发性风险快速模拟技术，包括突发性水环境风险应急预警技术和突发性水环境风险预测模型及参数选择技术，对污染团的迁移运移进行快速模拟，为精准应急处置提供依据，也为污染事故下游进行突发性风险防控赢得时间。事故中的风险管控技术主要针对

120 种污染物的突发性水污染事件现场应急控制技术，包括非金属氧化物、重金属、石油类、酸碱盐、致色物质及有机物六大类污染物的应急处置技术，基于实践应用形成了以混凝沉淀、化学沉淀等物化法为核心的重金属类污染事件应急处理技术，以及以"物化+生化"组合的有机污染类应急处理技术，考察了应急处置后的二次污染和应急处置的时效性，为危险化学品污染事故应急处置提供了技术支持。事故后的损害评估技术主要是针对突发性污染事故发生后的生态环境损害评估和受损环境修复，为突发事件定级、行政处罚与损害赔偿提供依据，包含水生态环境基线确定技术、水生态环境损害确认技术、水生态环境损害因果关系分析技术、水生态环境损害实物量化技术、水生态环境损害价值量化技术（图 5-1）。

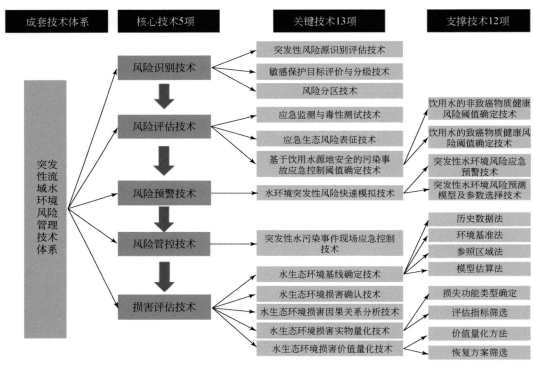

图 5-1　突发性环境风险管理技术体系

累积性环境风险管理技术体系包括风险识别、风险评估、风险预警和风险管控 4 项核心技术，支撑对流域水环境中风险识别、风险评估及风险预警，以及基于风险识别评估及预警采取措施防范和化解风险。其中风险识别技术主要包括毒性鉴别评价技术以及优先控制污染物筛选技术，优先控制污染物筛选技术涵盖流域优先控制污染物筛选技术和重点行业优先控制污染物筛选技术两个方面，以期为累积性风险防控提供重点管控的目标污染物指标及清单支持。风险评估技术主要包括基于原位被动采样的水生态暴露评估技术、复合污染生态风险评估技术、流域生态风险表征技术及水生植物外来种入侵风险评估技术，为流域区域风险分级分区及风险污染物识别提供技术支持，其中水生植物外来种入侵风险评估技术不属于有毒有害污染物风险防控的体系。风险预警技术主要关键技术是基于生物响应的生物预警技术，同时包括基于水库水华暴发的风险预警技术、基于饮用水水源地受体敏感的流域水质安全预警技术和水生物植物入侵种灾害预警技术，这三种关键技术不属于有毒有害污染物风险防控的体系。风险管控技术主要包括流域水环境工业点源分类分级管理技术和流域水环境农业面源分级管理技术，其核心是分类分级差别化管理（图 5-2）。

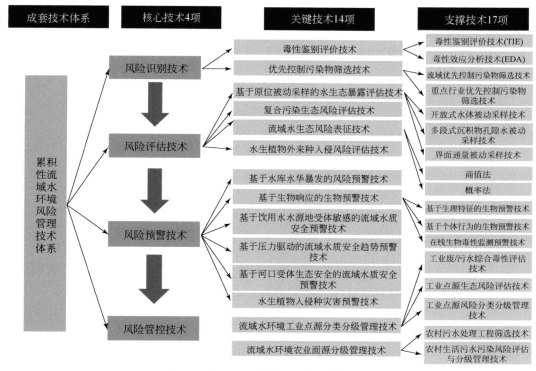

图 5-2　累积性环境风险管理技术体系

5.2　水环境突发性风险管理技术集成

突发性风险管理技术研究方面，主要突破双指标体系风险源识别分级、污染团运移快速模拟预警、典型污染物应急处置、水体和沉积物生态损害评估等关键技术，建立了突发性环境风险应急与控制技术系统。

5.2.1　基于双目标的突发风险源识别技术

基于风险源产生—风险源控制—受体暴露等的风险源作用全过程，综合考虑风险品数量、风险品毒性、风险源事故发生概率、敏感保护目标的特性 4 类要素，建立了风险源和敏感保护目标耦合的基于双目标的突发风险源识别分级技术（图 5-3），不仅考虑风险源的特性，而且考虑敏感点的特性，实现了事故发生前对风险源的准确识别，能够有效减少突发性污染事件的发生。

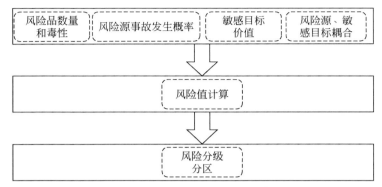

图 5-3　基于双目标的突发风险源识别技术流程

（1）基于风险源特性的突发性风险识别分级技术

针对突发性风险源，首先确定风险源类型、风险源空间距离，然后根据风险品数量、风险品毒性和风险源事故发生概率，定量计算风险值大小，并对其进行风险评估分级。

风险源识别：风险源识别时，首先确定风险源类型为固定源还是移动源，然后确定可能对目标水体产生污染的风险源的空间分布范围，在该空间分布范围内的风险源则被识别为可能对该目标水体产生污染的风险源。综合考虑风险品数量、风险品毒性、风险源风险控制机制、风险源所处的地理位置、危险物质进入水体的途径以及水体的水文特征等因素，针对风险源的不同属性，对每个风险源的风险值大小进行定量计算，并根据风险源的风险值大小进行风险源的评价与分级。

1）根据风险源具有的风险品数量，每个风险源的风险值大小计算如下：

$$R_{\text{风险品数量}} = \sum_{j=1}^{n} \frac{\text{第}\, j\, \text{种风险品数量}}{\text{第}\, j\, \text{种风险品临界量}} \tag{5-1}$$

式中，$R_{\text{风险品数量}}$ 表示基于风险品数量的风险源的风险值（即风险大小）。风险品数量的单位为 t，风险品临界量的单位为 t。

风险品临界量参照《危险化学品重大危险源辨识》（GB 18218—2018）、《危险货物品名表》（GB 12268—2012）、《化学品分类和标签规范 第 18 部分：急性毒性》（GB 30000.18—2013）确定。

2）当综合考虑风险源具有的风险品数量和风险品毒性时，每个风险源的风险值大小计算如下：

$$R_{\text{风险品数量+毒性}} = \sum_{j=1}^{n} \frac{\text{第}\, j\, \text{种风险品数量}}{\text{第}\, j\, \text{种风险品允许限值}} \tag{5-2}$$

式中，$R_{\text{风险品数量+毒性}}$ 表示基于风险品数量和毒性的风险源风险值（即风险大小）。风险品数量的单位为 t，风险品允许限值的单位为 mg/L。

风险品允许限值参照《生活饮用水卫生标准》（GB 5749—2006）确定，《生活饮用水卫生标准》中未列出的风险品允许限值可依次参考美国、日本生活饮用水标准确定。

3）当考虑风险源事故发生概率时，结合我国环境管理部门对环境风险日常监管的实际工作需要，对不同类型风险源初步建立水环境风险控制与管理评价指标及量化标准，最终对考虑风险源事故发生概率的风险源风险值进行确定。

4）当综合考虑风险源具有的风险品数量、风险品毒性和风险源事故发生概率时，每个风险源的综合风险值大小计算如下：

$$R_{风险品数量+毒性+风险源事故发生概率} = \left[\sum_{j=1}^{n} \left(\frac{第\,j\,种风险品数量}{第\,j\,种风险品允许限值} \right) \right] \times 风险源事故发生概率$$

(5-3)

式中，$R_{风险品数量+毒性+风险源事故发生概率}$ 表示基于风险品数量、风险品毒性、风险源事故发生概率的风险源综合风险值（即风险大小）。

风险源评估与分级：风险源评估中主要考虑风险源本身的特性和发生风险的可能性大小，具体包括三个方面：风险源具有的水环境污染风险品数量、风险品毒性、风险源事故发生概率。通过上述三个方面评估风险源的风险值，并根据风险值的大小将其分为特大风险源、重大风险源和一般风险源。

1）基于风险品数量的风险源分级。从风险品数量的角度对风险源进行分级，采用的分级标准如下。

特大风险源：$R_{风险品数量} \geqslant 10 \times \overline{R}_{风险品数量}$。

重大风险源：$\overline{R}_{风险品数量} \leqslant R_{风险品数量} < 10$。

一般风险源：$R_{风险品数量} < \overline{R}_{风险品数量}$。

其中，$\overline{R}_{风险品数量}$ 为所有风险源的 $R_{风险品数量}$ 平均值。

2）基于风险品数量和风险品毒性的风险源分级。从综合考虑风险品数量和风险品毒性的角度对风险源进行分级，采用的分级标准如下。

特大风险源：$R_{风险品数量+毒性} \geqslant 10 \times \overline{R}_{风险品数量+毒性}$。

重大风险源：$\overline{R}_{风险品数量+毒性} \leqslant R_{风险品数量+毒性} < 10 \times \overline{R}_{风险品数量+毒性}$。

一般风险源：$R_{风险品数量+毒性} < \overline{R}_{风险品数量+毒性}$。

其中，$\overline{R}_{风险品数量+毒性}$ 为所有风险源的 $R_{风险品数量+毒性}$ 平均值。

3）基于风险品数量、风险品毒性和风险源事故发生概率的风险源分级。从综合考虑风险品数量、风险品毒性和风险源事故发生概率的角度对风险源进行分级，采用的分级标准如下。

特大风险源：$R_{风险品数量+毒性+风险源事故发生概率} \geqslant 10 \times \overline{R}_{风险品数量+毒性+风险源事故发生概率}$；

重大风险源：$\overline{R}_{风险品数量+毒性+风险源事故发生概率} \leqslant R_{风险品数量+毒性+风险源事故发生概率}$

$< 10 \times \overline{R}_{风险品数量+毒性+风险源事故发生概率}$；

一般风险源：$R_{风险品数量+毒性+风险源事故发生概率} < \overline{R}_{风险品数量+毒性+风险源事故发生概率}$。

其中，$\overline{R}_{风险品数量+毒性+风险源事故发生概率}$ 为所有风险源的 $R_{风险品数量+毒性+风险源事故发生概率}$ 平均值。

（2）基于敏感保护目标的突发性风险评价分级技术

在明确突发性水环境污染敏感保护目标类型、特点、重要性，以及突发性水环境污染敏感保护目标的空间位置特征基础上，确定事故型水环境污染敏感保护目标的识别方法。根据敏感保护目标重要性、敏感保护目标面临的风险源状况可以对每个敏感保护目标的风险值大小进行定量计算，并根据敏感保护目标风险进行评估分级。

敏感保护目标的辨识：突发性水环境污染敏感保护目标主要类型有集中饮用水水源地、工业用水水源地、农业用水水源地、珍稀特有水生生物栖息地及保护区、鱼类产卵场、鱼类索饵场、水产品养殖场、风景名胜区以及水生态系统等。根据敏感保护目标自身敏感性大小、一旦受到事故危害后的损失后果以及在流域内分布情况，选定突发性水环境污染敏感保护目标的主要关注对象。

敏感保护目标风险值的确定：对任意水环境污染的敏感保护目标来说，敏感保护目标本身的重要性、敏感保护目标面临的风险源状况对敏感保护目标要面对的水环境污染风险都有影响。根据敏感保护目标重要性、敏感保护目标面临的风险源状况可以对每个敏感保护目标的风险值大小进行定量计算，并根据敏感保护目标的风险值大小进行敏感保护目标的评价与分级。

敏感保护目标分级：基于敏感保护目标价值的敏感保护目标分级，即根据敏感保护目标的价值大小，基于集中饮用水水源地的服务人口数量，获取敏感保护目标风险值，或者整合风险源影响后的敏感保护目标分级，即根据整合风险源影响后的敏感保护目标的风险值大小，以敏感保护目标平均风险值为基准，如果某敏感保护目标的风险值大于或等于平均风险值则定义为重大敏感保护目标。

（3）基于风险源与敏感保护目标的突发性风险分区技术

在流域或库区内，具有许多可能引发水环境污染的风险源，风险源的类型多样，风险高低受风险品种类、数量、毒性、风险防控措施等因素影响。同时，在流域或库区范围内又分布有许多集中饮用水水源地，这些集中饮用水水源地一旦受到污染将引起不良后果。为便于对流域或库区的水环境污染风险进行评估和控制，同时也为了明确在流域或库区范围内，哪些区域是水环境污染的高风险区，哪些区域是低风险区，以提高环境监察和管理的有效性与针对性，需要基于不同情况进行风险分区。主要考虑的情况有：①针对风险源在流域或库区的分布情况及风险源的风险大小，对流域或库区内水环境污染风险进行分区；②针对敏感保护目标在流域或库区的分布情况及敏感保护目标的价值大小，对流域或库区水环境污染风险进行分区；③针对敏感保护目标在流域或库区的分布情况、敏感保护目标的价值大小，以及敏感保护目标受风险源污染威胁程度的大小，对流域或库区水环境污染风险进行分区。

5.2.2 事件发生后风险源精准识别与快速预测预警技术

考虑突发污染事故后重点行业多风险源识别的问题，建立了水环境风险污染物与风险源对应矩阵关系数据库，研发了基于大数据矩阵关系的水环境风险源快速识别与定量化溯源等关键技术，一旦发生事件，可根据敏感点处特征污染物数据，以及敏感点周边的行业、企业（污染源）排污特征，甄别判断污染物来源，申请授权《典型流域水生态功能区（太湖常州）印刷电路板等重点行业污染源与敏感点对应分析系统》（V1.0）等软件著作权，适用于流域重点行业等风险源导致的突发水污染风险防控与处理处置。同时构建了多维度的水动力与水质耦合的预测模型库，依托智能云平台，实现重点区域精细化预警和资料缺乏地区快速预警功能，直观获取事件影响范围、时间和敏感目标受影响程度；在重点区域能实现 2h 内预测水体 20m 精度内未来两天水环境变化趋势、5min 内模拟预测事故未来两天的演进过程；在资料缺乏地区能实现河道过程的快速建模，1min 内完成污染物时空分布与变化的预测。

（1）基于矩阵对应关系的水环境风险源快速识别与定量化溯源技术

通过地表水环境基础数据、环境敏感点基础数据、重点行业企业基础数据、污染物清单及地理信息等其他基础信息数据收集，建立污染物分布与污染源对应关系矩阵、污染物与敏感点（监测断面）溯源对应关系矩阵、污染源与水环境敏感点对应关系矩阵等。利用计算机语言将基础数据和对应关系等进行可视化操作处理，构建流域内重点行业风险防控数据库，完成流域有毒有害及特征污染物动态管理、流域突发环境风险评估数据动态管理和流域敏感点筛选及动态评估工作，达到对风险源快速识别以及定量化溯源的目的。

污染物分布与污染源对应关系：不同行业的污染源对应着不同的污染物种类和数量，而污染物种类和数量的不同，其扩散的范围和距离也存在较大的差异，即影响的范围也不同，除了污染物浓度和排放量的影响，污染物的扩散范围与污染源的空间位置息息相关，如果污染物处于河流流速较大的地段，其污染物的影响范围可能会略大，相反可能会较小；如果污染源位于河流的上游，其影响范围可能较大，而如果位于下游，则受影响范围可能会较小，污染物扩散范围的影响因素较多，但最主要关注的是污染源的空间位置、排放口的位置、污染物的浓度和排放量大小等。通过建立污染物分布与重点行业污染源的对应关系，可以更好、更直观地了解污染源的空间分布及污染物的分布情况，实现对重点污染物的有效监管。

对应关系的构建主要包括确定污染物信息和重点行业污染源信息。污染物的信息包括污染物的种类、含量水平、排放量、毒性大小、降解能力等，该部分信息可以通过多个途径获取，如污染物的种类可以通过企业调研，由企业提供相关的监督性监测数据信息，也可以向企业所在地的环境管理部门申请污染物普查数据资料，或通过现场采样调查获取相关的数据信息，其次需要获得不同时期的污染物监测数据；此外还可以通过文献调研的方式获取不同行业的主要污染物信息和污染物的毒理学数据信息等。重点行业污染源的信息一般通过向该企业所在地的环境管理部门申请获取。其次可以通过申请在环境管理部门的陪同下，进入企业进行调研，直接由相关企业提供所学所需材料数据。除通过政府参与渠道外，还可以基于我国的相关企业或环境管理平台进行检索。重点行业污染源的数据信息类型包括污染源的地理位置、行业类型、企业法人代表、联系方式等。

污染物与敏感点（监测断面）溯源对应关系：环境敏感点是环境管理中需要着重保护

的一类目标，其受环境中污染物等影响因子的作用更加显著，有研究对水环境敏感点做出了解释，水环境敏感点是指具有控制意义的水体断面，主要包括国控断面、省控断面以及饮用水水源区，即数据库风险防控的受体之一是水环境敏感点，在任务环境污染事故中，如果没有可受污染影响的受体，发生的污染事故也就不存在任何环境风险，受污染影响的敏感目标的重要性越高，则污染事故引起的环境风险也就越大。

对应关系的构建主要体现在污染物的调查和水环境敏感点的确定。河流等水环境中污染物的信息一般包括污染物的种类、含量水平及变化趋势等；而水环境敏感点的数据信息包括水环境敏感点的确定方法及其数量、分布等，一般情况下，选取国控、省控、市控或饮用水水源地等的监测断面作为水环境敏感点研究对象。河流等水环境中污染物信息的获取主要包括三种方式，第一是通过向该地区的环境管理部门申请日常水质监测或监督性监测数据信息；第二是通过现场采样，实验室监测获取所需数据信息；第三是通过相关平台或文献报告的调研获取相关数据。

污染源与水环境敏感点对应关系：重点行业污染源与水环境敏感点的对应关系是重点行业水环境风险防控数据的重要研究内容，是风险防控的核心目标。通过借助软件或模型实现重点行业污染源影响范围的确定，实现水环境敏感点中污染物的溯源，是对应关系的两大主要研究内容。单独地研究重点行业污染源或水环境敏感点一般只能评价污染源的风险大小或水环境敏感点的水质状况，并不能有效地将两者建立起对应关系，无法真正落实污染源在水环境管理工作的作用或应该承担的责任。

重点行业污染源影响范围的确定可以在环境事故发生的状态下，迅速地定位到污染物可能影响的范围，即对应的环境敏感点的数量与位置，尤其是在突发性水环境事故的状态；同时，在水质日常监测中，如果发现某断面处的某污染物超过国家或地方的相应标准，可以通过此对应关系，确定可能对该敏感点产生影响的污染源，以实现水环境管理与企业监督的双向关联。

对应关系的建立需要借助系列模型或方法完成，主要包括重点行业污染源影响扩散范围的确定和水环境敏感点中超标污染物的溯源两方面内容。采用的模型主要有扩散模型和溯源模型。其中，扩散模型是一种预测式模型，它是通过输入各个污染源的排放数据和相关参数信息来预测污染物的时空变化情况。而溯源模型包括化学质量平衡法、因子分析法、稳定碳同位素法、多元方法等。

（2）快速预测预警技术

由于流域突发性污染事故发生地点的随机性，在进行突发性风险模拟预测时，针对事故发生水域基础数据条件，结合我国的实际情况，快速预测预警技术包括有资料详细地区和资料缺乏地区的突发预警。主要由以下内容构成：突发性水环境风险应急预警方法研究、应急模型库的建立、应急模型参数库的建立、模型数据快速寻址快速计算方法的构建以及流域突发性水环境风险应急预警平台的建设（图5-4）。

突发性水环境风险应急预警方法研究：以突发性水环境风险应急模型为核心，通过准备相关的模型输入调用模型，获得模拟预测结果的成套技术体系，快速选取合适的预测预警模型。该体系包含算法选择、模型构建、模型数据处理、结果表达四个部分，并结合资

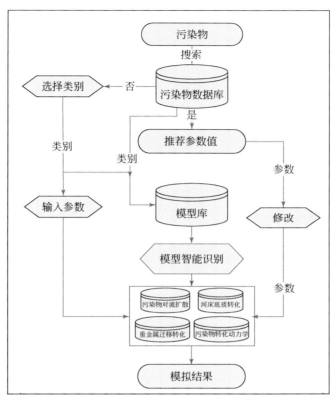

图 5-4　快速预测预警技术流程

料掌握情况进行分析。在资料详细地区的应急预警中，通过调用现有地形网格数据、利用水文站点的水文资料，通过一维模型快速计算，为突发事件点附近河段提供二维或三维的计算边界条件，选择特征污染物水质模型及其经过现场实测的多次校核后的事故排放过程，进行突发事件模拟，得到事故污染团运移过程，以及到达下游敏感点的时间、浓度值的变化过程，实现满足精度要求的流域突发预警模拟。在资料缺乏地区的应急预警中，首先通过地形概化技术生成资料缺乏地区的地形，计算地形，然后以测定的断面流速、水深、河宽、上游流量、下游水位等水文参数作为边界条件，调用污染物参数库中污染物特征参数和相应模型，通过现场不同监测断面的逐级校核，赋予一维水动力水质模型，即可得到事故点下游各点污染物峰值变化情况，实现资料缺乏地区水环境风险应急模拟。

应急模型库的建立：通过各类突发事件污染物的生物化学转化和物理迁移规律研究，构建流域突发水环境风险预警应急模型库，该模型库包括持久性污染物风险预警和非持久性污染物风险预警两部分，并不断通过实地监测数据对模型进行反率定，实现流域突发水环境风险预警应急模型库的建立。

持久性污染物风险预警中，依据质量守恒定律，通过对持久性污染物在非均匀泥沙及床沙的吸附解吸、水流的对流输移及扩散、河床的冲淤变形等影响下迁移转化过程的模拟，建立持久性污染物风险应急模型，实现对持久性污染物的风险应急模拟。

非持久性污染物风险预警中，根据质量守恒定律，考虑非持久性污染物的水流对流迁移、生物降解、生物富集、化学转化（光降解）、物理沉降与挥发和吸附与解吸附等物理迁移及生物化学转化规律，模拟非持久性污染物的迁移转化过程，建立非持久性污染物风险应急模型，实现对非持久性污染物的风险应急模拟。

应急模型参数库的建立：通过室内实验测定和现场观测与分析，查阅国内外现有研究成果，搜集可能成为流域水环境风险突发事件的污染物质，并按其在水体中的物理化学性质进行分类，可分为可溶与不可溶化学品、油类、重金属和放射性物质四大类，针对不同类别的物质选取影响污染物在水体中迁移转化的不同参数指标，建立突发性水环境风险特征污染物的水质模型参数库。

模型数据快速寻址快速计算方法的构建：基于指针式数据快速提取方式（NetCDF）格式标准，设计出模型数据快速寻址与目标地物快速检索的数据结构。该结构适应流域模型在数据格式上的复杂性和无序性，通过数据间灵活的自描述进行模型输入数据的变量设置，在调用模型进行参数输入前，无需繁琐的数据归一化处理和长时间的等待即可实现快速寻址功能。同时，采用空间数据拓扑原理，对资料详细地区的网格进行分析，分析河段与断面之间的包含分离、断面与网格的从属、各个网格上下左右等拓扑关系并建立地形网格拓扑数据库。在模型水动力计算中，通过自追踪自适应算法寻找地形对象之间的拓扑关系，自动寻找计算范围边界、追踪计算边界条件、确定不同位置计算精确度，采用分段计算、非均匀精度计算等方法，提高模型计算的速度。

流域突发性水环境风险应急预警平台的建设：在流域突发性水环境风险快速预测方法理论研究的基础上，通过水动力、水质参数条件的准备，利用人机交互的方式对不同河段、不同断面的各种水动力学参数进行设定，根据水体规模和水体类型选择相应的模型字典，针对不同规模水体类型和突发事件污染物类型，实时模拟预测不同地段不同时刻的水质情况，设计并实现突发性水环境风险应急模拟平台的单机版和手机版（移动设备版），为流域突发性水环境风险预测提供良好的分析环境和数据服务。

5.2.3　快速高效分类应急处理工艺技术

由于危险化学品在生产、运输过程中会发生泄漏并进入水体中，本研究基于污染物在水中的扩散规律与吸附传质机理等理论，提出了6类120种典型污染物的多种（物理和化学）处置方法、验证性试验结果，其中包括7种非金属氧化物类、13种重金属类、13种致色物质类、11种酸碱盐类、71种有机物、7种石油类物质（表5-1）。因此，主要应急处理技术包括非金属氧化物类应急控制技术、重金属类应急控制技术、石油类应急控制技术、酸碱盐类应急控制技术、致色物质类应急控制技术、有机物应急控制技术。

表 5-1　6 类 120 种污染物名录

序号	污染物类型	污染物
1	非金属氧化物类	黄磷、过氧化氢、氰化钠、氰化钾、甲基汞、氯化汞、氰化氢

序号	污染物类型	污染物
2	重金属类	镉、铬、镍、汞、铅、铍、砷、铊、锑、铜、硒、锌、银
3	酸碱盐类	氨水、连二亚硫酸钠、磷酸、硫酸、氢氧化钡、氢氧化钾、氢氧化钠、硝酸、盐酸、次氯酸、硝酸铵
4	致色物质类	H 酸、2,4,6-三硝基苯、4-硝基甲苯、苯胺、联苯胺、2-氯苯酚、2-硝基(苯)酚、荧蒽、2,4,6-三氯苯酚、2,4-二硝基甲苯、3-硝基氯苯、4-硝基苯胺、N,N-二甲基苯胺
5	石油类	柴油、沥青、煤焦油、松节油、汽油、石脑油、萘
6	有机物	三氯甲烷、二甲胺、苯、甲苯、对二甲苯、苯酚、丙酮、甲醛、敌百虫、环己烷、乙腈、乙酸、乙醇、正己烷、3-甲基酚、乙醛、邻苯二甲酸二丁酯、邻苯二甲酸二辛酯、邻苯二甲酸二甲酯、邻苯二甲酸二乙酯、对二氯苯、邻二氯苯、1,2-二氯乙烷、1,1,1-三氯乙烷、乙醚、甲醇、正丁醇、2-丁醇、苯甲醚、丙烯醛、丁醛、丙烯酸甲酯、环戊酮、四氯乙烯、三氯乙烯、苯甲醚、1,1,2,2-四氯乙烷、1,1,2-三氯乙烷、五硫化磷、异丙基苯、2,6-二氯硝基苯胺、2,4-二硝基苯酚、1,3-二氯丙烷、丙烯腈、1-萘胺、氯苯、2,4-二氯苯酚、六氯乙烷、二溴甲烷、呋喃、1,2,4-三氯苯、4-硝基苯酚、四氯甲烷、联苯、联苯醚、菲、2,6-二硝基甲苯、4-硝基氯苯、二氯乙醚、艾氏剂、百草枯、倍硫磷、狄氏剂、多灭磷、二氯甲烷、乙苯、除草醚、内吸磷、1,2-二氯丙烷

非金属氧化物类应急处理方法常见的有投加还原剂、自然降解、絮凝沉降、化学法等。重金属类应急处理主要考虑物理方法与化学方法，物理方法采用吸附剂进行处理，化学方法采用中和沉淀法、絮凝沉降法等进行处理。石油类污染包括泄漏油对土壤及水体的污染，需要分别处理，通过挖掘掉表层土壤、活性炭吸附等方法处理土壤中的污染物，通过围油栏、吸附剂吸附等方法去除水体污染物。酸碱盐类应急处置采用酸碱中和的原理去除。致色物质类与有机物应急处置方法相似，包括对土壤及水体的污染，需要分别处理，通过挖掘掉表层土壤、活性炭吸附等方法处理土壤中的污染物，通过过氧化氢氧化、铁粉还原等方法去除水体污染物。除此之外，基于实践应用形成了针对重金属和有机物污染事件应急处理技术，如针对镉、铊、钼等重金属污染物的特点，形成了以混凝沉淀、化学沉淀等物化法为核心的重金属污染事件应急处理技术，针对化工废水等有机物污染事件，研发了以"物化+生化"组合的有机物污染类应急处理技术。

因此，从理化性质、生物毒性、环境行为、环境标准、监测方法、水体污染应急处理措施等方面编制了《典型（120 种）污染物应急处置技术指南》（建议稿），实现了对不同污染物处置方法考虑的全面性和系统性，考察了应急措施的二次污染和应急处理的时效性，为建立突发污染事故应急控制技术库奠定了基础。

5.2.4　地表水和沉积物水生态环境损害鉴定评估技术

水生态环境损害评估是突发水污染事件处理处置的重要环节，为突发事件定级、行政处罚与损害赔偿提供依据。水生态环境损害鉴定评估技术包括水生态环境基线确定技术、水生态环境损害确认技术、水生态环境损害因果关系分析技术、水生态环境损害实物量化技术、水生态环境损害价值量化技术（图 5-5），《生态环境损害鉴定评估技术指南地表水与沉积物》2020 年 6 月已通过生态环境部办公厅发布。

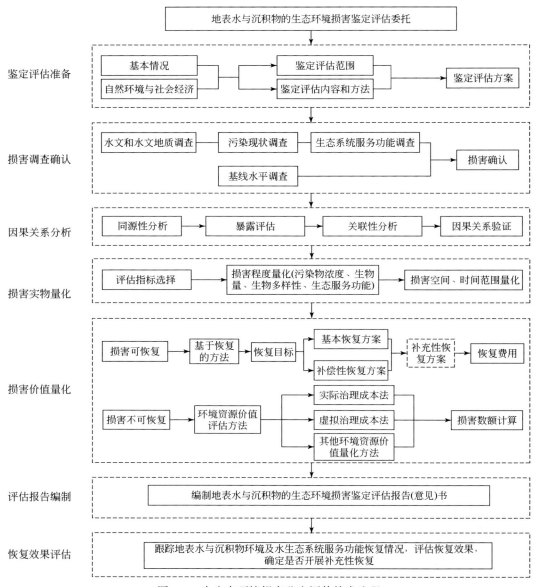

图 5-5 水生态环境损害鉴定评估技术流程

（1）水生态环境基线确定技术

环境基线是指环境污染或生态破坏行为未发生时，受影响区域内生态环境的物理、化学或生物特性及其生态系统服务的状态或水平。环境基线是确定生态环境损害的关键。环境基线的确定作为损害评估与修复的重要组成部分，是科学评价的关键技术环节和重要前提。在流域水生态环境损害鉴定评估工作程序中，水生态环境基线主要是指累积性或突发性的水环境质量基线。国际上常用的 4 种环境基线确定方法分别为历史数据法、参照区域法、环境基准（标准）法和模型估算法，主要是用于掌握水生态环境受污染前的水生生物、水环境质量等水平。

基线信息调查搜集：针对评价区域的专项调查、学术研究以及其他自然地理、生态环境状况等的相关历史数据；针对与评价区域地理位置、气候条件、水文水利、土地利用类型等类似的未受影响的参照区域，搜集区域的生态环境状况等数据；污染物的水环境基准和水环境标准；污染物的生态毒理学效应、评价区域生物多样性分布等文献调研和实验获取的数据。

基线确定方法筛选：根据《生态环境损害鉴定评估技术指南 总纲和关键环节 第 1 部分：总纲》和《环境损害鉴定评估推荐方法（第 Ⅱ 版）》，当基线确定所需的直接数据充分时，优先采用历史数据法和参照区域法获得的数据。如果采用历史数据和参照区域数据不能确定基线，则推荐采用水环境基准法或通过专项研究推导确定基线。而综合采用不同基线确定方法并相互验证，可以提高水环境基线确定的科学性和合理性。

水生态环境基线确定：综合采用两种以上基线确定方法，推导计算基线水平期望值，对基线水平期望值的科学性和合理性进行评价与相互验证，确定评估区的水生态环境质量以及水生态系统服务功能的基线水平。具体方法，①历史数据法是指以环境污染或破坏生态行为发生前评价区域的状态为参照，将能够用于描述环境损害事件发生前评价区域特性的历史资料信息和相关数据作为该区域的基线。其数据包括历史监测、专项调查、统计报表、学术研究等收集的反映人群健康、财产状况和生态环境状况等的历史数据，具体到流域水生态环境损害鉴定评估，则是反映评价水体水环境质量状况的历史数据。②参照区域法是指从一组生境类似、可用于比较的相似区域中选择未受环境污染或破坏生态行为影响的区域作为参照，将该区域的历史数据或现场监测数据作为基线值与评价区域数值进行比较。在欧美国家或地区的环境损害鉴定评估中，当历史数据不适用于评价受损区域或受损资源，或不满足要求时，参照区域数据资料是确定评价区域环境基线水平的重要数据来源。③环境基准（标准）法是以国家/地方颁布的环境基准或标准作为评价参照，将相关环境基准或标准中的适用基准值作为基线水平，用偏离基准值的程度衡量损害程度的大小。流域水生态环境损害鉴定评估则是参考国家或地方颁布的水环境基准、标准来确定基线。④模型估算法是通过大量数据构建特征污染物浓度与潜在生态毒性效应等之间的剂量–效应关系模型以及描述种群/群落水平的生物量、生境丰度等生物因子变化的生态模型等，计算毒性效应阈值，揭示未受污染环境或破坏生态行为影响下生态环境应有的特征。通过人类活动影响与生物因子变化之间的预测模型，能够有效揭示未受人类活动干扰情况下生物群落应有的组成和结构（基线状态）。随着各国基础数据库的完善，这类工具将会在环境基线确定中发挥越来越重要的作用。

（2）水生态环境损害确认技术

针对事件特征开展水生态环境布点采样分析，确定水生态环境状况，并对水生态系统服务功能、水生生物种类与数量开展调查；必要时收集水文和水文地质资料，掌握流量、流速、河道湖泊地形及地貌、沉积物厚度、地表水与地下水连通循环等关键信息。同时，通过历史数据查询、对照区调查、标准比选等方式，确定水生态环境及水生态系统服务功能的基线水平，通过对比确认水生态环境及水生态系统服务功能是否受到损害。

确定调查对象与范围：包括水生态系统服务功能调查以及不同类型事件的调查。其中，水生态系统服务功能调查为获取调查区域水资源使用历史、现状和规划信息，查明水生态环境损害发生前、损害期间、恢复期间评估区的主要生态功能与服务类型，如珍稀水生生物栖息地、鱼虾类产卵场、仔稚幼鱼索饵场、鱼虾类越冬场和洄游通道、航道运输等支持服务功能，洪水调蓄、侵蚀控制、净化水质等调节服务功能，集中式饮用水水源用水、水产养殖用水、农业灌溉用水、工业生产用水等供给服务功能，人体非直接接触景观功能用水、一般景观用水、游泳等休闲娱乐等文化服务功能。不同类型事件的调查根据事件概况、受影响水域及其周边环境的相关信息，确定调查对象与范围，分为对突发水污染事件、累积水污染事件以及水生态类事件三类。

确定调查指标：根据水生态环境事件的类型与特点，选择相关指标进行调查、监测与评估。主要有对特征污染物的筛选、水文与水文地质指标的确定、水生生物指标的确定以及水生态系统服务功能指标的确定。

水文和水文地质调查：水文和水文地质调查的目的在于了解调查区地表水的流速、流量、水下地形地貌、流域范围、水深、水温、气象要素、地层沉积结构，以及与周边水体水力联系等信息，获取污染物在环境介质中的扩散条件，判断事件可能的影响范围，污染物在地表水和沉积物中的迁移情况、采砂等活动对水文水力特性与地形地貌的改变情况，从而为水生态环境污染状况调查分析提供技术参数，为水生态系统服务功能受损情况的量化提供依据。

布点采样：以掌握环境损害发生地点状况、反映发生区域的污染状况或生态影响的程度和范围为目的，根据地表水流向、流量、流速等水文特征、地形特征和污染物性质等情况，结合相关规范和指南的要求，合理设置采样断面或点位。一般在事件发生地点上游或附近未受干扰区域，考虑对饮用水水源地等环境敏感区的影响，合理设置参照点。依据水功能和事件发生地的实际情况，尽可能以最少的断面（点）和采样频次获取足够有代表性的信息，同时需考虑采样的可行性。

样品检测分析：参照国家相关标准分析样品并进行检测，检测结果可用定性、半定量或定量来表示。定性监测结果可用"检出"或"未检出"表示，并注明监测项目的检出限；半定量监测结果可给出所测污染物的测定结果或测定结果范围；定量监测结果应给出所测污染物的测定结果。

基线调查与确认：以优先使用历史数据、对照区调查数据作为基线水平，参考环境质量标准确定基线水平，最终进行损害确认。

（3）水生态环境损害因果关系分析技术

水生态环境损害因果关系分析主要是分析污染环境行为和破坏生态行为是否存在因果关系。确定环境损害受体、筛选鉴别环境损害因子，是评价损害效应、开展因果关系诊断的基础。

结合鉴定评估准备以及损害调查确认阶段获取的损害事件特征、评估区域环境条件、地表水与沉积物污染状况等信息，采用必要的技术手段对污染源进行解析；开展污染介质、载体调查，提出特征污染物从污染源到受体的暴露评估，并通过暴露路径的合理性、连续性分析，对暴露路径进行验证，必要时构建迁移和暴露路径的概念模型；基于污染源分析和暴露评估结果，分析污染源与地表水和沉积物环境质量损害、水生生物损害、水生态系统服务功能损害之间是否存在因果关系。

（4）水生态环境损害实物量化技术

在确定环境损害的性质后，应对这些损害进行量化。损害的量化通常包括：①损害和服务或资源损失的空间范围；②损害和服务损失的时间（过去、现在和预期）范围；③损害和服务损失的程度（通常表示为相对于基线条件提供的服务的比例、有机体数量，或生物体或栖息地特征质量的降低程度）。

空间范围量化：表征受损害的空间范围需要确定损害的全部区域范围，并且还应包括对损害梯度或影响区域的识别。用于评估运输、分散、稀释、转化或不利影响的抽样或建模方法，可能有助于识别此类损伤梯度或区域。在某些情况下，可以使用照片和遥感数据（如航空照片、卫星图像）来识别影响的空间范围。可以同时使用采样数据、遥感数据和空间分析方法来模拟损害的空间范围。

时间范围量化：损害时间范围的表征涉及确定事件的发生日期和发生不利影响的日期（如果两者不同）。对于事前预测事件，开始日期可能是基于既定目标、计划或时间表的预测。如果无法获取特定地点的信息来量化损害的时间范围，则损失的持续时间可参照类似地点事件的信息，恢复的过程可以基于生态演替率、污染物在环境中的化学持久性以及对结果和动态传输的理解，或经历类似破坏后的恢复率的文献信息来估计。如果计划或正在进行主要的恢复措施，则损害的时间范围的估计应考虑恢复措施对恢复的影响。

损害程度量化：估计损害和服务损失级别的方法包括使用化学、毒理学、生物学或经济学数据，使用地理信息系统调研和建模。使用量化指标来表示事故的损害程度和服务损失以及可恢复项目的服务收益程度，量化指标通常包括易于测量的定量指标（如种群密度或使用数量）、概念或定性指标，以及某些情况下复杂的指数。在评估过程中，必须使用相同的量化指标来估算损害和收益。

服务损害的程度一般应相对于基线条件来确定。在某些情况下，这将通过明确量化基线和事故后的状况来确定。在其他情况下，只需要计算事件造成的明显或差别损害（如通过计算化学毒物造成的差异死亡率，或通过量化开发项目对栖息地类型的物理损害量来评估）。资源或资源提供的服务的损害程度通常根据可用于反映事件的不利影响的一个或多个指标来表达。

损害量化也可以在资源的基础上进行，自然资源和它们所提供的生态服务是相互依存的。例如，地表水、沉积物、漫滩土壤和河岸植被一起构成水生生物群、半水生生物群和高地生物群的栖息地，并且具有横向和纵向连通性。因此，对个别自然资源的破坏可能会导致生态系统服务功能的退化。在选择指标和量化服务损失时，评估人员应考虑这些相互依赖的生态系统服务损失。提供多种服务措施，包括已公布或可接受的环境健康指数，以及为特定事件和栖息地等值分析（habitat equivalency analysis，HEA）应用制定的指数。

（5）水生态环境损害价值量化技术

损害情况发生后，如果水生态环境中的污染物浓度在两周内恢复至基线水平，水生生物种类、形态和数量以及水生态系统服务功能未观测到明显改变，可以利用实际治理成本法统计处置费用。如果水生态环境中的污染物浓度不能在两周内恢复至基线水平，或者能观测或监测到水生生物种类、形态、质量和数量以及水生态系统服务功能发生明显改变，应判断受损的水生态环境、水生生物以及水生态系统服务功能是否能通过实施恢复措施进行恢复，如果可以则基于等值分析方法，制定基本恢复方案，计算期间损害，制定补偿性恢复方案；如果制定的恢复方案未能将水生态环境完全恢复到基线水平并补偿期间损害，则制定补充性恢复方案。

如果受损水生态环境、水生生物以及水生态系统服务功能不能通过实施恢复措施进行恢复或完全恢复到基线水平，或不能通过补偿性恢复方案补偿期间损害，基于等值分析方法，利用环境资源价值评估方法对未予恢复的水生态环境、水生生物以及水生态系统服务功能损失进行计算，主要方法有实际治理成本法、恢复费用法、费用明细法、指南或手册参考法、承包商报价法、虚拟治理成本法等。

5.3　水环境累积性风险管理技术集成

累积性风险管理技术研究方面，主要突破毒性鉴别评价（toxicity identification evaluation，TIE）与效应导向分析（effect-directed analysis，EDA）结合的致毒污染物识别、基于原位被动采样的暴露评估、复合污染生态风险评估、基于生理特征和个体行为的生态风险毒预警、重点行业风险分级差别化管控等关键技术，建立了累积性环境风险防控技术系统，在太湖等流域有毒有害污染物风险防控中得到了应用，支撑了流域水环境风险识别、评估及风险预警，以及基于风险识别评估及预警采取措施防范和化解风险。

5.3.1　基于生物有效性的 TIE 与 EDA 相结合的污染物识别技术

针对复合污染条件下目标污染物可能并不是毒性效应的主要贡献者的科技难题，结合TIE 与 EDA 技术，建立了基于生物效应的目标及非目标分析筛查方法，以识别复合污染环境中的主要致毒污染物。

（1）TIE 技术
TIE 技术主要分为四步：毒性初筛、毒性表征、毒性鉴定以及毒性确认。

毒性初筛：对水体或者沉积物进行预处理和稀释等，调整污染物浓度到合适的实验浓度，选择合适的受体生物。

毒性表征：对水体或者沉积物进行各种物理化学处理后，通过对比处理前后毒性的变化，明确致毒物质的大致类型。针对要评价的环境介质选择合适的生物种类，选取合适的受试生物是 TIE 技术的关键，它直接决定了毒性测试结果和最终的致毒物质。目前可用于废水毒性鉴别的生物有大型溞、发光菌、浮萍、绿藻和斑马鱼。全沉积物 TIE 测试的淡水生物有三种可以选择，即夹杂带丝蚓、钩虾和摇蚊幼虫。毒性实验则是指将生物暴露于污染物环境中，通过改变污染物浓度来观察和测定生物异常或死亡效应的实验，包括急性、亚急性、慢性毒性实验。急性、亚急性毒性实验历时较短（多为数小时或者数天），常用成熟个体作为实验生物，并且多以死亡率作为效应参数，因此其更适用于污染严重的沉积物。相比之下，慢性毒性实验暴露时间较长（常常数周、数月乃至数年），多以生命早期阶段的生物幼体为实验对象，以半致死效应参数来评价慢性毒性效应，常见参数包括生长率、羽化率和繁殖率等，其适用于污染相对不太严重的沉积物。简单来说，慢性毒性实验是通过生物的生长发育、繁殖情况、生理指标和所处生态系统的变化等被污染物所诱导的效应来阐明环境污染状况及污染物毒性，其也被推荐作为评价污染沉积物和疏浚物的权威方法之一。

毒性鉴定：目的是了解毒性表征，通过合适的分离和分析技术，鉴定出废水中特定的致毒物质。其操作方法主要包括有机物的鉴定、氨氮的鉴定、金属致毒物质的鉴定、氯气致毒物质的鉴定等。为确定沉积物中的致毒金属，采用修订版的 BCR 三步提取分析法（由欧洲共同体标准物质局提出）。

毒性确认：假设生物测试和化学分析能够鉴定特定化合物为可能致毒物质，则下一步需确认该特定化合物是否为致毒物质，主要采用的方法有相关分析法、症状分析方法、物种敏感度方法、加标方法、质量平衡方法、删减法等。通过剂量–效应关系分析筛查和确定水环境中污染物的毒性来源，鉴别主要致毒物质。

（2）EDA 技术

通过萃取分馏混合有机提取物的不同成分，对受体生物进行生物毒性检测，最终确定致毒物质。EDA 技术的重点在于样品有机提取物的整体效应分析，可以是非特异性效应，如生长抑制、致死性等，也可以是特异性效应，如针对特定受体的雌激素效应、雄激素效应等。近年来，研究人员针对不同毒理效应开发出了各种快速毒性测试方法，如发光菌法、体外重组基因酵母菌雌激素活性筛选法等，且在 EDA 技术中得到了应用。因而，EDA 技术将快速毒性效应测试与化学分析相结合，通过物理化学分馏、检测与馏分效应测试，确定可能的致毒物质，最后进行毒性确认。

有机提取物：工业废水中溶解性有机物不能直接进行分馏和化学分析，因而有机萃取是 EDA 技术的第一步。对于复杂成分的工业废水，往往需要多种萃取方法相结合。因为早期人们更多关注优先控制污染物，如多环芳烃（PAHs）、多氯联苯（PCBs）、有机氯农药（OCPs）等，这些有机物大多为脂溶性的，采用 C18 吸附剂或离子交换树脂（XAD）即可富集这些物质，也可采用半渗透膜采样装置（SPMD）萃取。然而，C18 吸附剂、XAD 或 SPMD 对极性和离子型有机物富集能力差，据估算超过 90% 的极性和离子型有机物不能由 C18 吸附剂进行富集。

采用苯乙烯–二乙烯苯共聚物作为吸附剂，或与硅胶基质 C18 固相萃取柱（C18-SPE）结合使用，可有效提高有机物的萃取率。近年来，HLB 型（二乙烯苯-N-乙烯基吡咯烷酮共聚物）两亲性吸附剂在有机物萃取方面应用很广，可同时富集极性和非极性有机物。调节 pH 至强酸性（pH 为 2～3），有助于亲水性或酸性物质吸附。此外，许多极性或非极性多环（三环以上）有机物往往具有致突变性，因而在鉴定这类物质的致突变性时，可使用针对性的吸附剂。

分馏：EDA 技术通过分馏逐步降低环境样品的复杂性，一步步移除非致毒物质，最终鉴定出致毒物质。分馏原理主要是基于化合物的物理化学性质，如极性、疏水性、分子尺寸、平面特性、特殊官能团等来进行分馏。各馏分保留时间也能够提供诸如极性、分子尺寸信息，从而有助于对化学物质结构的鉴定。吸附剂富集污染物之后，通过不同极性的溶剂按顺序洗脱，收集每部分洗脱液。每部分洗脱液采用反相高效液相色谱（RP-HPLC）法进行分馏。与正相 HPLC 分馏相比，采用 RP-HPLC 具有溶剂毒性低、信息丰富（根据保留时间可推断疏水性物质的 lgKow）的特点。不过 RP-HPLC 的各馏分含有水，需要进行额外的固相或液液萃取。此外，运用在线 SPE、RP-HPLC 及紫外光–可见光谱检测联用仪，可方便快速地分离鉴定污染物。薄层色谱/荧光分析与生物毒性测试相耦合的方法也得到了应用。若存在 SPE 不能富集的高极性亲水化合物，可将冻干后的样品按分子大小采用超滤或尺寸排阻色谱法进行分馏。

生物毒性测试：分馏后的馏分需进行生物毒性测试，以便决定是否对馏分进一步的分离和分析。生物毒性测试方法对最终的毒性鉴定起决定作用。选择生物毒性测试方法的预期有两个：①生物毒性测试作为馏分的毒性检测器；②生物毒性测试是为了进行环境风险评价。若仅用于检测生物毒性，可选择快速、高通量、体积消耗少的方法，当然也要考虑重复性、灵敏度、可定量性、毒性和非毒性的鉴定能力等因素。若生物毒性测试是为了进行环境风险评价，则要求该方法具有低剂量情况下检测急/慢性毒性的能力，或具有专一性的毒性鉴定能力，因而往往需要综合考虑，选择合适的生物毒性测试方法。

如图 5-6 所示，根据 TIE 和 EDA 的技术方法，形成了 TIE 与 EDA 相结合的方法框架，

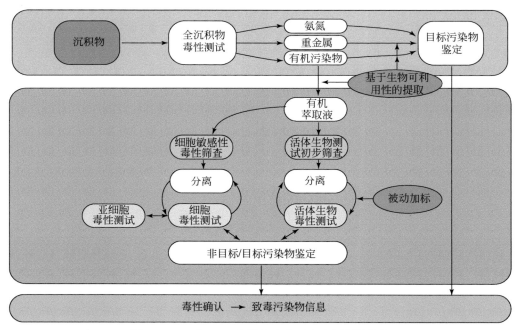

图 5-6　TIE 和 EDA 有效结合全面准确识别污染物

与 TIE 的区别主要表现在毒性鉴定步骤，若氨氮和/或重金属是主要致毒物类别，则按照常规 TIE 方法测定介质中这两类污染物的浓度，计算毒性单位；若有机物是主要致毒物类别，则利用 EDA 鉴定主要致毒有机物。TIE 和 EDA 联合方法中 EDA 部分推荐采用活体生物进行毒性测试，且测试生物与毒性表征步骤相同；同时开展体外毒性测试，建立体内–体外毒性关联，为致毒物鉴定结果提供多证据链。

5.3.2 基于原位被动采样的水生态暴露评估技术

针对传统采样技术对水环境中目标污染物不能进行有效采集的问题，获取对水生生物产生毒性效应的污染物在水体、沉积物的浓度以及水体–沉积物界面通量，通过发展基于原位被动采样的水生态暴露评估技术，研制了以低密度聚乙烯膜为吸附相的开放式水体被动采样器、多段式沉积物孔隙水被动采样器和界面通量被动采样器，对水环境中目标污染物进行有效采集，避免了通过研究水体、沉积物、水–沉积物界面中污染物总含量与生物毒性效应的关系所造成误差。

（1）开放式水体被动采样器

开放式水体被动采样器是开放式水体被动采样技术的重要组成部分，开放式水体被动采样器是 20.7cm×13.1cm×4.4cm 的长方体铜框，上下有两个中空的盖（图 5-7）。当开放式水体被动采样器被放置在野外水体时，目标化合物随着水体流动而扩散进入采样器腔体中，被吸附相（LDPE）膜吸附。随着萃取时间延长，LDPE 膜上所吸附的目标化合物量基本保持不变，即达到萃取平衡，目标物在 LDPE 膜与水体两相间的分配系数在一定条件下是不变的，故采用平衡萃取法作为其定量依据，可以准确、高效地测定水生环境中典型有机污染物的自由溶解态浓度。

图 5-7 开放式水体被动采样器

（2）多段式沉积物孔隙水被动采样器

多段式沉积物孔隙水被动采样器是多段式沉积物孔隙水被动采样技术的主要组成部分。采样器主要用于原位测定不同深度沉积物孔隙水中自由溶解态有机污染物，基于目标物在沉积物-孔隙水-吸附相之间的扩散过程。当多段式被动采样器（图5-8）插入沉积物中用于样品采集时，目标物在此过程中可能发生三个扩散过程，目标物由沉积物中解吸至孔隙水中，再经孔隙水扩散进入采样器腔内的水介质中，然后分配扩散到吸附相，可以准确、高效地测定水生环境中典型有机污染物的自由溶解态浓度及其界面通量。

图5-8 多段式沉积物孔隙水被动采样器

（3）界面通量被动采样器

界面通量被动采样技术的主要组成部分是界面通量被动采样器。界面通量被动采样器是基于开放式水体被动采样器和多段式沉积物孔隙水被动采样器，以不锈钢多孔板、不锈钢柱及其他零件为材料，以 LDPE 膜为吸附相材料组成的被动采样装置、水体-沉积物界面有机污染物渐升螺旋式被动采样装置，如图5-9 所示。界面通量被动采样器主要通过测

图5-9 界面通量被动采样器

定有机污染物位于沉积物–水界面上层水体与下层沉积物孔隙水中的自由溶解态浓度，基于理论模型计算出有机污染物在沉积物–水界面的迁移通量，可以准确、高效地测定水生环境中典型有机污染物的自由溶解态浓度及其界面通量。

5.3.3 流域水环境复合污染生态风险评估技术

在美国"生态风险评估框架"的基础上，特别考虑流域多种污染物共存的复合污染现状，以及生物可利用性影响毒性评估的研究需求，提出了一套流域水环境复合污染生态风险评估的基本框架，如图 5-10 所示。除前后的问题描述和报告编制之外，框架的主体内容包括三个连续部分：高风险区域识别、关键危害物识别、关键危害物的综合生态风险评估。首先，以考虑污染物生物可利用性的暴露和效应分析为基础，通过证据权重分析识别关键风险区域，即重点防控区域；其次，在重点防控区域，结合毒性鉴别评估和效应导向分析技术，鉴别关键危害物；最后，利用多级生态风险评估方法，综合评估研究区域中关键危害物的生态风险。

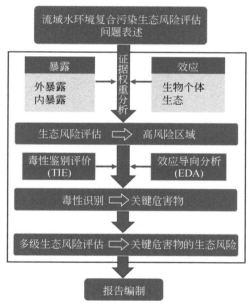

图 5-10　复合污染生态风险评估流程

（1）高风险区域识别

在复合污染条件下，根据区域污染特征，确定优控污染物暴露与生态系统或其组成部分的关键效应之间的剂量–效应关系，获取毒性阈值等参数。根据所选目标污染物，对被动采样器的吸附相和受试生物样品进行化学分析，定量污染物浓度，可分别获得污染物的生物可利用浓度和生物体内积累浓度，即污染物外暴露浓度和内暴露浓度。在原位放置时，被动采样装置的附着物对定量生物可利用浓度影响可通过预吸附行为参考物来进行校正。根据所选生物毒性终点，如组织病理、酶活性、特异蛋白表达、基因表达、DNA 损伤等，对回收的受试生物样品进行定性定量分析，再结合现场测定的死亡率和行为结果，获得全面的生物效应信息。结合暴露和效应信息，对所选研究位点的复合污染风险进行准确识别及评估。

识别流域高风险区域主要采用实验室离线/原位在线化学分析（商值法）和生物毒性测试，综合各证据链，利用证据权重法进行综合评估。流域高风险区域识别阶段，通常关注目标化合物的毒性风险，非目标化合物（非常规监测和未知化合物）的毒性风险往往因无法检测而被忽略。复合污染的流域水环境中污染物种类繁多，受关注的目标化合物可能并不是主要致毒物。因此，有必要对流域高风险区域的污染物进行全面筛查，识别关键危害物。

（2）关键危害物识别

为实现毒性终点筛查标准的建立及末端效应的机理性解释，提出一种以"证据链"为主导，结合效应导向分析和有害结局路径的新型水环境风险评价方法——多证据链毒性识别法，方法由证据链收集和证据链筛查两个部分组成。

证据链收集：证据链收集的目的是为后续的筛查收集尽可能全面的信息，以确定筛查标准。其中，准确识别引起效应的应激源是水环境风险评价过程中的关键步骤，而决定可疑化合物对毒性贡献的准确性取决于实际引起毒性效应的官能团是否与定义化合物的方法吻合，主要包括对活体生物测试证据链收集以及离体生物测试证据链收集两种方法。

证据链筛查：证据链筛查的关键是选择最合适的证据，作为后续筛查的依据。在证据链筛查上借鉴了效应导向分析和有害结局路径的研究思路，以生物测试和化学分析为手段，从横向的广泛性筛查和纵向的深度性筛查两个方面开展。

（3）关键危害物的综合生态风险评估

流域水环境高风险区域识别中生态风险评估主要根据复合污染介质中目标化合物的预测毒性/风险和实际生物毒性效应/生态效应确定高风险区域，进一步细化鉴别重点防控区域的关键危害物，最后有针对性地利用多级生态风险评估综合评估关键危害物的水生态风险。

5.3.4 基于生物生理特征以及个体行为的生物预警技术

利用生物对水环境变化产生反应信息实现对水环境质量退化、恶化趋势的预测和突发事件的预警，通过生物个体上生理生化与行为及生物种群、群落、生态系统等数量与质量方面相应信息的变化，建立生物预警技术，包括基于生理特征的生物预警技术、基于个体行为的生物预警技术和在线生物监测预警技术三项。

（1）基于生理特征的生物预警技术

首先，对生物标志物的选择。生物标志物即在受到外源污染物胁迫或者毒理作用下，生物体组织、体液或者整个有机体水平上发生的生化、细胞、生理和行为改变。生物标志物有以下几类：生化类型的生物标志物（如生物解毒酶、生物解毒酶等）、分子和细胞生物标志物、繁殖和内分泌紊乱的生物标志物以及遗传毒性、DNA 损伤和染色体异常生物标志物（DNA 加合物）等。

其次，采用生物标志物综合响应（integrated biomarker response，IBR）对生物综合效应进行评价，即对于各个采样点，计算得出各生物标志物在该点基因表达的平均值。通过计算的 IBR 值判断生物标志物的响应情况，IBR 值越低说明生物受到环境污染的影响越小，IBR 值越高说明生物栖息环境对生物健康产生的影响越大。不同标志物对 IBR 值的相对贡献率不同，反映不同水质污染程度和污染物类型不同。

（2）基于个体行为的生物预警技术

水生生物对污染物的反应是综合性的，理论上各种特征反应都可用作检测变量。然而，为达到连续、自动监测的目的，同时使系统具有良好的实时与灵敏性，一般优先检测行为、生理或生化反应。行为反应直观、快速，可用视频相机跟踪成像、磁场定位、超声或光速遮挡等技术确定生物的行为变化，在较短的时间内指示污染的发生。污染物对水生生物的生理、生化过程产生复杂影响，呼吸或心跳速率、光合作用、化学基质的消耗或释放、生物发光等都具有污染指示作用。可用各种电极或光电倍增管等监视这些生理或生化过程的细微变化，以单胞藻和鱼类为例。单胞藻监控重金属污染方法通常以小球藻、衣藻、栅藻为测试藻种，采用等对数方法配置不同浓度的重金属溶液，利用藻类在线监测系统研究重金属急性毒性效应。鱼类预警重金属污染方法通过鱼类呼吸行为对不同类型污染物胁迫的响应研究，分析呼吸指标（呼吸频率、呼吸强度）对有毒污染物的响应变化，发现不同类型不同浓度污染物对鱼类呼吸反应不一致。结合预警鱼类的规格要求、易得性、分布情况及驯养条件，选取合适的预警指示鱼类，进一步对预警指示鱼类进行重金属的响应阈值研究，根据呼吸指标确定预警浓度、预警反应时间，以及对不同重金属的预警浓度。

（3）在线生物监测预警技术

将具有行为多样性的水生动物（主要是鱼类）置于由不同测试管组成的生物传感器内，使生物可以自由游动。同时，根据传感器所采用的不同信号采集技术，实时采集受试生物运动行为变化规律。结合一定压力下生物的行为学模型，通过仪器（图 5-11）本身对实时监测的受试生物行为变化进行在线分析，并根据生物的行为学变化分析水质状况，结合仪器内设定的报警方式，对水质做出安全、污染或严重污染三级报警。根据不同水体导致的受试生物回避行为变化差异，结合生物回避行为变化规律，对水体情况进行分析，主要包括突发性污染事故暴发时间和水体内污染物造成的环境综合毒性的生物学程度。

5.3.5 流域重点行业风险分级管控技术

我国重污染行业涉及产品种类繁多、原料来源广泛、工艺流程长、产污环节多，毒性化学品原料及生产过程产生的众多有毒中间体会进入水环境，导致末端排放的废水/污水具有成分复杂、污染负荷高、毒性高等特点，从源头规避突发环境污染事件的发生，是防范环境风险的最有效途径。对可能导致突发环境事件的环境风险源进行科学识别、分类分

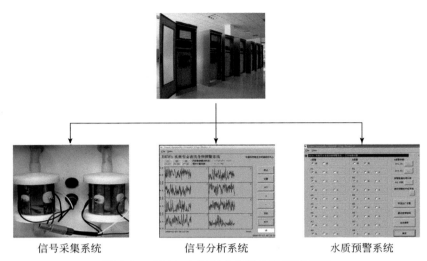

| 信号采集系统 | 信号分析系统 | 水质预警系统 |

图 5-11　BEWs 水质安全在线生物预警系统

级有效管理是源头防范的关键，因此建立点源分类分级管理技术，主要包括点源风险分类分级管控技术、流域重点行业水环境风险管控技术。

（1）点源风险分类分级管控技术

流域水环境内污染行业繁多，目前还不可能做到通盘考虑，只能采取抓大放小，选择重污染行业进行风险管理研究。对 2010 年我国 42 个行业的水污染物排放量进行统计后发现，造纸、纺织印染、制药、石油加工、电子电镀五大行业排放的水污染当量占总统计量的 38.36%，其中，造纸、纺织印染和制药的水污染贡献率分别高达 24.01%、7.89% 和 2.90%，石油加工行业的石油类和氰化物的排放量分别占总统计量的 14% 和 9%，电子电镀行业的六价铬和氰化物排放量分别占总统计量的 40% 和 16%，因此将造纸、纺织印染、制药、石油加工、电子电镀行业作为我国流域水环境点源污染分类分级管理的主要研究对象。

通过风险来源分析和风险等级的判别，结合纺织印染、造纸、电子电镀、制药、石油加工以及污水处理行业的全过程分析，以目前的清洁生产技术和污染治理技术为依托，充分借鉴国内外相关政策、标准和技术，提出了点污染源风险分级管理措施，即自控污染源管理、监控污染源管理、严控污染源管理以及特控污染源管理，并对管理措施的费用、效益和适用性进行了分析，建立了涵盖政府、企业和公众三方面的风险分类分级管理技术体系，为保障流域水环境生态安全提供了技术支持。

其中，自控污染源是指低生态风险的污染源，这类污染源只需加强内部管理就能降低对环境水体的污染损害，管理策略为"加强宣传，达标排放"，主要包括环境行为管理和废水达标管理两方面。监控污染源是指中等生态风险的污染源，这类污染源除了需采取加强内部管理等自控管理措施外，还需通过"加强监管、清洁生产"等措施才能保证对环境受纳水体的损害保持在可接受的水平。管理策略为"清洁生产，强化处理"，其中，"清洁生产"包括有毒有害化学品替代和生产工艺改进，"强化处理"包括废水分类预处理和深度处理。严控污染源是指高生态风险的污染源，由于这类污染源相对数量较多，只有实施更加严格的管理措施（如"统一入园、集中治理"等）才能确保水环境安全。管理策略为"统一入园，集中治理"，从技术水平、资源能源利用效率、污染物排放、经济效益等方面制定园区企业准入条件，废水经预处理后进入园区集中污水处理设施进行深度处理。特控污染源是指极高生态风险的污染源，由于这类污染源对环境影响大，为了保持流域水环境的化学完整性、物理完整性和生态完整性，必须采取"限期治理、关停并转"等严厉措施。

（2）流域重点行业水环境风险管控技术

流域重点行业水环境风险管控技术包括特征污染物与优控污染物调查和筛选技术、流域重点行业风险源识别与分级技术。

重点行业特征污染清单调查和筛选技术：所指的特征污染物不包括 COD、氨氮等常规污染物，指的是运用清洁生产全过程考察的思想，通过资料收集、现场考察、取样检测分析综合筛选和汇总得到的行业在原辅料使用、过程反应中产生、末端处理前后所涉及的有机和重金属污染物的集合，这些特征污染物的不正常排放可能导致潜在污染或对周边环境产生影响。

行业特征污染物清单的确定主要由三方面组成：一是通过资料收集，得到的行业特征污染物清单Ⅰ；二是通过现场考察，得到的行业特征污染物清单Ⅱ；三是通过现场取样、检测和分析，得到的行业特征污染物清单Ⅲ。结合和汇总特征污染物清单Ⅰ、特征污染物清单Ⅱ、特征污染物清单Ⅲ的结果，最终形成"重点行业特征污染物清单"。

重点行业优控污染物清单调查和筛选技术：针对重点行业，从清洁生产全过程预防控制的角度出发，在行业全过程特征污染物清单编制的基础上，开展重点行业优控污染物清单的筛选和编制研究。综合考虑各种筛选方法的特点以及前人的筛选经验，最终选用综合评分法来进行重点行业优控污染物的筛选，并且在常规的综合评分法基础上结合实际情况进行改进，摸索出合适的筛选方法。采用国际上发展的三步法，整个筛选过程分为"初步筛选阶段—进一步筛选阶段—复审阶段"三个阶段。

筛选前，首先结合国内外研究进展及实际情况撰写水污染源筛选技术方法，设定评分系统，将各参数的数据分级赋予不同的分值。筛选时，给待选的化学品逐一打分，各单项的得分叠加即每一化学品所得总分。将特征污染物进行赋分后排序，得到优控污染物清单，再根据各污染物实际情况进行精选，对定量评分系统进行调整和优化，最终由专家复审得到"流域重点行业优控污染物清单"。

重点行业风险源识别与分级技术：通过对重点行业突发环境事件进行分级，综合考虑企业固有风险属性、风险暴露与传播途径、风险管理水平、风险受体等因素（图 5-12）。

根据水环境风险受体敏感程度（E）、涉水风险物质数量与其临界量比值（Q）以及生产工艺过程与环境风险控制水平（M）的评估分析结果，将企业突发水环境事件风险进行等级划分，包括一般环境风险、较大环境风险和重大环境风险三级，分别用蓝色、黄色和红色进行标识。按照表 5-2 确定企业突发水环境事件风险等级。

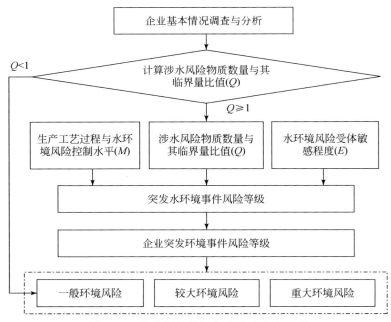

图 5-12　重点行业分级与管控技术流程图

表 5-2　企业突发水环境事件风险分级矩阵表

水环境风险受体敏感程度（E）	涉水风险物质数量与其临界量比值（Q）	生产工艺过程与水环境风险控制水平（M）			
		M_1 类水平	M_2 类水平	M_3 类水平	M_4 类水平
类型 1（E_1）	$1 \leqslant Q < 10$（Q_1）	较大	较大	重大	重大
	$10 \leqslant Q < 100$（Q_2）	较大	重大	重大	重大
	$Q \geqslant 100$（Q_3）	重大	重大	重大	重大
类型 2（E_2）	$1 \leqslant Q < 10$（Q_1）	一般	较大	较大	重大
	$10 \leqslant Q < 100$（Q_2）	较大	较大	重大	重大
	$Q \geqslant 100$（Q_3）	较大	重大	重大	重大
类型 3（E_3）	$1 \leqslant Q < 10$（Q_1）	一般	一般	较大	较大
	$10 \leqslant Q < 100$（Q_2）	一般	较大	较大	重大
	$Q \geqslant 100$（Q_3）	较大	较大	重大	重大

企业突发水环境事件风险等级表征分为两种情况：

1）$Q < 1$ 时，企业突发水环境事件风险等级表示为"一般–水"（Q_0）。

2）$Q \geqslant 1$ 时，企业突发水环境事件风险等级表示为"环境风险等级–水"（Q 水平-M 类型-E 类型）。

此外，近三年内因违法排放污染物、非法转移处置危险废物等行为受到环境保护主管部门处罚的企业，在已评定的突发水环境事件风险等级基础上调高一级，最高等级为重大。

流域风险源识别与分级技术：流域内敏感目标是水环境污染的对象，如果某个区域具有的敏感目标多，敏感目标价值大，则该区域一旦发生水污染后风险就大，后果就比较严重。另外，如果某个区域内的敏感目标受风险源污染威胁大，则该区域的风险就大。针对敏感目标在流域的分布情况、敏感目标的价值大小以及敏感目标受风险源污染威胁的程度大小，可以对流域水环境污染风险进行分区。

计算流域内每个风险源的风险值，求所有风险源的风险值总和，除以河流/水库干流河道长度，求出每千米河段范围内的平均风险值。此平均风险值作为一指标可反映整个流域范围内基于风险源和敏感目标耦合后的水环境污染的平均风险。一般风险赋值为 1，较大风险赋值为 10，重大风险赋值为 100。

将河道以 10km 为单位统计每 10km 河道区域单元内敏感目标整合风险源影响后的风险值，求出风险值的和。该 10km 河道区域单元内敏感目标整合风险源影响后的风险度，以式（5-4）表示：

$$R = \frac{\sum R}{10 \times \bar{R}} \tag{5-4}$$

如果 R 大于 1，说明该 10km 河道区域单元内敏感目标整合风险源影响后的风险高于整个流域平均风险；如果 R 小于 1，则说明该 10km 河道区域单元内敏感目标整合风险源影响后的风险低于整个流域平均风险。

根据式（5-4），可以把所有干流和支流河道划分成连续的以 10km 为单位的区域单元，计算每个 10km 区域单元的区域风险度 R，根据 R 大小，确定该 10km 区域单元的风险大小：高风险区 $R \geqslant 10$；中风险区 $1 \leqslant R < 10$；低风险区 $R < 1$。

根据每个区域单元的分区结果，对属于同一级别风险区的相邻区域单元进行合并，确定基于风险源和敏感目标耦合后的整个流域内不同级别水环境污染风险区的区划与分布情况。

5.4 三峡和太湖流域水环境管理应用

5.4.1 三峡库区水环境突发性风险管理应用

5.4.1.1 三峡库区突发性水环境风险概况

三峡工程是集防洪、发电、航运等综合功能的一项特大型水利与生态工程，坝址位于宜昌市三斗坪。三峡水库正常蓄水位 175m，总库容 393 亿 m³，回水末端至重庆江津花红堡，形成长 667km，均宽 1100m 的河道型水库。库区内江河纵横、水系发达，仅重庆市境内流域面积大于 1000km² 的河流 36 条。嘉陵江和乌江是库区最大的两条支流，香溪河是湖北境内最大支流。径流量丰富，年径流量主要集中在汛期，入库多年平均径流量 2692 亿 m³，出库多年平均径流量 4292 亿 m³。三峡库区人口众多，经济发展高速平稳。随着近年来库区流域突发性水环境事故频发，给人民生命财产安全带了巨大威胁，三峡库区水污染事故的"预防、预警、应急"三位一体的管理体系有待于强化、完善，急需形成一个基于流域系统的水污染事故应急预警机制和技术体系。

由于流域突发性水环境风险来自流域污染源，其风险大小决定水环境风险程度。在流域水污染源普查的基础上，需要对风险源进行识别。在构建流域污染源的基础上，构建流域水污染风险源数据库，提取风险源，进行重大风险源、较大风险源、一般风险源专题分类管理。突发性水环境事件应急处理的目的是及时、合理处置可能发生的各类重大、特大水环境污染事故，维护社会稳定，保障公众生命健康和财产安全。因此，可以通过形成突发环境应急指挥系统的形式，将大量重点风险源和其中的危险品信息、地图信息、各类事件处理方法、环境质量分析、环境模型推演和相关专家信息等资料整合为一体，并以电子地图为载体实现有效的管理和展示；通过快速查找正确的处理方法和相应的专家、快速有效的分配应急设备、提供有效的应急通信和及时应急监测、在最短的时间内提出处理方案等功能实现对环境应急事件的快速响应，以及对决策提供数据支持，并且实现应急接警、事故甄别、启动预案、应急指挥等功能。

5.4.1.2　三峡库区突发性水环境风险管理技术及平台

围绕突发性水环境的事前风险评估、监控预警，事中的应急处置、模拟预测开展研究和示范，凝练构建以"风险源识别与评估—监控预警—风险快速模拟—应急处置—信息发布"为主体的流域水环境突发性风险应急预警技术体系，形成多功能集成的三峡库区水环境风险评估与预警信息平台，实时地对三峡库区水环境状况进行监控，快速、准确地开展水环境风险的评估和预警。平台集水质监测、实时评价、实时预报、实时预警于一体，于2010 年开始业务化运行，直接支撑了决策部门（如国务院三峡工程建设委员会办公室、重庆市政府等）应急管理和日常管理，在突发水污染事件应急演练、涪江锰污染事故等多个突发事件中得到验证和应用。2014～2017 年，平台运行期间共获得 120 余万条水质自动监测数据，向四川省环境保护厅和重庆市环境科学研究院等单位累积发送水质预报短信28 140 条，及时、准确、有效地辅助业务部门进行风险处置，支撑了三峡流域水环境突发风险的防控。

（1）风险源识别与评估

为预防突发事件发生，对三峡库区进行日常的环境风险预防监督与事故环境风险管理，通过调查确定了三峡库区固定风险源主要有化工厂、污水处理厂和油码头三类，移动风险源主要包括船舶运输移动源和陆地运输移动源，可能导致危险化学品运输泄漏的主要原因有储罐破裂、进料太满和阀门故障三类。在此基础上，选取水环境风险评估研究风险物质量、敏感目标和管控措施三大类 26 项指标，量化风险物质，重点选取储存、管道、清污分流、事故应急池和应急预案等风险防控措施作为工业企业水环境风险隐患排查识别指标，筛选出三峡库区重庆辖区重大、较大和一般的环境风险源企业，重点和一般的敏感目标集中式饮用水水源。结合工业企业水环境风险的受体敏感目标，对三峡库区水环境风险源识别与评估。

采用风险源识别与评估技术体系，按照风险源属性、敏感目标及管控水平的特征，以及流域、园区和企业等层次划分风险分区，在固定源管理方面，基于地理空间标注，动态管理企业的基本信息、排放情况、风险单元信息、监管信息、周边敏感点等数据，建立库区风险源分级体系；在涉及交通事故引发环境风险方面，对跨江大桥及下游饮用水水源地进行分级标注，辅助对风险源进行管理，最终形成三峡库区水环境风险评估及预警平台中风险评估模块。

（2）监控预警

为将突发事件应急与日常管理相结合，以重庆市地方现有环境监测网络为基础，利用模糊聚类和物元法分析库区"三江"干流水质，并利用最佳综合关联函数和次之综合关联函数绘制"三江"干流断面聚类分析方法，优化并设置了三峡库区"三江"干流沿程水质（金子、万木、朱沱、寸滩、清溪场和巫峡口）和水华（菜子坝、东平坝、龙门、葡萄坝、龙头山、倒车坝、磨拐子、寂静、白帝镇、高阳湖）的自动监测站位。形成支流以监测水华风险、干流上游监测入库污染负荷、中下游以监测水质变化为主，并辅以实时动态更新的信息化传输网络、覆盖全库区干支流的水环境实时监测网络。

监控预警集成是基于构建的水环境实时监测网络，由污染源动态监控、水质动态监控和生物早期预警、预警报告通知四部分组成，集成环境质量子系统包括 9 个自动监测站和152 个废水监测站的重点污染源在线监控动态数据。污染源动态监控可实时反映流域内重点排污企业的排放状况；水质动态监控可动态把握流域各断面的水质情况，预警预报重大或流域性污染事故，示范平台将三种监控手段有机整合，形成了三峡库区水环境风险评估及预警平台的监控预警模块，实现了单点监控与流域预警、数据采集与数据分析的结合，为环境综合管理提供了重要依据。

（3）风险快速模拟

选取朱沱至坝前 650 余千米 968 个断面构建一个大尺度的一维模型，研究了三峡库区大尺度模型与三峡水库突发事件的局部精细模型的自动识别、转化以及针对突发事故的模型类型、网格、初边值条件和糙率数等模型库与参数库的生成技术，开发了库区重点河段的一维河网水动力学和主要库湾/河口的二维网格耦合模型，并在三峡水库突发事件的局部精细水动力学模型基础上，构建流域突发性环境风险的预测的水质模型库与参数库。同时，预警平台紧密依托库区污染源普查数据，结合企业申报、现场核准、动态更新和协同共享等手段，建立污染排放清单、河道地形、水文参数等数据库。在此基础上，构建一套三峡库区计算网格快速生成和突发事件模拟演示的三峡水库突发性水环境风险预测模型软件，能够实现三峡水库一维、二维水动力模型条件设置，不同河段、不同断面的各种水动力参数进行设定以及地形、河段、水工建筑等可视化表达的功能。

在模型系统中，通过污染物特性自动选择模型，形成了一至三维的单一或复合嵌套的智能化水质模型体系，可模拟不同水文条件下库区突发的污染物对流扩散、漂移过程，并能快速定量的得出污染物的影响范围、发展趋势、到达下游敏感点的时间和浓度变化过程信息。同时，在事故发生时输入事发位置、有毒有害物质的量等信息，即可通过水质模型模拟污染趋势。在 2011 年 7 月 21 日四川阿坝发生锰污染事件（即 "7·21" 四川电解锰厂尾矿渣污染涪江事件）中得到了实际验证，为应急指挥决策提供了科学依据。

（4）应急处置

应急指挥以 "一个流程" 为指导贯穿始终，规范应急处置行为；以 "一张表" 综合调度人员、车辆、专家、物资、专业队伍等相关资源，提升了调度效率；通过处置方案辅助生成、监测数据实时展现等智能化功能，使得应急指挥过程中可以获得大量的信息支持。本研究按照风险物质存储、生产量，筛选出三峡库区主要风险物质，如氨水、甲醛、液氯、硝酸铵等，并集成 120 种典型污染物的处置技术，其中 13 类重金属、13 类致色物质、9 类酸碱盐类物质、71 种有机污染物、8 类油类物质，应急处置技术措施，形成三峡库区水环境风险评估及预警平台中应急指挥模块。

（5）信息发布

信息发布是指将示范平台与重庆市环保官方网站对接，实现应急事件第一时间权威信息发布，充分利用电子媒体及时、开放、互动等优势，主动引导舆论。"7.21" 四川电解锰厂尾矿渣污染涪江事件发生后，重庆市环境保护局通过官方网站和微博，先于所有新闻媒体发布了消息，确保了社会舆情平稳。

5.4.1.3　三峡库区突发性水环境风险管理平台应用

三峡库区水环境风险评估与预警平台系统按照 "一个体系、一张网、一张图、一个表和一个流程" 的 "五个一" 设计思想，基于监测基础数据库的建立，以模型分析、仿真与 GIS 等为技术手段，整合流域水环境预警共性技术与三峡库区示范调查分析数据及水质模型研究成果，开发了数据、模型和应用系统三大接口，完成了三峡库区水环境风险评估预警平台的需求分析和平台设计，构建了三峡库区集水环境风险评估、监控预警、突发性应急指挥、预测预警及信息发布于一体的三峡库区水环境风险评估与预警平台。

智能支撑重庆市 2010 年次生突发环境事件联合演练：2010 年 12 月 16 日，环境保护部、重庆市政府 2010 年次生突发环境事件联合演练在重庆成功举行。演练分别模拟了在重庆长寿化工有限责任公司（简称长化厂）先后发生的 "生产事故引发氯气泄漏" "山体滑坡造成二甲苯罐区泄漏燃烧并流入龙溪河" 两次突发环境污染事件。作为一个以水污染防治为主的平台，三峡库区水环境风险评估与预警平台在 "山体滑坡造成二甲苯罐区泄漏燃烧并流入龙溪河" 的模拟事件中主要提供了定位、查询、模型预测等方面的帮助。在演练中平台应急指挥模块将电子地图定位到长化厂，并迅速锁定发生危险的风险单元；同时，在该模块的支持下，值班长在电子地图上查询到长化厂的风险源基本信息、图片、预案、存储物、周边敏感点的情况，能够及时与长寿区环境监察支队的应急人员沟通，协助他们掌握现场情况，为应急工作的开展赢得了宝贵时间。在应急处置的过程中，还能随时查看风险单元及周边的属性信息，提高了处置的准确性和效率。当长寿化工的二甲苯罐区发生泄漏，且二甲苯流入龙溪河中后，应急人员在平台模型输入框中输入流速、泄漏量等参数，通过二维水质模型的计算，迅速得出污染团由龙溪河进入长江的一个变化情况及到达下游饮用水水源点的时间，为污染事故的处置方案制定提供了依据。最终通过环保、消防等各部门紧密配合，运用平台模拟预测等功能进行支撑，事故得到了妥善解决，此次演练圆满结束。

"7·21" 四川电解锰厂尾矿渣污染涪江事件：2011 年 7 月 21 日，四川阿坝一电解锰厂受降雨影响，尾矿渣流入涪江，造成绵阳停止饮用水水源。绵阳市环境保护局高度重视，立即启动环境应急预案，对涪江入境断面采取每两小时加密监测，并且将监测所得值在平台中实时展现，通过渲染得到涪江锰含量变化趋势图，以此严密监控水质变化，同时与四川省环境保护厅取得联系了解污染情况，并书面致函要求及时将有关情况实时通报绵阳市。最终，在严密监测和与四川省环境保护厅的配合中，涪江污染事件没有对绵阳市造成重大影响，截至 2011 年 8 月 9 日 8 时，涪江川渝交界断面水质已连续 15 天达标，涪江、嘉陵江沿线各自来水厂取供水一切正常。此次事件中，平台的监控预警功能实时反映了涪江川渝交界断面锰含量的变化，对涪江重庆段污染物的控制提供了帮助，也对应急事故的指挥决策提供了科学的依据。

"3·1" 沙坪坝凤凰溪水污染事件：2012 年 3 月 1 日 12 时，嘉陵江支流凤凰溪发现大量黑色油污，严重威胁下游饮用水水源安全。为了尽快找出肇事企业，沙坪坝区环境监察支队在重庆市环境保护局的有力指导下，利用平台水缓冲分析，向上游追溯产品或原料中含有油类物质的企业，在污染物发现点周边 100 多家企业中找到 7 家可疑企业，之后再通过现场排查，最终锁定排放油类污染物的污染源企业。利用平台功能，为此次事故处置争取了时间，使得事件应急处置取得阶段性胜利。

"4·25" 大足区非法倾倒污染事件：2012 年 4 月 25 日，大足区中敖镇麻杨河水体呈现红色，经监测部门监测，发现只有锰超标 5 ~ 7 倍。为了缩小范围，锁定排污企业，在系统中对污染点周边 2km 范围内原辅料及产品中含有锰的企业进行了排查，发现并无符合条件的企业，初步确定为非法倾倒事件。后期经过沿江搜索，最终发现了非法倾倒点，确认了非法倾倒造成河流污染的假设。确认事件性质和倾倒点后，处置和监测部门在第一时间采取了筑坝、向河中投放处理剂等方法，最终将污染控制在了麻杨河范围内，没有对下游的濑溪河主河道造成危害。在此次事件中，平台为明确事件性质提供了帮助，为后期处理赢得了时间。

日常环境应急管理与决策业务化运行：平台在支撑重庆市日常环境应急管理与决策方面主要有以下几个方面：①风险分区。按长江、嘉陵江、乌江流域中的监测断面将河流周边 2km 范围划分区域，以颜色区分划分为高、中、低三种风险区域，可以实现对不同等级区域的针对性管理。②风险分类。风险源分为固定源和跨江大桥（移动源）两类。针对固定源，平台支持 88 个重大风险源的风险单元及应急设施位置展示以及查询相关属性数据。针对移动源，平台标注了 42 座跨江大桥的位置并确定了大桥的危险级别，方便对高危险级别区域进行重点管控。③水环境质量自动监测超标预警。可实时获取各断面的总磷、高锰酸盐等元素的监测值，绘制最近一天的变化曲线。利用监测站点和水环境质量模块的功能，可随时掌握监测元素的变化，对超标情况能立即反应。④污染源在线监测报警信息提示。报警信息模块作为一个小弹出框在地图的右下角出现，对某一项或多项监测值超标的断面进行报警，及时提醒采取必要措施。

5.4.2　太湖流域水环境累积性风险管理应用

5.4.2.1　太湖流域（常州）水环境污染风险评估

为支撑太湖流域水环境风险管理工作，加强对有毒有害污染物的水生态环境风险防控，"流域水环境风险管理技术集成"课题基于集成研发水专项"十一五"以来的流域水环境风险评估与管理技术，于2019年6月~2020年12月在常州选取开展流域水环境主要目标污染物风险评估筛查、复合污染风险评估及主要致毒污染物识别，为常州加强流域水环境有毒有害污染物风险防控提供参考和支持。

（1）流域水环境有毒有害目标污染物风险评估筛查

收集常州自然经济概况，了解常州水生态环境质量状况，在常州境内各大汇水区38条河流布设采样点位53个。检测指标根据《地表水环境质量标准》基本项目、国家水污染物排放标准受控污染物项目、《有毒有害水污染物名录（第一批）》中污染物以及检测单位的检测能力确定。对地表水和沉积物样品中的重金属、多环芳烃、农药及其他有机污染物进行采样检测，其中地表水检测指标208项，沉积物检测指标139项。分析地表水和沉积物水生态风险，识别常州重点管控的有毒有害水污染物和重点管控区域。

（2）重点区域复合污染风险评估及主要致毒污染物识别

在常州市区省级和市级的水质自动站点布设12个样点，采集水样和沉积物样品，使用水体被动采样器对常州市内水体中疏水性有机污染物开展被动采样工作，获取多类有机污染物的自由溶解态浓度，评估复合污染物生物可利用浓度的相应风险；在太湖竺山湾与滆湖布设5个样点，其中滆湖选择南北两个具有不同特点的代表性点位，使用原位被动采样–生物暴露联用装置，同时采集沉积物、水样、生物样品，通过证据权重分析结合环境暴露浓度与生物效应评估太湖流域的复合污染生态风险。

5.4.2.2　太湖流域（常州）重点行业风险识别

为支撑太湖流域（常州）重点行业水环境风险管理工作，"流域水环境风险管理技术集成"课题在常州以印刷电路板行业、纺织染整业和钢铁行业为研究对象，开展了流域重点行业特征污染物和优控污染物筛选、重点企业水环境风险识别评估、重点行业水环境风险防控数据库构建等工作。

（1）常州重点行业特征污染物和优控污染物调查和筛选

水污染源优控物筛选研究中选取了具有代表性的典型行业，其代表性主要基于以下三点：①该行业排放废水对水环境污染具有重要影响。②流域控源减排的重点污染源。③该行业在国民经济发展中具有较高的比例。因此选择印刷电路板、纺织染整、黑色金属冶炼和压延加工行业（钢铁行业）三个典型行业（企业），应用筛选技术建立了这三种行业（企业）的优控污染物。

（2）常州重点行业水环境风险源识别及分类

对常州24家企业开展调研，基于企业环境风险防控措施进行现场调研与交流，划分出不同行政区内重点调研企业的分布以及不同水生态功能区内重点调研企业分布情况，最终确定重点调研企业的风险等级，常州兴业电子材料有限公司有较大风险（Q_2-M_2-E_2），常州市惠泽电镀有限公司有重大风险（Q_2-M_3-E_2），其余 22 家企业为一般风险（Q_0），并形成区域风险等级划分图。

5.4.2.3 太湖流域（常州）水环境累积性风险防控支撑

（1）太湖流域（常州）水环境主要致毒污染物信息报告

基于常州市区省级和市级的水质自动站点、太湖竺山湾与滆湖布设样点，使用水体被动采样器对常州市内水体中疏水性有机污染物开展被动采样工作，获取多类有机污染物的自由溶解态浓度，使用原位被动采样–生物暴露联用装置，同时采集沉积物、水样、生物样品，通过证据权重分析结合环境暴露浓度与生物效应评估太湖流域的复合污染生态风险，识别主要致毒污染物。整合所有研究位点水体中风险最高的六种污染物，依次是 Ni、氨氮、Cd、Cu、芘和氯氟氰菊酯。芘是多环芳烃中风险最高的，氯氟氰菊酯是农药中风险最高的；整合所有研究位点沉积物风险最高的六种污染物，依次是二苯并［a，h］蒽、氯氟氰菊酯、苊（acenaphthene）、氟虫腈、溴氰菊酯（deltamethrin）和氯氰菊酯。其中有两种多环芳烃，三种拟除虫菊酯类农药，而高浓度水平的多环麝香同样风险较低。

（2）太湖流域（常州）三个重点行业特征/优控污染物清单

将特征污染物和优控污染物清单筛选技术应用于常州印刷电路板行业、纺织染整行业和钢铁行业，基于清洁生产全过程管控理念，通过资料收集、现场考察和水样监测分析，对行业全过程污染物排放特征进行分析，对行业特征污染物清单进行调查和筛选，在将特征污染物与已有清单对比的基础上，对其暴露性、持久性、毒性进行赋分排序，采用综合评分法对行业优控污染物清单进行筛选。最终得到《印刷电路板行业特征污染物清单》《印刷电路板行业优控污染物清单》《纺织染整行业特征污染物清单》《纺织染整行业优控污染物清单》《黑色金属冶炼和压延加工行业特征污染物清单》《黑色金属冶炼和压延加工行业优控污染物清单》6 个清单，制定了与重点行业对应的特征污染物清单和优控污染物清单，为企业进行污染物自我管控提供了参考依据，也为流域环境污染物往企业溯源提供了科学的技术思路和参考清单。

（3）太湖流域（常州）突发水环境事件应急预案

通过识别太湖流域常州段环境风险源、受体以及传输通道，全面评估了太湖流域常州段突发事件环境风险，揭示了太湖流域典型水生态功能区环境风险区域分布特征；以预防为主、分级响应、平战结合为原则，构建了典型流域突发环境事件应急预案框架，明确了应急组织指挥体系、监测预警架构以及应急响应流程；以区域典型突发环境事件情景为基础，设计了交通事故、生产事故次生突发环境事件应急处置方案，并依据预案框架梳理形成了应急响应流程；制定了典型流域水生态功能区重点环境风险源清单。创造性地将我国区域环境风险评估技术方法引入流域突发环境事件应急预案框架，实现了区域应急预案向流域应急预案的跨越，为我国突发环境事件应急预案"横纵结合"提供了实践经验。

（4）太湖流域（常州）重点行业水环境风险管理方案

针对印刷电路板等重点行业，通过对典型行业排放特征研究，建立重点行业各排水节点的优控污染物和特征污染物排放清单，确定重点控制的优控污染物关键控制节点，建立特征污染物源解析技术。分析流域内敏感点受污染风险程度、企业排污特点等，构建流域内重点企业风险源和敏感区的对应关系矩阵，建立水环境风险防控数据库，根据分区、分级管控的政策指导，结合不同功能区要求逐步实施差别化的流域产业结构调整与准入政策，开展水生态环境风险评估与管理技术应用，为不同功能区的重点行业的环境风险管理提供技术支持和政策建议。

（5）太湖流域（常州）水环境风险管理方案

为掌握常州水生态环境质量状况，在常州境内 38 条河流布设 53 个采样点位，对地表水和沉积物中的重金属、多环芳烃、农药及其他有机污染物进行了采样检测。对 53 个样品的 208 项地表水检测指标和 139 项沉积物检测指标进行分析，识别出常州市重点管控的有毒有害水污染物和重点管控区域。建议常州"十四五"期间在太湖、滆湖、丹金溧漕河、武宜运河、新沟河、南溪河 6 个汇水区，针对铅、锌、铜、铬、汞、镉、砷和三氯甲烷 8 种有毒有害水污染物实施风险管理。管控措施包括：①强化重点区域的排污许可管理，控制有毒有害水污染物的排放总量和浓度；②强化重点区域内有毒有害水污染物排放企业的主体责任，完善企业自行监测和信息公开；③定期（每五年）开展全市地表水和沉积物中水污染物监测，筛选识别流域有毒有害水污染物，据此调整更新流域水环境风险管理目标。

（6）太湖流域（常州）重点行业水环境风险防控数据库

完成太湖流域（常州）重点行业水环境风险防控数据库构建，内容主要包括九个子数据库：①常州市概况子数据库；②水资源概况子数据库；③地理信息空间子数据库；④污染源子数据库；⑤水环境质量子数据库；⑥敏感点基础数据库；⑦污染源与敏感点对应关系矩阵子数据库；⑧重点行业污染物清单子数据库；⑨风险源评估子数据库。其中前 6 个子数据库是基础数据库，后 3 个子数据库为动态管控数据库，通过污染源对敏感点的影响矩阵、单一污染源对敏感点的影响的排放限值矩阵进行风险企业排污管控及预警，依据监测断面特征污染物的监测值对周边排污行业进行初步溯源和展示查询。对于在环境风险源基本信息中没有检索到的企业，可以进行新增风险源识别，得到环境风险等级的判断与新增，实现环境风险受体敏感度评价和风险源识别新增。数据库已对接到常州市环境监测中心站网络平台，为太湖流域（常州）重点行业风险源的识别与分级、污染源排污对水环境敏感点影响的预判计算、敏感点处特征污染物来源预判等提供了充足的数据和技术支持。

|第 6 章|　流域水生态功能分区管理技术集成及应用

随着我国生态文明建设的全面推进，水环境管理正从传统的水污染控制向水生态健康保护的转变阶段，以往实施的以水功能区为基础的水环境管理模式表现出一定的局限性，水生态功能分区与健康管控是国家环境保护工作的重大需求。本章是"十三五"水专项的研究成果，主要是通过已有技术评估、验证及突破完善，集成了"十一五"以来流域水生态功能分区与健康管控相关的关键技术，并在常州和鄱阳湖流域开展示范应用，以期为新阶段水环境管理提质升级提供技术支持。

6.1　水生态功能分区管理技术体系

对水专项 19 个相关课题进行集成，形成 50 项技术名片，经过技术评估，集成了水生态分区管理技术体系，包括水生态功能分区、水生态完整性评估和保护目标制定、功能区生态空间管控技术、水生态承载力评估与调控技术共 5 项核心技术，17 项关键技术，44 项支撑技术点（图 6-1）。

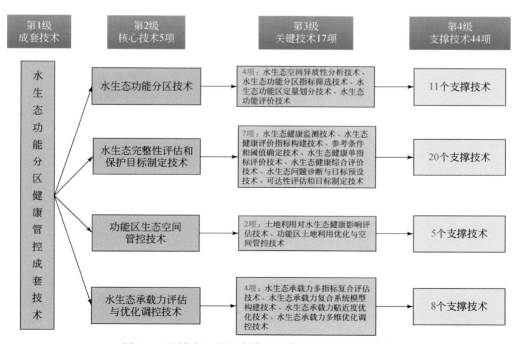

图 6-1　流域水生态健康管理成套技术四级技术体系

水生态功能分区技术依据水生态功能区划分的主要技术步骤，包括水生态空间异质性分析技术、水生态功能分区指标筛选技术、水生态功能区定量划分技术、水生态功能评价技术 4 项关键技术，对应的支撑技术点 11 项。

水生态完整性评估和保护目标制定技术以"水生态阈值确定—水生态健康评估—水生态目标确定"为主线开展，包括水生态健康监测技术、水生态健康评价指标构建技术、参考条件和阈值确定技术等 7 项关键技术，对应的支撑技术点 20 项。

功能区生态空间管控技术按照"影响评估—空间管控"的步骤开展，包括土地利用对水生态影响评估技术和功能区土地利用优化与空间管控技术 2 项关键技术，对应的支撑技术点 5 项。

水生态承载力评估与优化调控技术按照"水生态承载力评估—调控关系模型构建—调控潜力评估—综合优化调控"的技术流程开展，包括水生态承载力多指标复合评估技术、水生态承载力复合系统模型构建技术、水生态承载力贴近度优化技术和水生态承载力多维优化调控技术 4 项关键技术，对应的支撑技术点 8 项。

6.2　全国水生态功能分区管理方案

水生态功能区是指具有相对一致的水生态系统结构、组成、格局、过程和功能的水体及影响其陆域组成的区域单元。水生态功能分区是在研究水生态系统结构、过程和功能的空间分异规律基础上，在不同尺度上，按照一定的原则、指标体系和方法进行区域的划分。

水生态系统具有显著的区域差异性，依据水生态区开展监测、评价和精准管理是国际普遍认可的方法。美国和欧盟都提出了适合本土的水生态分区方案，建立了基于分区的水环境管理体系，引领了水环境管理的发展方向。我国目前实施的水功能区管理，主要依据水体的使用功能进行划分，但局限于水体的划分，割裂了水陆关系，未能体现水生态的区域差异，难以满足水生态健康管理的需求。我国正逐步迈入水生态健康管理的新阶段，水生态功能区可用于识别不同区域水生生物区系、物种组成及群落结构特征和空间分布规律，补充和完善水功能区水生态系统属性，服务于水生态监测评价、保护目标制定等水生态健康管理工作。

6.2.1　全国水生态功能分区体系与方案

6.2.1.1　分区体系

"十一五"和"十二五"期间，11 家单位参与完成了 11 个重点流域水生态多年监测调查，得到涵盖水质、水生生物主要类群、物理生境等 10 万多个水生态数据，掌握了重点流域水生态异质性分布规律及主要驱动要素，构建了流域水生态功能 1~4 级分区体系，建立了不同尺度分区指标，形成了水生态功能区划分成套技术，完成了 11 个流域的水生态功能分区 1～4 级分区方案。在此基础上，通过收集全国水生生物和生境要素，系统研究了水生态系统空间格局、尺度特征及其与环境要素的耦合关系，集成创新提出了我国涵盖地理区、流域区、单元区由大到小等级嵌套的 8 级分区体系（表 6-1）。

表 6-1 全国水生态功能分区体系

分区尺度	分区目标	分区类型	生态功能	分区尺度
国家	1 级区	水生态地理大区	反映水生生物科属及主要地理气候特征的区域差异	$1 \times 10^5 \sim$
	2 级区	水生态地理区	反映水生生物属种及主要地理特征的区域差异	$1 \times 10^6 \ km^2$
	3 级区	水生态流域区	反映水生动物地理单元内地区尺度生境特征，代表流域尺度上鱼类群落的空间差异，主要影响因素是地貌、地质、植被	$1 \times 10^4 \sim$ $1 \times 10^5 \ km^2$
	4 级区	水生态流域亚区	反映地形地貌、植被、土地利用等影响因素的空间分布特征，代表生物多样性特征的空间差异	$10^4 \ km^2$
	5 级区	水生态流域小区	反映人类活动和河流形态对水生态功能的空间差异的影响	$1 \times 10^3 \sim$ $1 \times 10^4 \ km^2$
区域	6 级区	水生态单元区	反映河流生境对水生态系统的影响，如珍稀生境、特征鱼类生境，为水生态保护提供目标	$10^3 \ km^2$
	7 级区	水生态单元亚区	反映河段生境类型差异和人类活动对水生态系统的影响，为水生态保护目标制定、修复措施制定提供措施	$1 \times 10^2 \sim$ $1 \times 10^3 \ km^2$
	8 级区	水生态单元小区	反映小尺度河道生境的空间差异，为水生态修复工程提供修复对象	$10 \sim 10^2 \ km^2$

6.2.1.2 全国水生态功能分区方案

（1）技术路线

全国水生态功能分区方案的划定在总结 11 个重点流域水生态功能分区研究成果基础上完成，技术路线如图 6-2 所示。

A. 全国水生态功能分区体系构建

主要是系统开展国外水生态功能分区体系的调研及重点流域水生态功能分区理论、体系等研究成果的总结凝练，自上而下构建全国水生态功能分区体系。

B. 重点流域水生态功能分区评估

在全国水生态功能分区框架下，开展重点流域水生态功能 1～4 级分区尺度、分区结果合理性评估。

C. 全国水生态功能分区方案划定

根据构建的全国水生态功能分区体系，完成全国水生态功能 1～2 级分区方案划定；进一步优化重点流域水生态功能分区方案，确定各流域分区在全国分区中的定位；重点流域未涉及的区域，根据构建的指标体系，进一步收集基础数据，完成全国水生态功能分区方案划定。

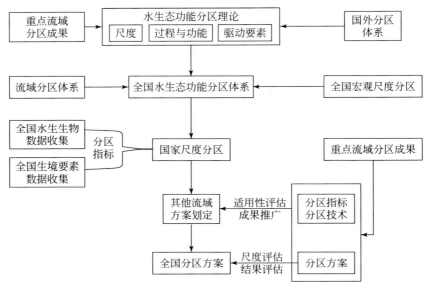

图 6-2　全国水生态功能分区方案划定技术路线

（2）分区结果

基于以上技术思路和全国水生态功能分区体系，完成了国家层面 1～5 级分区方案的划定。将全国划分为 6 个一级区、33 个二级区、107 个三级区、364 个四级区、1404 个五级区。全国水生态功能 1～2 级区是国家宏观尺度分区，属于地理区划分。一级区划分指标为降水、气温、高程，分别为东北黑龙江温带水生态地理大区（Ⅰ）、华北-东北暖温带水生态地理大区（Ⅱ）、西北-内蒙古高原温带水生态地理大区（Ⅲ）、青藏高原高寒区水生态地理大区（Ⅳ）、华中亚热带水生态地理大区（Ⅴ）、华南亚热带热带水生态地理大区（Ⅵ）；二级分区指标为土壤、植被，其中东北黑龙江温带水生态地理大区分为 4 个水生态二级区、华北-东北暖温带水生态地理大区分为 7 个二级区，西北-内蒙古高原温带水生态地理大区分为 7 个二级区，青藏高原高寒区水生态地理大全分为 6 个二级区，华中亚热带水生态地理大区分为 5 个二级区，以及华南亚热带热带水生态地理大区分为 4 个二级区。全国水生态功能 3～5 级区是流域级分区，主要基于水专项 11 个重点流域水生态功能分区的成果，确定了重点流域各级分区在全国分区体系中的定位，开展了指标变异尺度及适用性评估，对不适合的指标进行了剔除，将分区指标推广到全国，完成了 11 个重点流域外的区域分区方案划定。

6.2.2　全国水生态功能区分类管理方案

水生态功能区实行分级分类管理。在全国水生态功能五级区的基础上，进一步识别各分区主导生态功能类别，明确功能区定位，实行分类管理；根据主导功能类别及保护需要，进一步确定水生态保护的潜在等级，将其作为水生态功能区的分级标准，将水生态功能区划分为 I ～ IV 个等级，实行分级管理；开展各分区水生态健康评价，根据水生态健康潜在等级和生态等级现状，进一步将其分为风险防范型、功能保护型、功能恢复型、功能改善型 4 种，明确功能区管理要求。

6.2.2.1 水生态主导功能识别及分类

从 "三水" 统筹出发，提出了水源涵养、重要水生生物生境保护、重要生态系统类型保护、城市生活支撑、农业生产支撑 5 种水生态主导功能类型，提出主导功能判别技术方法。在全国 1404 个水生态功能五级区中，其中，水源涵养功能区 544 个，占 38.75%；重要水生生物生境保护功能区 261 个，占 18.59%；重要生态系统类型保护功能区 139 个，占 9.90%；城市生活支撑功能区 114 个，占 8.12%；农业生产支撑功能区 346 个，占 24.64%（图 6-3）。

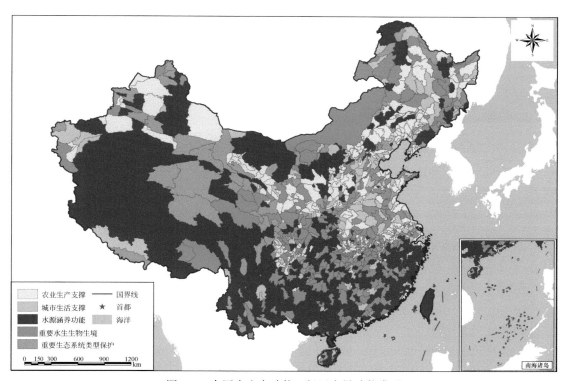

图 6-3　全国水生态功能五级区主导功能类型

6.2.2.2 全国水生态功能区生态健康等级

在主导功能类型识别及其对水生态保护要求基础上，结合水生态现状，提出各个功能区的水生态健康等级目标。其中，生态 I 级区 173 个，占 12.32%；生态 II 级区 440 个，占 31.34%；生态 III 级区 593 个，42.24%；生态 IV 级区 198 个，占 14.10%（图 6-4 和表 6-2）。

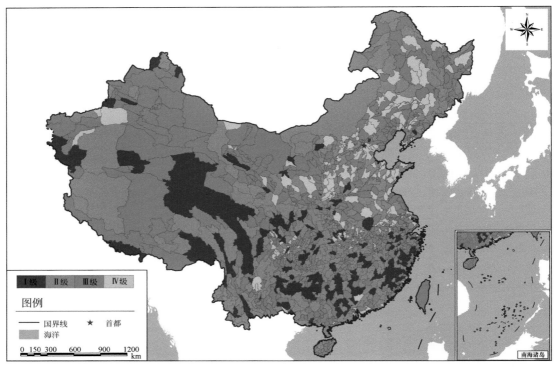

图 6-4　全国水生态功能生态等级图

表 6-2　水生态功能区保护等级

水生态等级	划分标准
Ⅰ 级区	水生态系统保持自然生态状态，具有健全的生态功能，需要全面保护的区域，主要包括饮用水水源地源头、国家自然保护区等重要珍稀物种保护区、水生珍稀特有物种栖息地等区域
Ⅱ 级区	水生态系统受到较少的人为干扰，生态功能基本健全，需要重点保护的区域，以极重要水源涵养、水生生境维持、重要生态资产保护等功能为主的区域
Ⅲ 级区	水生态系统受到中等程度的人为干扰，部分生态功能受到威胁，以重要水源涵养、土壤保持、水产品提供等功能为主的区域
Ⅳ 级区	水生态系统受到人为干扰程度较高，能发挥一定程度的生态功能，以生产生活支撑等功能为主的区域

6.2.2.3　分类分级管理要求

（1）水环境管控目标

按照"陆域–河滨岸带–水质–水生态"的管控目标体系，分别提出不同生态健康等级功能区的水环境管理目标（表 6-3）。

表 6-3　水生态功能区分级管理目标　　　　　　　　　　（单位:%）

水生态等级	水生态健康目标要求			
	优Ⅲ类水体比例	水生态健康指数	林地+湿地面积比例	滨岸缓冲带植被覆盖率
Ⅰ级区	>90	良/优	≥50	≥80
Ⅱ级区	>85	良	≥30	≥70
Ⅲ级区	>75	一般	≥25	≥50
Ⅳ级区	>55	一般/较差	≥10	≥30

（2）分类管理要求

根据水生态功能区生态功能类型、生态健康等级和生态健康状况，将各类功能区管理分为风险防范型、功能保护型、功能恢复型和功能改善型 4 种（表6-4）。

表 6-4　水生态功能区管控类型划分

管控类型	划分标准
风险防范	具有饮用水水源地、重要生物物种保护以及重要栖息地保护价值的区域，享有最高保护优先权，以风险防范为主要管理目标
功能保护	指水生态等级要求高，且水生态系统健康现状良好的区域，以水生态功能保护和维持为主要管理目标
功能恢复	指水生态等级要求高，且水生态系统健康现状存在明显胁迫要素，水生态健康现状一般的区域，以水生态功能恢复为主要管理目标
功能改善	指水生态等级要求一般，水生态系统健康现状较差的区域，以水生态系统功能修复改善为主要管理目标

1）风险防控型水生态功能区，遵循"预防为主、防治结合"原则，享有最高保护优先权，推行生态红线制度和禁止开发项目准入等严格的保护措施，着力降低资源能源产业开发带来的环境风险，确保不发生重大突然环境事件。

2）功能保护型水生态功能区，遵循"预防为主、保护优先"原则，重点实施湿地建设、水源涵养、河岸带生态阻隔等水生态保护工程，确保维持良好的水生态健康状态。

3）功能恢复型水生态功能区，重点实施空间管控、承载力调控、水生态修复等工程，以增容为主要抓手，实现水生态健康的逐步恢复，提升水生态系统功能。

4）功能改善型水生态功能区，重点实施产业结构优化调整、污染控制与治理、水生态修复等工程，削减污染物的排放，逐步实现水生态健康状况的改善。

6.3　水生态完整性评价及目标制定技术及应用

水生态完整性是指水生态系统维持与区域自然环境相适应的、经长期进化形成的稳定状态的能力，是水生态系统在特定地理区域的最优化状态，包括生物完整性、水文完整性、化学完整性、物理完整性四个方面，本质上是指水生态系统的结构、功能与服务的完整性（Scrimgeour and Wicklum，1996）。其中生物完整性是核心，水文完整性、物理完整性、化学完整性是水生态系统健康的实现基础。欧美日等发达国家从 20 世纪 70 年代就开始考虑水生态完整性在水生态保护中的地位和作用，90 年代形成以水生生物、栖息地、水化学、水文条件为核心指标的水生态完整性评价体系，建立了一套完整的"监测—评价—方案—实施—考核"工作路线。美国《清洁水法》明确提出将恢复和维持全国水体的物理完整性、化学完整性、生物完整性作为长期目标，并要求各州采用生物学基准，重点将保护生物完整性作为水环境管理的一部分。因此，针对水生态系统生态完整性的保护和恢复，亟待开展包括水生生物完整性、水体化学完整性和河流物理完整性三个主要方面的水生态完整性评估与保护目标制定技术的研发，并在典型区域开展应用实践，以指导我国水生态管理的相关工作。

6.3.1 技术框架

基于上述不同功能区水生态完整性目标要求，以典型水生态功能分区为基础，形成包含开展水生态状况评价和问题诊断、预设水生态保护目标、水生态保护目标可达性分析和确定水生态保护目标的一整套水生态完整性保护目标制定技术框架，该框架主要包括以下内容：①明确水生态功能分区；②评价水生态完整性状态；③分析诊断水生态完整性受损主要问题和原因；④预设水生态完整性保护目标；⑤评估水生态完整性目标可达性；⑥确定水生态完整性保护目标（图 6-5）。

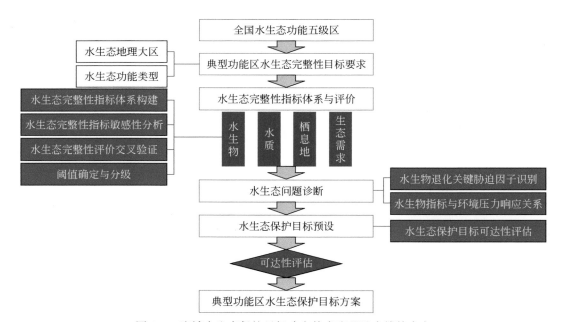

图 6-5　流域水生态保护目标确定技术流程及支撑技术点

6.3.1.1 水生态状态评价

（1）水生态状态评价指标体系

基于水生态完整性理论，提出了涵盖生物完整性、水质、栖息地和生态需水共四类要素的水生态完整性评价指标体系（表6-5）。根据科学实用、衔接管理、循序渐进和操作易行的原则，以生物完整性和水质作为必选要素，并建立了适用于全国不同类型功能区的评价指标集。水生态完整性综合评价时，取四类要素评价结果的最低等级为综合评价等级。

表 6-5　水生态完整性评价指标体系

目标层	要素层	指标层		指标类型
		河流系统	湖泊系统	
水生态 完整性	生物 完整性	着生藻类完整性	浮游藻类完整性	必选指标
		—	浮游动物完整性	备选指标
		底栖动物完整性	底栖动物完整性	必选指标
		鱼类完整性	鱼类完整性	备选指标
	水质	水质基本项目	水质基本项目	必选指标
		—	湖泊营养状态	备选指标
	栖息地	河流栖息地质量	湖泊栖息地质量	备选指标
	生态需水	生态流量或生态水位	生态水位	备选指标

注：备选指标可结合水生态功能区功能定位、生态环境特征、监测监管能力等酌情选择。

其中河湖水生生物完整性指数计算方法、水质评价方法、栖息地评价方法、生态需水确定方法如下。

A. 生物完整性指数计算方法

生物完整性指数构建的技术流程见图6-6，包括8个步骤：①制定监测方案。根据需要调查的水生生物类群，设置构建完整性指数所需的参照点和受损点。②标准化监测。基于指南、规程等规范性文件，开展水生生物样品的采集、保存和鉴定，获得水生生物群落数据。③候选生物参数计算。基于群落数据，根据候选生物参数集计算反映不同群落属性的参数。④参数筛选。基于分布范围检验、判别能力分析、冗余分析，筛选生物完整性指数的核心参数。⑤核心参数归一化。将参数的分布范围标准化为0~1，将正向参数和反向参数对环境干扰的响应方向调整为随干扰增加而降低。⑥IBI计算。基于核心参数等权重计算综合完整性指数。⑦评价标准。确定IBI的分级阈值和评价标准。⑧验证与修订。对IBI的区分率、稳定性、敏感性进行检验。

B. 水质评价方法

水质要素包括两类指标，一类是水质类别指数，适用于河流和湖泊；另一类是湖泊营养状态，适用于湖泊。水质类别指数为必选指标，营养状态为备选指标，存在富营养化和藻类水华风险的湖泊应将营养状态纳入评价体系。

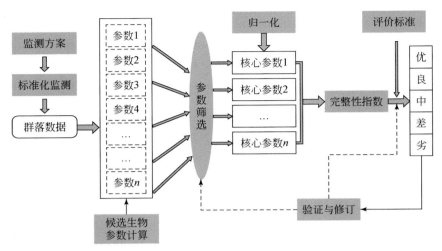

图 6-6　生物完整性指数构建技术流程

a. 水质类别指数

水质类别指数为《地表水环境质量标准》表 1 中的基本项目，水质类别评价依据表 1 中的标准限值进行单因子评价（其中水温和 pH 不作为评价指标），河流总氮不参与评价，功能区内河流和湖泊水质评价方法依据《地表水环境质量评价办法（试行）》。水质类别指数评价分级标准见表 6-6。

表 6-6　水质类别指数评价分级标准

水质类别	I、II	III	IV	V	劣 V
赋分	[80, 100]	[60, 80)	[40, 60)	[20, 40)	[0, 20)
等级	优	良	中	差	劣

注：水质类别基于《地表水质量标准》。

b. 湖泊营养状态

湖泊营养状态评价采用综合营养状态指数（表 6-7），除《地表水环境质量标准》表 1 中的基本项目外，需补充监测叶绿素 a 和透明度，叶绿素 a 的测定方法参照《水质 叶绿素 a 的测定 分光光度法》（HJ 897—2017），透明度的测定方法参照《水环境监测规范》（SL 219—2013）。计算综合营养状态指数的项目包括叶绿素 a、总氮、总磷、透明度和高锰酸盐指数共 5 项，综合营养状态指数计算和分级标准参照《地表水环境质量评价办法（试行）》。

表 6-7　湖泊营养状态分级标准

综合营养状态指数	(0, 30]	(30, 50]	(50, 60]	(60, 70]	(70, 100]
营养水平	贫营养	中营养	轻度富营养	中度富营养	重度富营养

综合营养状态指数	(0, 30]	(30, 50]	(50, 60]	(60, 70]	(70, 100]
赋分	[80, 100]	[60, 80)	[40, 60)	[20, 40)	[0, 20)
等级	优	良	中	差	劣

湖泊系统同时采用水质类别和营养状态指数评价，取最低等价为水质评价等级。

C. 栖息地评价方法

a. 评价指标选取

根据文献检索结果，结合相关规范指南，得到全国河流系统栖息地评价指标体系和湖库系统栖息地评价指标体系，具体指标构成见表6-8和表6-9。结合不同功能区类型及各指标的推荐度选取合适的栖息地评价指标。

表 6-8　河流水生生物栖息地质量评价推荐指标体系

类别	栖息地质量评价指标	城市生活支撑功能区	农业生产支撑功能区	水源涵养功能区	重要水生生物生境保护功能区	重要生态系统类型保护功能区
滨岸带	河岸线开发利用程度	+++	++	+	+	+
	岸线植被覆盖度	+	++	+++	+++	+++
	河岸线特征	+	++	+++	+++	+++
	堤岸稳定性	+++	++	+	+	+
	栖境复杂性	+	++	+++	+++	+++
	河岸植被结构	+	++	+++	+++	+++
	河岸坡度	+	+	+++	+++	+++
水域	底质异质性	+	++	+++	+++	+++
	河流连通性	+++	+++	+++	+++	+++
	河道蜿蜒度	+	+	+++	+++	+++
	沉积物污染程度	+++	++	+	+	+
	河道变化	++	+	+	+++	+++
	速度-深度结合特性	+	+	+++	+++	+++

表 6-9　湖库水生生物栖息地质量评价推荐指标体系

类别	栖息地质量评价指标	城市生活支撑功能区	农业生产支撑功能区	水源涵养功能区	重要水生生物生境保护功能区	重要生态系统类型保护功能区
滨岸带	岸线开发利用程度	+++	++	+	+	+
	岸线植被覆盖度	+	++	+++	+++	+++
	岸线特征	+	++	+++	+++	+++
	岸带稳定性	+++	++	+	+	+

类别	栖息地质量 评价指标	城市生活支撑 功能区	农业生产支撑 功能区	水源涵养 功能区	重要水生生物 生境保护功能区	重要生态系统 类型保护功能区
滨岸带	人类活动强度	+++	+++	++	+	+
	土地利用状况	+++	++	+	+	+
水域	河湖连通性	+++	+++	+++	+++	+++
	沉积物污染程度	+++	++	+	+	+
	大型水生植物覆盖度	+++	+++	+++	+++	+++
	湿地面积比	+	++	+++	+++	+++
	水域面积萎缩比例	+++	+++	+++	+++	+++
	底质异质性	+	+	+++	+++	+++
	水面开发利用程度	+++	+++	+	+	+
	湿地保护率	++	++	+++	+++	+++

b. 栖息地综合评价

采用等权重的方式，将河湖栖息地评价指标平均得出栖息地质量指数，分级评价标准见表 6-10。

$$\mathrm{HQI} = \frac{\sum\limits_{i=1}^{n} H_i}{n} \qquad (6\text{-}1)$$

式中，HQI 为完整性指数；H_i 为筛选后的核心参数；n 为核心参数的个数。

表 6-10　栖息地质量指数评价标准

栖息地质量指数	等级	说明
［80，100］	优	干扰小
［60，80）	良	轻微干扰
［40，60）	中	轻度干扰
［20，40）	差	中度干扰
［0，20）	劣	重度干扰

D. 生态需水确定方法

生态需水为备选要素，评价指标用生态流量满足程度和生态水位满足程度，前者适用于河流，后者适用于湖泊或河流。河流优先考虑生态流量满足程度，但对区域内流向不明确、潮汐河流、无流量数据的河流可用生态水位满足程度。

a. 河流生态流量满足程度

评估河流流量过程生态适宜程度，分别计算 4~9 月及 10 月至次年 3 月最小日均流量占多年平均流量的比例，分别计算赋分值，取两者的最低赋分为河流生态流量满足程度赋分（表 6-11）。评估断面应选择国家有明确要求的、具有重要生态保护价值或重要敏感物种的水域或行政区界断面。

表 6-11　河流生态流量满足程度赋分和分级标准

（10 月至次年 3 月） 最小日均流量占比	赋分	（4~9 月） 最小日均流量占比	赋分	等级
≥30%	100	≥50%	100	优
20%	80	40%	80	良
10%	40	30%	40	中
		10%	20	差
<10%	0	<10%	0	劣

b. 河湖生态水位满足程度

评价河湖生态水位满足程度，赋分和分级标准见表 6-12。生态水位依据相关规划或管理文件确定的限值，或采用天然水位资料法、湖泊形态法、生物空间最小需求法等方法确定，具体方法参照《河湖生态环境需水计算规范》（SL/Z 712—2014）。

表 6-12　生态水位满足程度赋分和分级标准

评价标准	赋分	等级
连续 3 天平均水位不低于最低生态水位	[80，100]	优
连续 3 天平均水位低于最低生态水位，但连续 7 天平均水位不低于最低生态水位	[60，80)	良
连续 7 天平均水位低于最低生态水位，但连续 14 天平均水位不低于最低生态水位	[40，60)	中
连续 14 天平均水位低于最低生态水位，但连续 30 天平均水位不低于最低生态水位	[20，40)	差
连续 30 天平均水位低于最低生态水位，但连续 60 天平均水位不低于最低生态水位	(0，20)	劣
连续 60 天平均水位低于最低生态水位	0	

（2）水生态完整性综合评价方法

水生态完整性综合评价时，取四类要素评价结果的最低等级作为水生态完整性状态综合评价等级，并计算对应指标综合指数的等级数值，如图 6-7 所示。

6.3.1.2　水生态问题诊断

基于水生态状态的评价结果，诊断生物完整性、水质、栖息地、生态需水等方面的问题，重点分析生物完整性状况。应用排序分析、广义线性模型、结构方程模型等多元统计方法，以水质、栖息地、水文条件等环境参数为解释变量，基于方差分析，分析不同因子对生物完整性的相对影响程度，优先确定出影响敏感生物类群和解释量大的因子，进而明确影响生物完整性的关键环境胁迫因子。收集功能区产业结构与污染源、土地利用、水资源开发、涉水工程建设、水域岸线开发利用等方面的资料，分析造成水生态问题的主要原因，根据功能区的主导功能，对问题进行主次排序，明确水生态问题（图 6-8）。

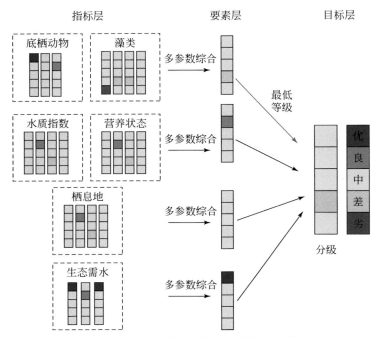

图 6-7　水生态完整性综合评价技术路线

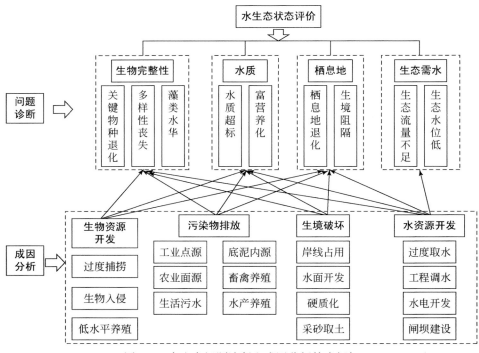

图 6-8　水生态问题诊断和成因分析技术框架

6.3.1.3　水生态保护目标预设与可达性分析

依据水生态状态评价及水生态问题诊断结果，面向影响水生态完整性的水环境问题，分析水生态状态评价指标提升潜力，优先人为可控指标，总体按水质–水量–栖息地–水生生物的先后顺序，优先选择能够较好表征水生态状态、适用范围广的指标，优先当前环境管理中纳入考核的指标，兼顾生态指标。以水质达标、"三条红线"、河长制、水域岸线管控、水量调度、生态基流保障、水生态修复等为管理手段，分别分析水质、水量、栖息地和水生生物等水生态状态评价指标的提升潜力。优先优化调整提升潜力和可行性高的水生态状态评价要素与指标，为水生态保护目标预设与可达性分析提供依据。

水生态状态评价指标提升潜力分析结果，从"（水）质–（水）量–（栖息）地–（水）生（物）"四方面指标出发，以功能定位与水质目标等为约束条件，分析参照状态设定的指标阈值，评价水生态保护目标的可达性；通过构建河湖水动力–水质–水生态模型，模拟不同气象、水文及生态修复工程等情景下水生态状态，设定不同指标的提升潜力阈值，采用蒙特卡罗（Monte Carlo）优化分析方法，进行情景设计评价与全局优化求解，分析最优情景，确定提升方案和优化保护目标，从而提出提升方案优化并进行可达性分析。如果保护目标可达，则优化后的保护目标即水生保护目标；如果不可达，返回水生态保护预设目标，重新预设目标（图6-9）。

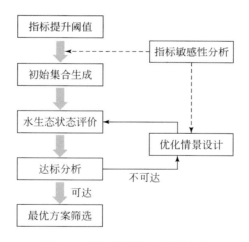

图6-9　可达性评估与优化过程

根据可达性分析和优化结果，制定各水生态功能区保护目标方案。水生态状态等级的目标分为近期目标（5年）和远期目标（15年），近期目标中，水生态状态等级为"优"的河湖需保持不退化，等级为"良"的根据可达性分析结果，提高一个等级或维持现状，等级为"中"、"差"和"劣"的根据可达性分析结果确定目标。远期目标中，等级为"优"和"良"的应保持不退化，等级为"中"、"差"和"劣"的应提高至"良"。

6.3.2　关键支撑技术

6.3.2.1　水生态完整性指标敏感性分析技术

该技术在水生态完整性评价指标集的基础上，分析不同类型参数对环境压力胁迫敏感程度，识别水生生物完整性核心表征指标，为水生态完整性保护目标指标体系构建和目标制定提供技术支撑。按照以下三个步骤进行（图6-10）。

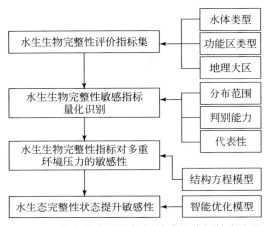

图 6-10　水生态完整性指标敏感性分析技术流程

1）水生生物完整性敏感指标量化识别。通过对参数值的分布范围检验、判别能力分析（敏感性分析）和代表性分析来获得一组 IBI 构成参数。分布范围检验表明生物参数值的分布范围，要求选择具有较宽分布范围的指标。判别能力分析用来筛选能够有效区分不同胁迫程度影响的生物参数，检验方法包括箱式图、非参数 t 检验等。代表性分析指生物参数的生物信息相似或高度相关，剔除相关性较强的生物参数是避免冗余度的主要方法。

2）环境压力指标敏感性分析。分析水生生物完整性敏感参数对多种环境压力指标的敏感性，识别对水生生物完整性参数具有显著影响的压力指标，将其作为水生态完整性评价中水质、栖息地和生态需水的核心指标。

3）水生态完整性状态提升敏感性分析。旨在识别对水生态完整性状态评价结果影响较大的敏感性指标，为水生态保护目标可达性优化提供依据。技术流程以水生态完整性状态评价模型为核心，包括响应关系模拟与分析、指标敏感性分析等关键技术环节。

6.3.2.2　水生生物评价指标参照状态确定技术

水生生物评价指标参照状态确定技术的工艺流程为"建立数据集—参照状态确定方法筛选—参照状态初步确定—参照状态检验—确定参照状态"（图6-11）。需要说明的是确定后的水生生物指标参照状态，分为期望值与临界阈值，可以应用于建立生物完整性指数评价标准。根据水生态完整性评价指标的测量值、期望值与临界阈值进行指标标准化，然后进行水生态完整性评估综合指标计算，最后根据水生态完整性状态分为五个等级，判断水生态完整性状态（表 6-13）。

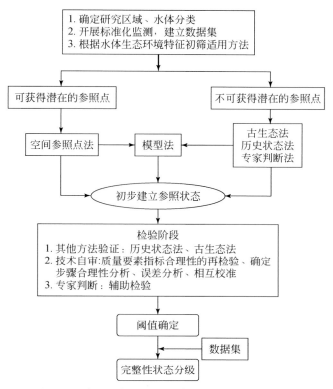

图 6-11　水生生物评价指标参照状态确定技术流程

表 6-13　水生态完整性划分与分级标准

等级	分级标准	等级描述
优	0.8 ~ 1.0	没有改变，自然状态；或轻微改变，水生态系统的自然生境和群落组成有变化，但水生态系统的功能没有发生变化
良	0.6 ~ 0.8	轻微程度的改变，水生态系统的自然生境和群落组成有一定程度的变化，但水生态系统的基本功能没有发生变化
中	0.4 ~ 0.6	中等程度改变，水生态系统的结构和功能均发生较大的变化，部分水生态系统的功能丧失
差	0.2 ~ 0.4	水生态系统显著改变，较高的人类活动干扰，水生态系统退化显著，耐污群落占据优势，鱼类藻类单一化趋势
劣	0 ~ 0.2	水生态系统严重改变，仅剩下极度耐污种类，基本水生态系统的功能丧失，甚至短期不可逆转

6.3.2.3　水生生物群落的关键胁迫因子识别技术

该技术从生物完整性理论基础出发，针对表征生物完整性的单指标和群落组成数据，提出了涵盖线性和非线性响应的胁迫因子识别方法，以及确定环境阈值的方法，该技术普遍适用于不同类型河湖生态系统，可用于识别区域水生生物完整性胁迫因子。

该技术首先开展水生生物和环境胁迫因子调查，其中环境胁迫因子数据一般包括水质理化因子、沉积物理化因子、栖息地生境因子、水动力参数（如流速）等。其次选择合适的排序模型，基于蒙特卡罗置换检验，采用前向选择法（forward selection）筛选影响生物群落变化的胁迫因子，最后在环境因子筛选的基础上，分析每个因子对群落变化的解释量，解释量越大的因子表明对生物群落影响越大；此外，可对筛选后的环境因子变量分组，通过变差分解（variance partitioning）解析不同分组环境因子的独立解释量和交互解释量，明确不同分组因子的相对重要性，识别出关键胁迫因子（图6-12）。

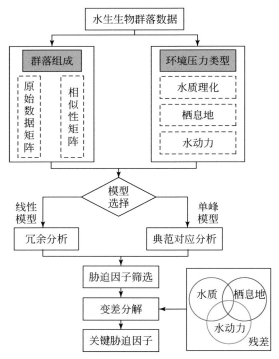

图6-12　水生生物群落的关键胁迫因子识别技术流程

需要说明的是在选择排序模型时应对群落数据开展除趋势对应分析（detrended correspondence analysis，DCA），如果结果中四个轴中梯度最长（最大值）超过4，选择单峰模型排序典范对应分析（canonical correspondence analysis，CCA）。如果小于3，选择线性模型的冗余分析（redundancy analysis，RDA）。如果介于3~4，单峰模型和线性模型都是合适的。

6.3.2.4 水生态保护目标预设与可达性评估技术

该技术明确提出了水生态保护目标预设的原则和方法，根据主导水生态功能定位、水功能区划、"三条红线"和现行水质考核目标等对水环境与水生态的要求，明确约束条件，按照衔接管理、合理可行、分期提升、先易后难等原则，从水质、水量、栖息地和水生生物四个方面，分近期（5 年）和远期（15 年）预设水生态保护目标。

研发了预设目标可达性评估的技术方法，包括构建河湖水动力–水质–水生态模型，模拟典型气象水文条件下的水生态要素时空变化过程，预测修复措施作用下的水生态状态变化规律。以功能定位与水质目标等为约束条件，确定"水质–水量–栖息地–水生生物"四类指标的阈值和变幅区间；采用遗传算法等智能优化方法，通过初始化群体—个体评价—选择—交叉—变异等过程，迭代生成水质、水量、栖息地、水生生物相关指标的优化组合方案；评价生成的优化组合方案是否能够达到水生态保护目标，最终优选可达到目标的四类指标的最优组合，形成保护目标（图 6-13）。

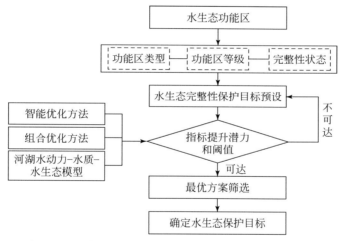

图 6-13 流域水生态保护目标预设与可达性评估技术流程

1）水生态完整性保护目标预设原则：①满足水生态功能定位。根据水生态功能区水生态功能定位初步确定预期目标。②衔接管理。与现行的水质考核目标、水（环境）功能区、"三条红线"对水环境和水生态的相关要求相衔接。③合理可行。与水生态现状、社会经济发展需求、当前监管能力相适应。④分阶段逐步提升。分近期（5～10 年）和远期（10～15 年）按照"质（水质）–量（水量）–地（栖息地）–生（水生生物）"逐步提升。⑤先易后难。优先提升调控潜力高的指标。

2）水生态完整性保护目标可达性评估初始集合生成：基于指标阈值，建立各指标的经验分布，采用蒙特卡罗优化方法生成不同参数组合的初始集合，采用迭代方法测试不同样本数量的可达性优化效果，拟测试样本数量包括 50 个、100 个、500 个、1000 个；选择适用于优化案例的样品数据，生成初始样本集合，并在优化过程中不断测试更新。

3）水生态完整性状态评价：基于已构建的水生态完整性状态评价指标体系，对初始集合中的样本逐一评价，获取初始集合样本的水生态完整性状态评价结果，分析水生态状态评价结果的特征及对指标变化的响应特征。

4）指标敏感性分析：根据水生态状态评价结果，结合指标阈值，采用敏感性分析方法，分析各指标敏感性，明确水生态状态对不同指标的响应过程，识别影响水生态状态的主控因子。

5）优化情景设计：集合指标敏感性分析结果，获取优化水生态状态的主控因子，采用遗传算法开展优化情景设计，其基本原理是以实现水生态状态最优为约束条件，搜索参数空间中的最优参数，基本计算包含编码、初始化群体、个体评价、选择、交叉、变异等运算过程。

6.3.3 常州水生态完整性及其保护目标制定

（1）常州水生态完整性评价指标构建

结合常州功能区生态系统特征和水生态监测数据，通过指标的筛选和分析，提出常州水生态完整性评价指标体系（表6-14）。

表 6-14 常州水生态完整性评价指标体系

目标层	要素层	河流	湖泊
水生态 完整性	生物完整性	着生藻类完整性、底栖动物完整性	浮游藻类完整性、底栖动物完整性
	水质	水质类别指数	水质类别指数、湖泊营养状态
	栖息地	河岸线特征、岸线开发利用程度、河岸植被覆盖度、沉积物氮磷	湖岸线特征、湖岸植被覆盖度、水面开发利用程度、大型水生植物覆盖度、沉积物氮磷
	生态需水	生态水位满足程度	生态水位满足程度

（2）水生态完整性评价结果

根据2017～2019年水生生物、水质、栖息地和水文的调查与监测结果，依据水生态完整性评价方法，对常州各功能区开展水生态完整性的各要素指标评价，并在此基础上进行综合状况评价。

综合评价结果显示（图6-14）：Ⅰ-02区（溧阳南部重要生境维持–水源涵养功能区）、Ⅱ-01区（镇江东部水环境维持–水源涵养功能区）2个区为"良"；4个区为"中"，分别是Ⅱ-02区（滆湖西岸水环境维持–水质净化功能区）、Ⅲ-04区（金坛城镇重要生境维持–水质净化功能区）、Ⅲ-05区（溧高重要生境维持–水文调节功能区）、Ⅲ-06区（溧阳城镇重要生境维持–水文调节功能区）；2个区为"劣"，Ⅱ-07区（滆湖重要物种保护–水文调节功能区）和Ⅰ-01区（长荡湖重要物种保护–水文调节功能区）。评价为"差"的区主要限制指标为生物完整性和水质，基本处于劣Ⅴ类水质或中度富营养水平，水面开发利用强度大，水生植物覆盖度退化严重。

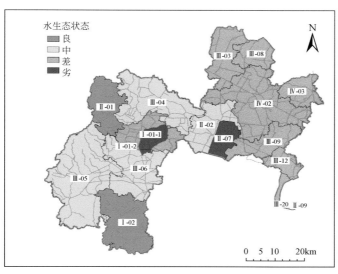

图 6-14　常州水生态功能区水生态状态综合评价等级

　　分析得出常州面临的水生态问题主要包括：①河流和湖泊底栖动物完整性低，耐污种占优，湖泊蓝藻密度高（可达 4000 万个/L）；②河流水质以Ⅳ～劣Ⅴ类为主，占比超过80%，冬春季水质较差（劣Ⅴ类断面占比超过 10%），主要为常州市区及周边城镇的河流；③滆湖总氮为劣Ⅴ类，总磷为Ⅴ～劣Ⅴ类，长荡湖总氮为劣Ⅴ类，总磷为Ⅳ～Ⅴ类，滆湖、长荡湖全年处于中度富营养状态；④河流栖息地岸线开发利用程度较高，南运河、武进港、德胜河岸线利用程度超过 40%，城市河道内源污染负荷大，氮磷污染程度高；⑤湖泊栖息地圈圩（围）养殖开发利用强度大，滆湖、长荡湖水生植物覆盖度退化严重，植被分布面积与历史相比分别缩减 93%、72%，底泥淤积严重，内源负荷高，沉积物氮磷污染处于严重等级；⑥河流水体流动性差，武南河、武宜运河、南运河等城市河道流速长期低于 0.1m/s，水体交换能力弱。

（3）水生态完整性保护目标设定及其可达性分析

　　根据目标预设技术，依据常州水生态状态、水生态功能区等级［图 6-15（a）］和水生态功能区类型［图 6-15（b）］等结果，预设水生态保护目标［图 6-15（c）］。基于水生态状态评价和问题诊断结果，以水生态保护预设目标为基础，以水生态功能区等级和水生态功能区类型为约束条件，分析"水质-水量-栖息地-水生生物"四类指标提升潜力和阈值，根据提升潜力大小对指标进行排序，排序高的指标在可达性评估模型中优先进入提升优化方案。优化结果显示，有 5 个功能区不能达到预设目标，包括 2 个湖泊为主的分区和 3 个河流为主的分区，水生态保护目标从"良"降为"中"。最终确定4 个水生态保护目标设定为"良"，其他为"中"［图 6-15（d）、表 6-15］。常州水生态功能区属于重干扰、水生态退化、重点在于治理的区域。根据优化后的目标，编制水生态保护方案。

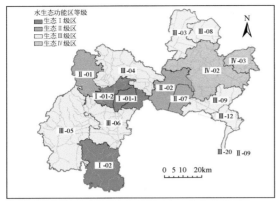

(a) 水生态功能区等级   (b) 水生态功能区类型

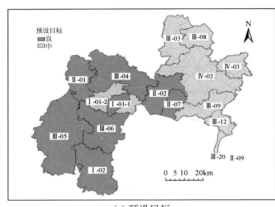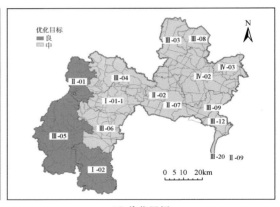

(c) 预设目标   (d) 优化目标

图 6-15　常州水生态功能区水生态预设目标及优化目标

表 6-15　常州水生态功能区水生态预设目标及优化目标

分区	分区名称	现状等级	预设目标	优化目标
Ⅰ-01-1	长荡湖重要物种保护–水文调节功能区	劣	良	中
Ⅰ-01-2	金坛洮湖重要物种保护–水文调节功能区	差	中	中
Ⅰ-02	溧阳南部重要生境维持–水源涵养功能区	良	良	良
Ⅱ-01	镇江东部水环境维持–水源涵养功能区	良	良	良
Ⅱ-02	滆湖西岸水环境维持–水质净化功能区	中	良	中
Ⅱ-07	滆湖重要物种保护–水文调节功能区	劣	良	中
Ⅱ-09	太湖湖心区重要物种保护–水文调节功能区	中	良	良
Ⅲ-03	丹武重要生境维持–水质净化功能区	差	中	中

续表

分区	分区名称	现状等级	预设目标	优化目标
Ⅲ-04	金坛城镇重要生境维持–水质净化功能区	中	良	中
Ⅲ-05	溧高重要生境维持–水文调节功能区	中	良	良
Ⅲ-06	溧阳城镇重要生境维持–水文调节功能区	中	良	良
Ⅲ-08	江阴西部水环境维持–水质净化功能区	差	中	中
Ⅲ-09	滆湖东岸水环境维持–水质净化功能区	差	中	中
Ⅲ-12	竺山湖北岸重要生境维持–水源涵养功能区	差	中	中
Ⅲ-20	太湖西部湖区重要生境维持–水文调节功能区	差	中	中
Ⅳ-02	常州城市水环境维持–水文调节功能区	差	中	中
Ⅳ-03	锡武城镇水环境维持–水质净化功能区	差	中	中

6.4　功能区土地利用优化与空间管控技术及应用

土地利用已经成为影响水生态系统不可忽视的因素，欧盟《水框架指令》明确提出土地利用优化应该作为水生态健康管理的考虑因素。当前，我国水环境管理技术水平仍难以满足水陆一体化管理的迫切需求，急需加强面向水生态健康的土地利用优化技术研究，实现流域水生态空间优化管控。

针对土地利用对水生态影响程度不清，陆域污染关键区识别不明的情况，在水生态系统调查和土地利用状况调查的基础上，定量构建土地利用组成和格局对河流水质的响应关系，建立基于水生态健康目标的土地利用优化管控模拟模型，研发了土地利用优化与空间管控技术，该技术涉及基于多元统计分析的土地利用水生态效应评估技术，功能区土地利用氮、磷输出关键区识别技术，多目标土地利用数量动态优化技术，土地利用空间优化配置技术4项关键技术，并在太湖（常州地区）典型水生态功能区开展了推广应用示范，有效支撑了常州地区水生态环境管控工作的实施，取得了良好的示范应用效果。

6.4.1　功能区土地利用优化与空间管控技术框架

功能区土地利用优化与空间管控技术框架如图6-16所示。其中，①土地利用的水生态影响评价。基于功能区水生态系统调查数据和功能区土地利用遥感影像数据，在缓冲区、集水区（汇水区）、小流域等不同空间尺度上，利用典型对应分析、冗余分析等多元统计分析方法，定量分析土地利用组成和格局对河流水生态（水质、水生生物等）的影响，开展流域土地利用氮、磷输出关键区识别。②土地利用优化与空间管控方案，基于多目标规划方法，利用土地利用数量和空间分布格局与水生态效应之间的响应关系，建立基于水生态健康目标的土地利用优化管控模拟模型，识别水生态健康的敏感因子和流域中水生态健康比较敏感的地区，有针对性地对流域敏感地区进行管控、调整敏感因子的数量和空间分布，从而实现土地利用的优化布局。

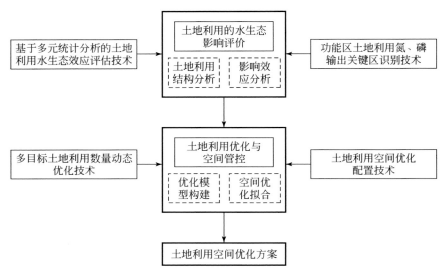

图 6-16　功能区土地利用优化与空间管控技术框架

6.4.2　关键技术

6.4.2.1　基于多元统计分析的土地利用水生态效应评估技术

目前有关土地利用的水生态效应研究多关注土地利用与河流水质的相关性分析，缺乏对流域水质、水生生物群落特征影响的综合分析，同时在空间尺度上也多集中在单一尺度上开展，缺乏土地利用影响的空间尺度效应分析。实质上，土地利用对河流水生态的影响主要体现在集水区和河岸带缓冲区两个尺度上。在集水区尺度上，土地利用组成及格局的变化对流域水分循环和污染物迁移转化产生极大影响，进而影响氮、磷营养盐等物质的水环境的输入量，改变河流水质状况，影响河流水生生物群落结构，最终对河流水生态状况产生影响。在河岸带缓冲区尺度上，河岸带土地利用类型的改变，严重影响河流生态系统中的水文过程和水环境质量，使得河流生境栖息地质量受到严重威胁，从而严重影响水生生物的群落特征，对河流水生态健康产生影响。

鉴于此，该技术基于流域水生态系统调查获取的水质指标数据和水生生物物种鉴定数据，利用相关分析、主成分分析、典范对应分析、冗余分析、灰色关联分析、多元线性回归、二分分析法等多元统计分析方法，从土地利用数量组成、空间结构以及利用强度等方面，在集水区尺度上分析土地利用对河流水质的影响。在河岸带缓冲区尺度上分析土地利用对河岸带生境质量以及水生生物的影响，从而开展土地利用的水生态效应评估，并进行土地利用对水生态健康影响的快速评估。技术流程为"流域水生态系统调查—流域土地利用解译及分析空间尺度—土地利用与水生生物参数集构建—土地利用对水生态影响的因子筛选—土地利用对水生态健康影响评估的指标体系构建—土地利用对水生态健康影响的快速评估"（图 6-17）。

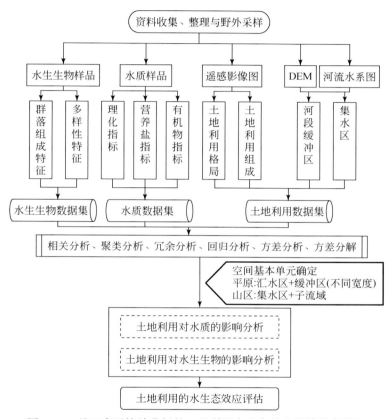

图 6-17　基于多元统计分析的土地利用水生态效应评估技术路线

6.4.2.2　基于系数矩阵的土地利用对生态影响的快速评估技术

通过多元统计方法及模型模拟等方法确定影响土地利用水生态效应的关键因子，并估算土地利用对水生态的影响，形成土地利用水生态影响系数矩阵，用于功能区土地利用水生态效应的快速评估（图 6-18）。

1）土地利用水生态属性影响系数矩阵。统计降水、海拔和坡度三个关键因子分级下各类型土地利用的水生态影响强度，得到土地利用水生态属性影响快速评估定量矩阵。计算其各类型土地利用的总氮输出强度、总磷输出强度及单位面积的水源量，其结果构成研究流域土地利用水生态属性影响快速评估定量矩阵。

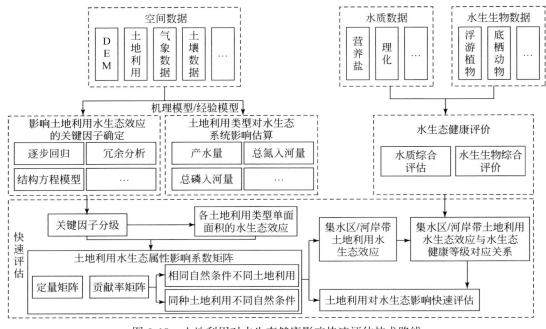

图 6-18　土地利用对水生态健康影响快速评估技术路线

2）土地利用氮磷输出负荷核算。根据土地利用水生态属性影响系数矩阵，参考不同自然条件下各土地利用类型的面积，核算集水区当前土地利用状态下的水源涵养量/物质输送量 LEE。

$$\text{LEE} = \sum_{p=1}^{z} \sum_{q=1}^{n} e_{pq} \times \text{Area}_{pq} \qquad (6\text{-}2)$$

式中，LEE 为集水区土地利用水生态属性影响；e_{pq} 为土地利用类型 p 在自然条件 q 下的水生态效应系数；Area_{pq} 为集水区内土地利用类型；p 在自然条件 q 下的面积。

3）土地利用水生态影响矩阵对流域水质的快速评估。利用水质综合指数（WQI）法开展水生态健康评估，根据水质综合指数得分判定水生态健康情况，具体划分为 5 个等级：优秀（90~100）、良好（70~90）、一般（50~70）、差（25~50）、极差（0~25），得到研究流域氮、磷输出强度与水质综合评价的换算关系式。根据研究流域氮、磷输出强度与水质综合评价的换算关系式得到总氮和总磷输出强度的分级阈值。河流水质综合指数的计算公式如下：

$$\text{WQI} = \frac{\sum_{i=1}^{n} C_i \cdot P_i}{\sum_{i=1}^{n} P_i} \qquad (6\text{-}3)$$

式中，WQI 为水质综合指数；C_i 为水质因子 i 的标准化得分；P_i 为水质因子 i 的权重。WQI 评估值范围为 0~100，其值越高，代表水质健康程度越高。指标得分和权重值依据

《地表水环境质量标准》和已有研究结果确定。

利用土地利用水生态影响矩阵计算研究流域各子流域单位面积的氮、磷输出强度，根据研究流域总氮和总磷输出强度的分级情况和各子流域单位面积的氮、磷输出强度，估测研究各子流域对主流域水质的影响情况。

6.4.2.3 功能区土地利用氮、磷输出关键区识别技术

该技术利用输出系数模型和 InVEST 模型分析流域土地利用非点源污染物总氮、总磷的输出负荷估算和空间拟合，并识别关键污染区，其可应用于乡镇、县市、生态功能区等不同尺度的水环境质量管理和土地利用的优化调控，解决了机理模型所需参数较多且难以获取导致的无法在大范围流域推广的问题。

该技术首先收集流域土地利用、地形地貌、气象水文、土壤、社会经济等基础数据，然后结合文献查阅和实地调研，基于输出系数模型和 InVEST 模型，构建总氮、总磷输出模型并完成模型参数率定与验证，最后利用 InVEST 模型完成流域土地利用总氮、总磷污染物输出的估算与空间拟合，从乡镇、县市、生态功能等不同尺度上，识别流域总氮、总磷污染关键区（图 6-19）。

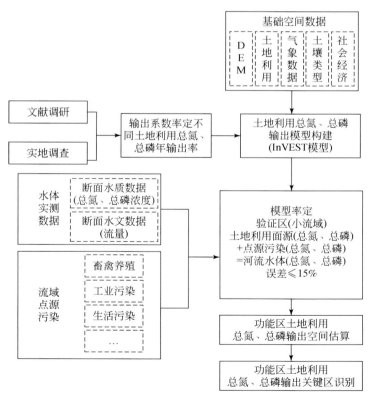

图 6-19 流域土地利用氮、磷输出关键区识别技术路线

6.4.2.4　河湖滨岸带生境优先保护区确定技术

集成流域水文-水质模型、物质输移模型、水动力模型，采用水陆耦合模拟的方式，充分模拟营养盐从源头到湖泊的空间动态过程，定量表征湖泊型流域内不同位置的河湖滨岸带对湖泊富营养化的贡献程度，综合分析各河湖滨岸带生境的风险等级，依此识别出需要优先保护的区域。该技术流程如图 6-20 所示。

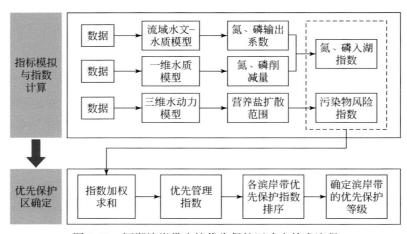

图 6-20　河湖滨岸带生境优先保护区确定技术流程

1）河湖滨岸带地形识别：将河湖滨岸带所在区域地形条件分为山区和平原两种。

2）优先保护区识别：整个流域由很多拥有独立水文过程的子流域构成，子流域内的营养盐动态也是相对独立的，可以作为独立单元来分析其中产生的营养盐的风险等级，即作为该技术中所划分的保护区。河湖滨岸带则都分布于各个子流域内，对子流域的风险分析也就是对河湖滨岸带的风险分析。

3）陆域模型构建、率定和验证：根据地形条件，选择合适的模型后，依据调查数据建立研究区的流域水文-水质模型，并设置合适的初始条件和边界条件，利用实测的水质、水文数据对模型进行率定和验证。

4）模拟各子流域的营养盐输出：对各河湖滨岸带所在的子流域，使用经过率定和验证的流域水文-水质模型（SWAT）模拟营养盐的输出浓度。

5）水域模型的构建、率定和验证。水域中的模拟包括营养盐在河网输移过程中的削减程度和进入湖泊后扩散的程度。对于营养盐在河网中的削减，本技术采用 QUAL2kw 模型（Chen et al., 2016）进行模拟。对于营养盐进入湖泊后的扩散模拟，该技术选择三维水动力模型 EFDC。

6）河网输移模拟：每一个子流域所产生的营养盐都会随着径流过程进入相邻的河道中，并继续随着水流向下游输移。该技术选择使用 QUAL2kw 模型模拟营养盐的削减程度。根据河网的节点将河网拆分成河段，然后明确子流域输出的营养盐进入哪个相邻河段，这里假设只有子流域的相邻河段才会对营养盐有削减效果，因为削减作用对于大量的营养盐负荷而言并不明显，下游河段很难对上游河段来的营养盐起到削减作用，因此该技术只对各子流域输出营养盐所进入的相邻河段进行营养盐削减模拟。

7）分析指数计算：对各子流域的营养盐输出和输移模拟后，获得各子流域营养盐入湖量，作为一项风险分析指标。营养盐入湖后的扩散风险，通过模拟营养盐从不同位置入湖后的扩散范围表征，并根据各子流域所输出营养盐的入湖位置，确定各子流域营养盐扩散风险，作为另一项分析指标。对所有子流域的营养盐入湖量进行归一化处理，计算获得0~1的入湖风险指数，定量表征各子流域营养盐入湖对湖泊富营养化的贡献程度。对于扩散程度的表征，首先也是对从各位置进入湖泊的营养盐扩散范围模拟结果进行归一化处理，计算形成0~1的污染物风险指数，然后结合河网的流向和水量分配将该指数反推到各个子流域，来定量表征各子流域营养盐扩散对湖泊富营养化的贡献程度。

8）耦合各指标，确定优先保护区：将各子流域的两个指数加权求和，获得新的指数——优先管理指数（PMI），将所有子流域 PMI 值排序，划分出四个区间，作为四个等级的优先管理区。

6.4.2.5 集水区多目标土地利用数量动态优化技术

土地利用数量结构指国民经济各部门占地的比例及其相互关系的总和，是各种用地按照一定的构成方式的集合。多目标土地利用数量动态优化技术可以解决以下两个相关的问题，一是在既定的土地利用和人口经济发展趋势下，预测未来的土地利用数量结构；二是通过结构的优化达到国民经济各部门之间土地资源的合理分配，实现人口、社会经济、水生态健康等多个目标需求。

多目标土地利用数量动态优化技术由三个子模块组成（图6-21），分别为"保护规则模块—河岸带生境质量评估模块—数量预测与优化模块"。

1）保护规则模块：根据主要的政策法规确定可以参与优化的空间单元和土地利用类型的数量范围。例如，生态红线的划定、自然保护区的范围、水源保护区、基本农田的空间分布和数量要求、河岸带保护范围等。

2）河岸带生境质量评估模块：采用对生境质量造成威胁的威胁源的类型、威胁源和河岸带保护生境的距离、生境对威胁源的敏感程度以及河岸带受政策保护的程度来综合评价河岸带生境受土地利用影响的风险程度。

3）数量预测与优化模块：采用约束条件限定、相关分析和回归分析、模型模拟、线性和非线性多目标优化方法预测未来的土地利用数量结构并对其结构进行合理性优化。

6.4.2.6 集水区土地利用空间优化配置技术

土地利用空间优化配置技术运用定量分析方法将土地利用系统和政策管理目标、水生态系统管理目标结合起来，以寻求合理的土地利用空间分布格局，实现集水区、功能区水生态健康目标。该技术依据水生态环境的约束、政策需求、土地资源自身属性进行综合评

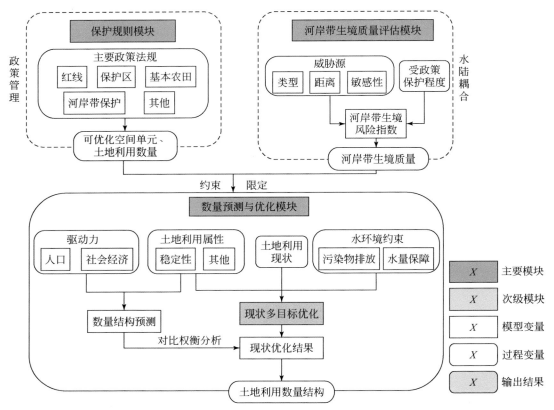

图 6-21　多目标土地利用数量结构动态优化框架

判，采用最大分配概率分配原则、兼顾土地利用数量结构需求，对土地利用类型进行合理的空间优化配置，以提高土地利用的效率和生态效益，维持土地利用系统和水生态系统的相对平衡与可持续发展的一种技术。

1）利用土地利用数量结构优化技术的保护规则模块，根据水生态功能区保护需求、经济发展需求，生态保护及修复要求等，确定在水生态功能区范围内可以参与配置的空间网格。

2）利用河岸带生境质量评估模块，根据河岸带生境受到威胁源（土地利用方式、强度以及距离河岸带远近）的影响，通过河岸带生境风险评估获取不同土地利用类型的重点限制空间网格。

3）基于给定的土地利用数量结构，结合重点限制空间网格，通过土地利用空间配置模块，计算在水生态功能区范围内每一个网格针对每一种土地利用类型的稳定性、邻域系数、适宜性概率，最后综合计算获取总空间分配概率，在可分配网格根据最大的总分配概率来进行土地利用类型的空间优化配置。

4）通过水生态效应评估模块，对确定的土地利用空间分配方案进行水生态效应评估，评判土地利用空间优化分配之后水生态健康状况最终达到的目标，确定合理的土地利用空间格局。具体的技术流程如图 6-22 所示。

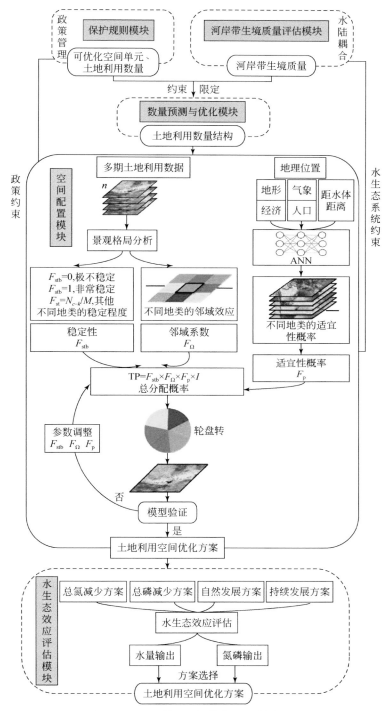

图 6-22　土地利用空间优化配置技术流程

N_{c-k} 为前一期土地利用图中第 c 种土地利用类型在下一期土地利用图中转移成第 k 种土地利用类型的网格数；

M 为前一期土地利用图中第 c 种土地利用类型的总网格数；TPE 为总分配概率；I 为常数系数

6.4.3 常州市土地利用优化和空间管控方案

6.4.3.1 常州市土地利用特征

通过对常州市 Landsat 遥感影像数据进行土地利用解译和分析，得到常州市土地利用的空间分布图（图6-23）。常州市土地利用以水域、水田和建设用地为主，三者约占总面积的80.37%。从空间分布来看，常州市东部以建设用地为主，城镇化率较高，中部以水域和耕地（包括水田和旱地）为主，西部山区以林地为主。

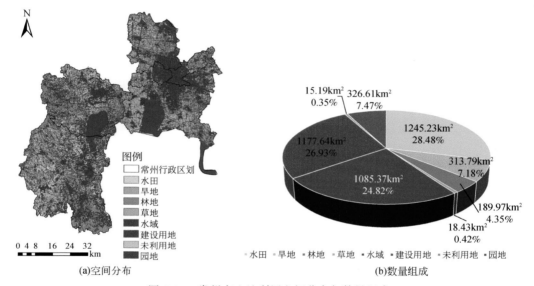

图 6-23 常州市土地利用空间分布与数量组成

6.4.3.2 不同尺度土地利用对河流水质的影响

基于冗余分析等多元统计分析方法，分析了土地利用与水质指标的相关关系，结果表明，影响常州市河流水质的主要土地利用类型为水田（28.7%）、林地（14.2%）和水域（11.7%）。研究发现，500m 宽度缓冲区土地利用对河流水质的解释率最高，500m 缓冲带的土地利用是影响河流水质的"敏感带"（图6-24）。

6.4.3.3 常州市土地利用氮、磷输出关键区识别

利用输出系数和 InVEST 模型，模拟常州市土地利用 TN、TP 输出的空间分布（图6-25）。常州市土地利用 TN 输出量要高于 TP，TN 输出量为 901 387.47kg，TP 输出量为 102 576.97kg。从空间分布来看，TN 输出量较高的地区分布于溧阳市、金坛区西北部、武进区东北部，TP 输出量较高地区主要分布于常州市东部人口密集的钟楼区和天宁区。

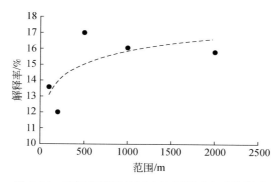

图 6-24 不同宽度缓冲区土地利用对水质的影响

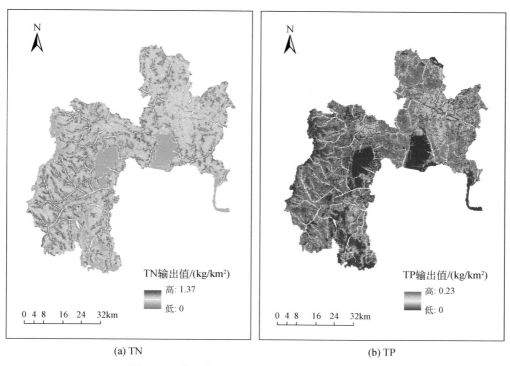

(a) TN

(b) TP

图 6-25 常州市土地利用 TN、TP 输出空间分布

基于常州市土地利用 TN、TP 输出结果（图 6-26），在水生态功能区尺度上，对常州市土地利用 TN、TP 输出关键区进行识别。根据土地利用 TN、TP 输出强度等级（高、较高、中、较低、低 5 个等级，分位数法划分），将输出强度高、较高的地区识别为 TN、TP 输出关键区。结果表明，有 6 个水生态功能区被识别为 TN 输出关键区，分别为滆湖西岸水环境维持–水质净化功能区（Ⅱ-02）、溧高重要生境维持–水文调节功能区（Ⅲ-05）、丹武重要生境维持–水质净化功能区（Ⅲ-01）、滆湖东岸水环境维持–水质净化功能区（Ⅲ-09）、锡武城镇水环境维持–水质净化功能区（Ⅳ-03）和竺山湖北岸重要生境维持–水源涵养功能区（Ⅲ-12）。有 6 个水生态功能区被识别为 TP 输出关键区，分别为常州城

市水环境维持–水文调节功能区（Ⅳ-01）、江阴西部水环境维持–水质净化功能区（Ⅲ-05）、锡武城镇水环境维持–水质净化功能区（Ⅳ-02）、丹武重要生境维持–水质净化功能区（Ⅲ-01）、竺山湖北岸重要生境维持–水源涵养功能区（Ⅲ-07）、滆湖西岸水环境维持–水质净化功能区（Ⅱ-02）。

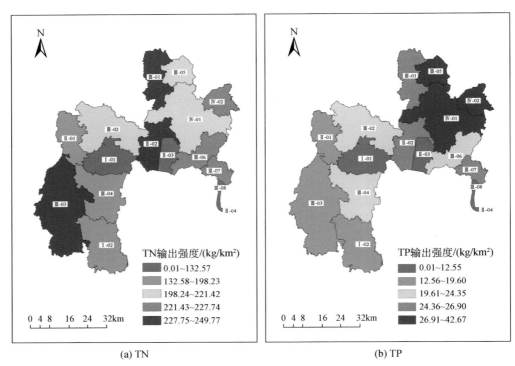

图 6-26　常州市水生态功能区 TN、TP 输出强度空间分布

6.4.3.4　常州市土地利用空间优化

利用 FLUS 模型构建的常州市土地利用变化模型，以 TN 减少、TP 减少为目标进行常州市土地利用变化的情景模拟，采用多目标规划的方法，分析不同情景条件下土地利用变化及其 TN、TP 输出变化。模型模拟多目标规划主要涉及社会约束、生态约束、土地利用面源污染以及空间限制区等类别。在土地利用情景模拟中，将生态红线区作为土地利用的空间约束条件，将《江苏省太湖流域水生态环境功能区划（试行）》对常州市 4 个生态等级 16 个水生态功能区提出来的土地利用空间管控目标，作为土地利用的数量约束条件。针对水生态Ⅰ级区、Ⅱ级区、Ⅲ级区、Ⅳ级区对应的空间管控目标，分别进行土地利用空间优化。依据广义的湿地概念，将土地利用分类中的水域统一界定为湿地。

依据 TN 减少情景、TP 减少情景的优化模拟结果，得出常州市土地利用的空间配置（图 6-27 和表 6-16）及非点源途径的 TN、TP 输出变化。与现状相比，TN、TP 减少情景下，部分土地利用类型数量变化较为明显，其中水田、旱地和园地明显减少，空间减少区域如图 6-28 所示。其中，TN 减少情景下，上述三种土地利用类型面积需要分别减少 266.23km²、52.23km²、153.27km²；TP 减少情景下，需要分别减少 271.60km²、41.68km²、146.86km²。林地、草地和水域明显增加，空间增加区域如图 6-28 所示。其中，TN 减少情景下，上述三种土地利用类型面积需要分别增加 116.10km²、7.12km²、331.18km²；TP 减少情景下，需要分别增加 115.26km²、5.73km²、331.54km²。

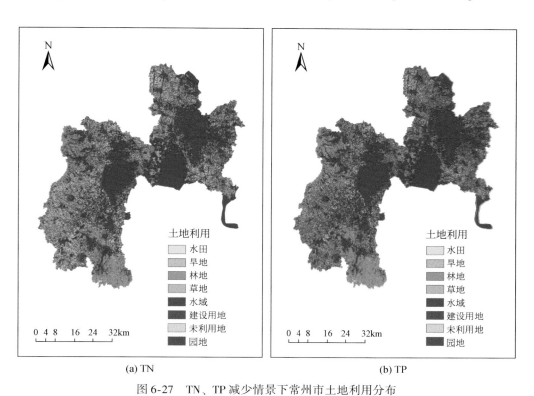

(a) TN   (b) TP

图 6-27　TN、TP 减少情景下常州市土地利用分布

表 6-16　TN、TP 减少情景下常州市各土地利用类型面积　　（单位：km²）

土地利用类型	现状	TN 减少情景	TP 减少情景
水田	1245.23	979.00	973.63
旱地	313.79	261.56	272.11
林地	189.97	306.07	305.23
草地	18.43	25.55	24.16
水域	1085.37	1416.55	1416.91
建设用地	1177.64	1210.16	1199.52
未利用地	15.19	2.84	3.77
园地	326.61	173.34	179.75

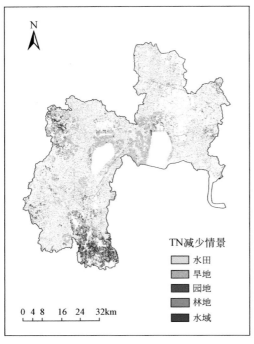
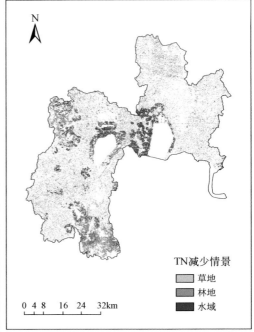

(a) TN

(b) TP

图 6-28　TN、TP 减少情景下主要土地利用类型空间变化

水田、旱地、园地为减少，草地、林地、水域为增加

从不同模拟情景下土地利用 TN、TP 输出量的空间变化（图 6-29）来看，与现状相比，TN、TP 减少情景下，TN、TP 的输出量会明显减少。TN 减少情景下，TN、TP 输出量将分别减少 17.07% 和 8.06%；TP 减少情景下，TN、TP 输出量将分别减少 16.98% 和 8.55%。

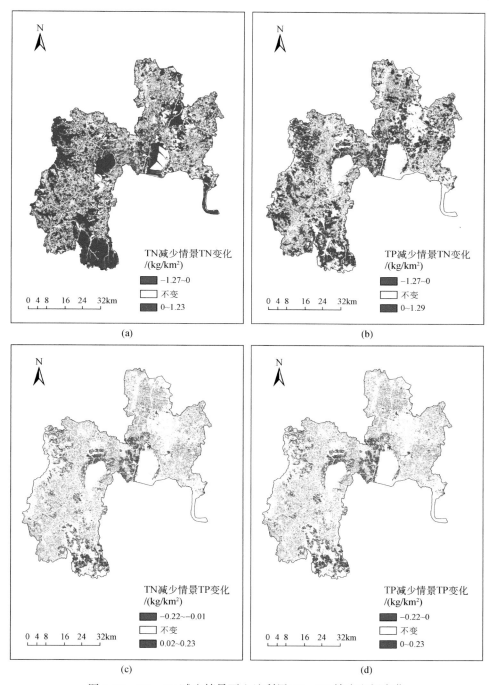

图 6-29   TN、TP 减少情景下土地利用 TN、TP 输出空间变化

在 TN、TP 减少情景下，常州市 16 个水生态功能区的土地利用空间管控目标在湿地（水域）面积比例、林地和湿地（水域）合计面积比例这两项指标 100% 达标，而在林地面积比例这项指标上并未都达标。

6.5 水生态承载力评估与调控技术及应用

水生态承载力是在一定发展阶段，一定技术水平条件下，某空间范围内的水生态系统在维持自身结构和功能长期稳定、水生态过程可持续运转的基础上，能为人类社会活动提供水生态系统产品和服务的能力。在此概念中，承载关系表现为水生态系统为人类社会活动提供水生态系统服务；承载主体是某空间范围内的水生态系统，承载客体是相应空间范围内的人类社会活动；承载力量化标准是水生态系统服务能力。

我国社会经济发展对水生态系统造成了巨大压力，水资源短缺、水环境污染和水生态退化等问题交织显现。当前水生态环境问题错综复杂，单纯的水资源管理或水污染防治尚不能全面支撑解决水生态环境保护与社会经济发展间的矛盾，急需开展面向水生态环境系统保护的问题诊断与综合管控技术应用。开展水生态承载力评估有助于系统诊断水生态环境问题，水生态承载力调控对于实现"三水"统筹综合管理具有重要应用价值。

6.5.1 水生态承载力评估与调控技术框架

水生态承载力评估与调控总体按照"水生态承载力评估—调控关系模型构建—水生态承载力优化调控"的关键技术链开展（图 6-30）。

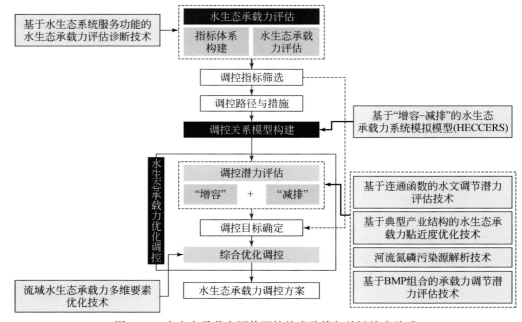

图 6-30 水生态承载力评估调控技术路线与关键技术关系

（1）水生态承载力评估与诊断

通过构建评估指标体系，系统评估水生态承载力状况，诊断识别制约承载力或导致水生态环境突出问题的主要因素。当前水生态承载力概念存在水生态内涵体现不足、承载主客体不明确以及承载力量化标准不一的问题。本研究基于水生态系统服务功能体系以及水生态系统对人类社会需求的承载关系，认为水生态承载力包含水资源、水环境、水生态三个方面的内涵。在水生态承载力概念内涵明确的基础上，进一步构建涵盖"三水"的水生态承载力指标体系，采用指标综合评价法，全面衡量水生态环境对经济社会的支持作用，并甄别导致水生态系统破坏的主要影响因素。

（2）调控关系模型构建

水生态承载力系统模拟技术是支撑水生态承载力科学、精准调控的关键支撑技术。前期水生态承载力调控主要针对产业结构优化调整，从"减排"角度建立基于系统动力学的水生态承载力系统模型，而对流域水生态过程机理考虑较少，尚不足以支撑基于"水生态-经济社会"复合系统完整性统筹"增容"和"减排"措施的水生态承载力综合调控。本研究针对水生态承载力综合模拟能力不足的问题，在水专项前期模拟技术成果基础上，进一步解析水生态承载力的机理过程，突破完善并构建基于"增容-减排"的水生态承载力系统模拟模型（HECCERS），以支撑水生态承载力优化调控应用。

（3）水生态承载力优化调控

水生态承载力优化调控是制定水生态承载力综合调控方案，支撑"三水"统筹管控的关键支撑技术。前期研究多针对产业减排开展承载力调控，相关技术方法尚处于探索发展阶段。本研究在前期调控技术研究基础上，重点针对水生态承载力调控技术路径、调控潜力评估、调控目标、综合优化调控等技术方法、原则和要求进行集成创新，提出水生态承载力优化调控技术，以支撑水生态环境综合管控。

水生态承载力调控主要包括调控指标筛选、调控路径与措施确定、调控潜力评估、调控目标制定、优化调控和调控方案编制等流程。在调控空间范围水生态承载力评估与问题诊断基础上，围绕水生态主要超载问题，筛选相应可调控的水生态承载力关键限制性指标；面向水生态调控指标改善需求，考虑调控空间范围水生态环境状况特征，选择承载力调控路径，结合水生态环境管控策略要求，提出承载力调控的备选工程或非工程措施清单；从"减排、增容"两方面，采用情景分析、数值模拟等技术手段，定量评估一定社会经济发展情景下调控措施对调控指标的改善潜力；依据调控指标的改善潜力，考虑与水生态环境管理目标的衔接，制定的分阶段调控目标体系；在调控空间范围社会经济近远期发展模式情景下，采用情景优化、数值模拟等技术手段，开展兼顾"减排、增容"的综合调控情景优化，评估目标可达性和成本效益，优选综合调控情景；参考承载力调控情景优化结果，编制水生态承载力综合调控工作方案，为流域/区域水生态环境管控提供依据。

6.5.2 关键支撑技术

6.5.2.1 基于水生态系统服务功能的水生态承载力评估诊断技术

(1) 水生态承载力评估指标体系

从水生态系统性和服务功能完整性角度出发，采用目标—准则—指标层级关系框架建立水生态承载力指标体系。其中，目标层变量为水生态承载力；鉴于水生态承载力的水资源、水环境和水生态内涵，准则层由水资源、水环境、水生态三个专项指标构成，分别由水资源禀赋指数、水资源利用指数、水环境纳污指数、水环境净化指数、水生生境指数、水生生物指数6个分项指标表征（表6-17）。

表6-17 水生态承载力评估推荐指标及权重

专项指标	分项指标	权重	评估指标		权重
水资源（A）	水资源禀赋指数（A1）	0.5	人均水资源量（A1-1）		1
	水资源利用指数（A2）	0.5	万元GDP用水量（A2-1）		0.3
			水资源开发利用率（A2-2）		0.2
			用水总量控制红线达标率（A2-3）		0.5
水环境（B）	水环境纳污指数（B1）	0.4	工业污染强度指数（B1-1）	工业COD排放强度（B1-1-1）	0.1
				工业氨氮排放强度（B1-1-2）	0.1
				工业总氮排放强度（B1-1-3）	0.1
				工业总磷排放强度（B1-1-4）	0.1
			农业污染强度指数（B1-2）	单位耕地面积化肥施用量（B1-2-1）	0.15
				单位土地面积畜禽养殖量（B1-2-2）	0.15
			生活污染强度指数（B1-3）	城镇生活污水COD排放强度（B1-3-1）	0.075
				城镇生活污水氨氮排放强度（B1-3-2）	0.075
				城镇生活污水总氮排放强度（B1-3-3）	0.075
				城镇生活污水总磷排放强度（B1-3-4）	0.075
	水环境净化指数（B2）	0.6	水环境质量指数（B2-1）		0.5
			集中式饮用水水源地水质达标率（B2-2）		0.5
水生态（C）	水生生境指数（C1）	0.5	植被覆盖岸线比（C1-1）		0.2/0.25/0.25
			水域面积指数（C1-2）		0.1/0.2/0.3
			河流连通性（C1-3）		0.2/0.1/0.1
			生态基流保障率（C1-4）		0.3/0.2/0.1
	水生生物指数（C2）	0.5	鱼类完整性指数（C2-1）		0.4
			藻类完整性指数（C2-2）		0.25
			大型底栖动物完整性指数（C2-3）		0.35

（2）水生态承载力评估方法

采用指标综合评价法，通过指标赋分和逐级加权对水生态承载状态开展评估。主要包括评估指标赋分、加权综合评估与等级判别三个步骤。

A. 评估指标赋分

根据评估指标实际数值和附录 A 中赋分标准，运用公式计算得到评估指标的分值。评估指标赋分值均在 0 ~ 100。

评估指标类型分为三种，其赋分方法如下。

1）对于评价值是固定值的指标，赋值时直接取该级别的中值：

$$P_k = \frac{V_{kl} + V_{kh}}{2} \tag{6-4}$$

2）对于越大越好型指标，赋值时考虑：

分段指标

$$P_k = V_{kl} + \frac{V_{kh} - V_{kl}}{I_{kh} - I_{kl}} \times (I_k - I_{kl}) , \ I_k \in (I_{kl}, \ I_{kh}] \tag{6-5}$$

无上限指标

$$P_k = 80 + \frac{I_k - I_{kl}}{I_{kl}} \times 10 , \ I_k \in (I_{kl}, \ +\infty) \tag{6-6}$$

当 P_k >100 时，取 100 作为 P_k 值。

3）对于越小越好型指标，赋值时考虑：

分段指标

$$P_k = V_{kl} + \frac{V_{kh} - V_{kl}}{I_{kh} - I_{kl}} \times (I_{kh} - I_k) , \ I_k \in (I_{kl}, \ I_{kh}] \tag{6-7}$$

无下限指标

$$P_k = 20 - \frac{I_k - I_{kl}}{I_{kl}} \times 10 , \ I_k \in (I_{kl}, \ +\infty) \tag{6-8}$$

当 P_k <0 时，取 0 作为 P_k 值。

式中，P_k 为评估指标 k 的分值；V_{kl} 为评估指标 k 所在类别标准下限分值；V_{kh} 为评估指标 k 所在类别标准上限分值；I_k 为评估指标 k 原始数据；I_{kl} 为原始数据 I_k 所在分级的下限；I_{kh} 为原始数据 I_k 所在分级的上限。

B. 指标加权计算

指标加权计算采用自下而上加权的方式，从评估指标向分项指标和专项指标逐级评估。计算方法步骤如下：

根据单个评估指标赋分值，使用加权求和法分别计算得到相应各分项指标值。计算公式为

$$F_{ij} = \sum_{k=1}^{n} w_{ijk} \times P_{ijk} \tag{6-9}$$

式中，F_{ij} 为第 i 个专项指标的第 j 个分项指标的分值；w_{ijk} 为第 i 个专项指标的第 j 个分项指标中第 k 个评估指标的权重；P_{ijk} 为第 i 个专项指标的第 j 个分项指标中第 k 个评估指标的

分值；n 为第 j 个分项指标中评估指标的个数。

根据各分项指标分值计算结果，进一步使用加权求和法计算准则层各专项指标的分值。计算公式为

$$Z_i = \sum_{j=1}^{m} w_{ij} \times F_{ij} \tag{6-10}$$

式中，Z_i 为第 i 个专项指标的分值；w_{ij} 为第 i 个专项指标的第 j 个分项指标的权重；m 为第 i 个专项指标下涉及分项指标的个数。

C. 水生态承载力综合评估

根据各专项指标分值计算结果，进一步计算水生态承载力状态综合评分值。计算公式为

$$HECC = \frac{\sum_{i=1}^{4} Z_i}{3} \tag{6-11}$$

式中，HECC 为评估区水生态承载力状态综合评分值。

D. 等级判别

依据表 6-18 水生态承载状态分类标准，考虑水环境质量达标情况和 HECC 值判别评估区水生态承载状态（如水环境质量指数小于 90% 则一票否决，认为呈超载状态），评判方法如下：

$$水生态承载状态 = \begin{cases} 超载 & （HECC > 40 \ 且 \ B2\text{-}1 < 90\%） \\ 按分类标准判别 & （其他情况） \end{cases} \tag{6-12}$$

表 6-18　水生态承载状态分类标准

HECC 得分	[0, 20]	(20, 40]	(40, 60]	(60, 80]	(80, 100]
承载状态	严重超载	超载	临界超载	安全承载	最佳承载

将评估区水生态承载力分为五级：最佳承载、安全承载、临界承载、超载和严重超载。同样，针对 3 个专项指标和 6 个分项指标，均可依据表 6-17 和相应得分判别各自承载状态等级。依据各评估指标赋分值，初步识别对评估区水生态承载状态产生不利影响的主要指标。识别标准为评估指标赋分值小于等于 40。

6.5.2.2　基于"增容-减排"的水生态承载力系统模拟模型（HECCERS）

HECCERS（图 6-31）是用于水生态承载力动态评估与调控的概念模型，是从流域水生态系统性、完整性及其对经济社会活动承载关系角度出发，创新性地将经济产业发展、产排污过程、流域水文-水质-生态过程等流域系统多过程复杂要素系统耦合，并提出统筹"减排"与"增容"的调控要素情景优化模块方法，实现流域水生态承载力系统评估与优化调控于一体的综合性、数字化、自动化模型系统，可为流域"三水"综合管控方案与管理政策的优化制定提供科技支撑，保障流域水生态环境保护成本投入与实施成效统筹优化。

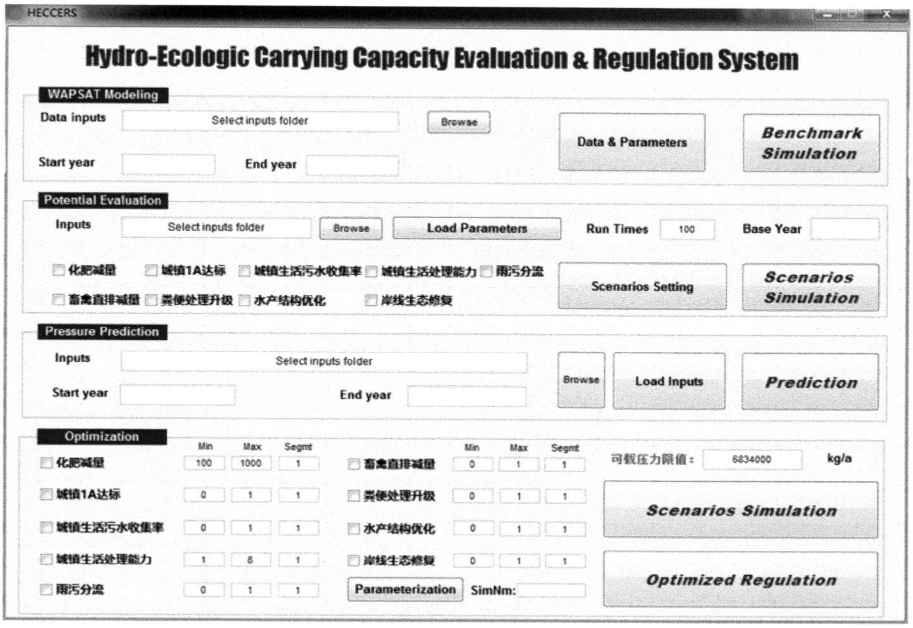

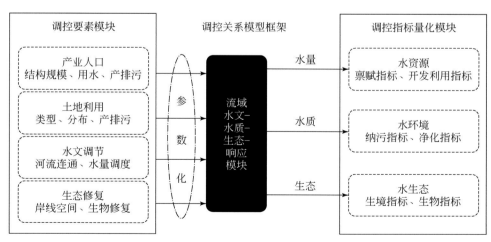

图 6-31　HECCERS（V2.0）

调控关系建模的总体框架包含调控要素模块、流域水文–水质–生态响应模块和调控指标量化模块三大部分（图 6-32）。

调控要素模块　　　　调控关系模型框架　　　　调控指标量化模块

调控要素模块
- 产业人口
结构规模、用水、产排污
- 土地利用
类型、分布、产排污
- 水文调节
河流连通、水量调度
- 生态修复
岸线空间、生物修复

参数化

流域水文–水质–生态–响应模块

水量 → 水资源
禀赋指标、开发利用指标

水质 → 水环境
纳污指标、净化指标

生态 → 水生态
生境指标、生物指标

图 6-32　HECCERS 框架

1）调控要素模块主要涉及"减排"和"增容"两方面调控要素。"减排"包括从产业人口、土地利用等方面污染物排放削减措施；"增容"包括从水文调节、生态修复等一系列生态容量措施。本研究基于鄱阳湖流域水污染源调研，结合 MATLAB 程序语言研发了

WAPSAT 水污染源评价模型，通过与流域水文水质生态响应模块耦合模拟，实现对流域总磷污染源产排污过程精细化系统模拟解析，在此基础上进一步考虑"减排"和"增容"调控措施体系，研发调控潜力评估子模型、经济社会压力预测子模型和优化调控子模型，支撑流域承载力系统综合调控。

2）流域水文–水质–生态响应模块主要功能是定量或定性描述流域水文、水质、生态过程对经济社会压力的响应关系，可采用定量或定性的技术方法建立。本研究汇总采用 DTVGM 流域分布式水文模型定量模拟鄱阳湖流域降水径流过程，利用 SPARROW 流域污染物空间输移模型，模拟鄱阳湖流域污染物"排污–入河迁移–入湖"空间过程，通过模型耦合模拟实现鄱阳湖流域系统过程模块构建。

3）调控指标量化模块主要依据流域水文水质生态响应模块分析结果，利用水量、水质和生态变量对水资源、水环境和水生态相关调控指标情况进行承载力调控。

6.5.2.3 基于连通函数的水文调节潜力评估技术

该技术量化了闸坝对水生态的影响，主要运用图论法以闸坝点作为图论模型的顶点，利用水文连通函数，将相邻闸坝点的水流畅通度作为权值组成加权邻接矩阵，对矩阵进行计算，求出任一闸坝点到其他闸坝点的最大水流畅通度，再通过归一化求出该闸坝点的水流畅通度。计算得到水系连通度值，设置情景模拟闸坝开启度，得到连通度与开启度之间线型规划模型。通过对研究区水生态状况的进一步研究，分析闸坝开启度–连通度–水生态的相关关系，进而为水生态的提升提供技术参考（图 6-33）。

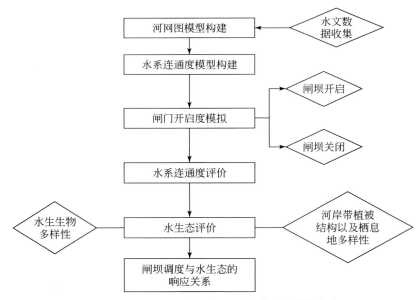

图 6-33 基于连通函数的水文调节潜力评估技术流程

6.5.2.4　基于典型产业结构的水生态承载力贴近度优化技术

该技术适用于基于水环境改善的研究区产业结构优化调整。首先收集研究区水环境状况和产业结构状况；其次以钱纳里产业结构模式为标准对产业结构的合理性进行分析，并采用模糊数学中的 Hamming 贴近度对产业结构的合理性进行测定；最后通过产业结构与环境的典型性相关分析，对研究区域的产业结构与环境的影响进行评估，提出改善环境状况的产业结构调整措施，技术路线详见图6-34。

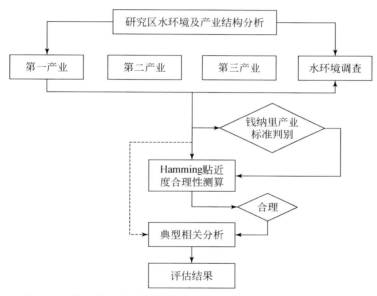

图6-34　基于典型产业结构的水生态承载力贴近度优化技术流程

6.5.2.5　基于 BMP 组合的承载力调节潜力评估技术

最佳管理措施 BMP 是国际公认治理非点源污染的最有效措施之一。基于 BMP 组合的承载力调节潜力评估技术流程首先为建立相关流域污染负荷模型，计算出相应的污染物负荷之后，再基于水文单元管理方式，给出不同的管理措施组合形式进行调整。通过计算不同管理措施组合条件下的流域水质情况，在流域水质达标状况的前提下寻求最佳管理措施（图6-35）。

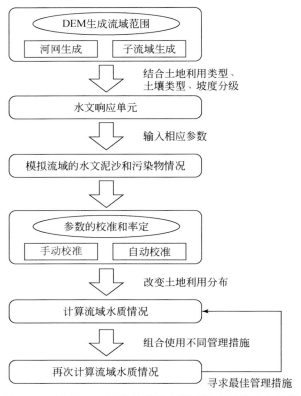

图 6-35　基于 BMP 组合的承载力调节潜力评估技术流程

6.5.3　常州市水生态承载力评估及调控

6.5.3.1　建立常州市水生态承载力评估调控总体思路

结合常州市经济社会和水生态环境特征，集成应用水生态承载力评估与调控技术体系，以水生态承载力现状评估诊断、模拟预测、调控潜力评估和优化调控为主线，开展常州市水生态承载力调控，制定太湖（常州）典型区水生态承载力调控方案（图6-36）。

6.5.3.2　常州市水生态承载力评估诊断

本研究采用水生态承载力模拟模型，分析了常州市水生态功能区 2010～2016 年的水生态承载力演变（图 6-37）。结果表明，功能区Ⅰ-02、Ⅲ-06、Ⅲ-05、Ⅰ-01、Ⅱ-01、Ⅱ-02 由 2010 年逐步恢复改善，到 2016 年达到安全承载范围。功能区Ⅲ-04 虽然一直处于临界超载状态，但是该区域环境在逐步恢复改善中。功能区Ⅲ-20、Ⅱ-07、Ⅲ-08、Ⅲ-03、Ⅱ-09 同样处于临界超载状态，并且在逐步恢复改善中。功能区Ⅳ-03、Ⅲ-

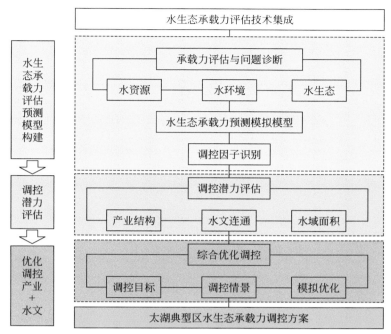

图 6-36 太湖（常州）水生态承载力调控技术流程

09、Ⅲ-12 由超载状态逐步恢复至临界超载状态。功能区Ⅳ-02 一直处于超载状态，是恢复的重点区域。

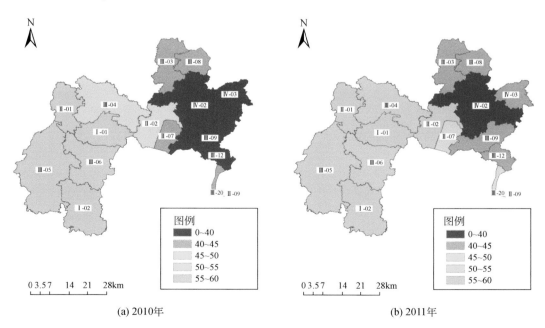

(a) 2010年   (b) 2011年

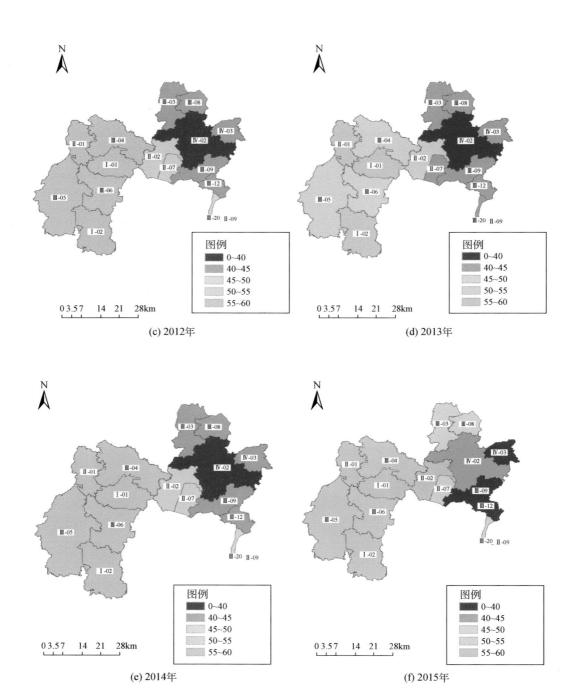

(c) 2012年　(d) 2013年

(e) 2014年　(f) 2015年

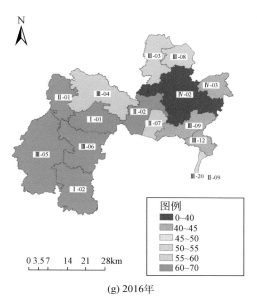

(g) 2016年

图 6-37 2010～2016 年常州市水生态功能区综合承载力分布

水生态承载力临界超载及超载区域的主要超载指标如下：①天宁区的水资源开发利用率、单位耕地面积化肥施用量、水环境质量指数及大型底栖动物完整性指数；②钟楼区的水资源开发利用率、单位耕地面积化肥施用量、水环境质量指数、河流连通性及大型底栖动物完整性指数；③武进区的水资源开发利用率、水环境质量指数及河流连通性；④新北区的水资源开发利用率、水环境质量指数、水域面积指数、河流连通性及大型底栖动物完整性指数。进一步通过蒙特卡罗敏感性分析知，评估区水域面积指数、河流连通性、水环境质量指数等指标对结果影响较大，是水生态承载力的关键调控因子。

6.5.3.3 常州市水生态承载力模拟预测

常州市水生态承载力涉及社会、经济、人口、水环境、水生态等多个子系统。在 WREE 评估过程中以行政区划为边界。因此，VENSIM 的空间边界为常州市下辖区县，并分为溧阳市、金坛区、武进区、钟楼区、天宁区和新北区共六个边界约束条件。模型的时间边界设定为 2010～2030 年，其中，2010～2016 年为历史检验年，2017～2035 年为规划预测年，设置模型时间步长为 1 年，模型运行时长为 20 年。

本研究选取 2010～2016 年为历史检验年，将常州市各研究区系统动力学模拟的水生态综合承载力与 WREE 评估模型水生态综合承载力结果对比。由以上各研究区系统动力学水生态综合承载力模拟值误差统计可知，各研究区 2010～2016 年的模拟值与真实值的最大误差不超过 5.52%。利用 SD 模型（system dynamic model）对研究区 2017 年的水生态承载力进行预测，预测结果与实测值的误差最大值为 10.39%。表明 SD 模型模拟值与 WREE 模拟值具有较好的拟合度，模型预测精度较高，可以对研究区的水生态承载力进行预测分析。

通过评估和预测2010~2040年的常州市各研究区的水生态承载力，发现仅有溧阳市达到安全承载状态，但是其余几个区域为临界超载和超载状态，尤其是天宁、钟楼和新北三个区域在未来20年内下降到超载状态。

6.5.3.4 常州市水生态承载力优化调控措施

结合常州市实际情景，构建了常州市基于水生态系统服务功能的水生态承载力评估模型（carrying capacity of water resources-environment-ecology model，WREE）。同时，为了实现水生态承载力的时空动态模拟，建立了基于WREE和SD模型耦合的流域水生态承载力模拟模型（WREE-SD V1.0）。该模型可用于评估和预测不同尺度空间的水生态承载力状态、预警指标筛选、阈值确定与调控方案的选择等。

采用水生态承载力模拟模型，分析常州市行政区和控制单元2010~2016年的水生态承载力现状，通过蒙特卡罗敏感性分析可知，评估区河流连通性、水环境质量指数等指标对结果影响较大，是水生态承载力的关键调控因子。

采用网络SBM-DEA模型对工业废水的产生效率及治理效率进行分析，提出将黄色企业和红色企业进行提标改造排放的调控措施，进一步采用MIKE11模型对产业调整后的水环境质量分析，表明该方法可以作为减排手段为水生态承载力调控提供技术支撑。通过构建水系连通度评价模型，分析水系连通性对生态的影响。

基于常武水文调度实际情况，设置四组情景，利用MIKE11模型模拟不同流量情景下的水环境质量。结果表明，当常武水系上游引水流量为40~100m³/s时，可以有效降低污染物浓度。基于产业结构优化和水文调度措施，通过水生态承载力模拟模型对优化方案进行评估，提出各水生态功能区安全承载目标下的调控方案（表6-19）。

表6-19 常州市水生态承载力调控方案

功能区名称	设定总量控制目标	承载力现状评估	承载力调控要求
I-01	安全承载	安全承载	达标
I-02	安全承载	安全承载	达标
II-01	安全承载	安全承载	达标
II-02	安全承载	安全承载	达标
II-07	安全承载	临界超载	河网上游泵引流量达到40~100m³/s，并加强对农业面源污染的控制
II-09	安全承载	临界超载	河网上游泵引流量达到40~100m³/s，并加强对农业面源污染的控制

续表

功能区名称	设定总量控制目标	承载力现状评估	承载力调控要求
Ⅲ-03	安全承载	临界超载	河网上游泵引流量达到 40~100m³/s，并加强对面源污染的控制
Ⅲ-04	安全承载	临界超载	河网上游泵引流量达到 40~100m³/s，并加强对农业面源污染的处置
Ⅲ-05	安全承载	安全承载	达标
Ⅲ-06	安全承载	安全承载	达标
Ⅲ-08	安全承载	临界超载	河网上游泵引流量达到 40~100m³/s，并加强对面源污染的控制
Ⅲ-09	安全承载	临界超载	河网上游泵引流量达到 40~100m³/s，并加强对农业面源污染的控制
Ⅲ-12	安全承载	临界超载	河网上游泵引流量达到 40~100m³/s，并加强对农业面源污染的控制
Ⅲ-20	安全承载	临界超载	河网上游泵引流量达到 40~100m³/s，并加强对农业面源污染的控制
Ⅳ-02	安全承载	超载	河网上游泵引流量达到 40~100m³/s，并加强对面源及城镇污染的控制
Ⅳ-03	安全承载	临界超载	河网上游泵引流量达到 40~100m³/s，并加强对农业面源污染的控制

如图 6-38 所示，常州市各研究区水生态承载力 30 年对比可知，调整后的水生态承载力整体较为稳定，其中金坛区及武进区在未来有下降趋势，但下降幅度不大，满足安全承载范围。溧阳市承载力增长幅度较大，接近最佳承载范围。新北区、天宁区和钟楼区的水生态承载力值在预测范围内较为稳定，且满足安全承载范围。由表 6-19 可知，常州市水生态功能区均达到安全承载以上状态。其中，Ⅲ-05、Ⅰ-02、Ⅲ-06、Ⅰ-01、Ⅱ-01、Ⅱ-02、Ⅱ-09 功能管控区水生态承载力值均接近最佳承载状态。Ⅲ-04 功能管控区水生态承载力具备从安全承载向最佳承载发展趋势。Ⅲ-03、Ⅲ-08、Ⅳ-02、Ⅱ-07、Ⅲ-09、Ⅲ-12、Ⅲ-20 和Ⅳ-03 功能管控区水生态承载力具备超载风险，需对这 8 个功能区加以关注，防止水生态承载力下降。

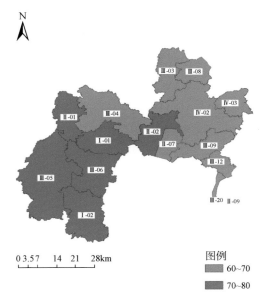

图 6-38　常州市水生态功能区承载力优化调控结果

第7章 | 生态流量管控成套技术集成及应用

7.1 生态流量管控的内涵、理论及集成体系

7.1.1 生态流量管控内涵

生态流量具有众多相近或相似的概念，包括枯水流量（low flow）、最小流量（minimum flow）、河道内流量（instream flow）、生态流量（ecological flow）、生态可接受流量（ecology acceptable flow regime）、最小可接受流量（minimum acceptable flows）、补偿流量（compensation flow）、环境需水量（environmental flow requirements）、生态需水量（ecological flow requirements）等。20 世纪 40 年代是生态流量研究的发源时期，当时在美国开展了以保护鲑鱼等单一物种为目的的河道内最小流量研究。80～90 年代，澳大利亚等国提出生态流量概念，认为生态流量是在有竞争性用水需求的河流、湿地和沿海地区，除了获取水的社会经济效益之外，在尽可能的范围内实施水量调配以保证可以维系生态系统健康状况及其效益的水流过程。2007 年《布里斯班宣言》颁布，定义生态流量为 "对维持淡水及河口生态系统以及人类依赖于这些生态系统生计和生活所需的流量的大小、时机和质量"，该概念强调河流和河口的连续性及其对淡水的相互依存性，与自然水流情势范式一致，强调流量过程的大小、时机等具有重要生态含义的指标管理。随后，国际上涌现了诸多生态流量的概念，但这些概念都日益统一到自然水流情势上。总体而言，国际上对生态流量的认识经历了一个由单一的最小流量限值统一到以 "自然水流情势" 范式的强调动态流量需求过程的历程，但认可度最高的仍为《布里斯班宣言》的生态流量定义。常用的生态流量概念见表 7-1。

表 7-1　生态流量的相关概念

名称	概念	参考文献
广义生态需水	为维持全球生物地理生态系统水分平衡所需用的水，包括水热平衡、水沙平衡、水盐平衡等	钱正英（2001）
狭义生态需水	维护生态环境不再恶化并逐步改善所需要消耗的水资源总量	
流域生态需水	为维护河流为核心的流域生态系统的动态平衡，避免生态系统发生不可逆的退化所需要的临界水分条件	陈敏建等（2009）

名称	概念	参考文献
生态需水	一定生态目标对应的水生态系统对水（量）的需求	《河湖生态需水评估导则（试行)》
生态环境需水	包含河道内和河道外生态环境需水，不包括天然植被直接利用降水和维持地下水生态水位的水量	《河湖生态环境需水计算规范（征求意见稿)》
河道内生态环境需水	为保护河道内生态环境，需要保留在河流、湖泊、沼泽内的水量及过程	
河道外生态环境需水	流域、区域范围内，实现给定的城乡建设生态环境目标保护需要人工供给的水量	
环境流量	维持淡水和河口生态系统以及依赖于这些生态系统的人类生活和福祉的水流大小、时间和质量	《布里斯班宣言》（2007 年）
环境流	维持为人类提供产品和服务的水生态系统组成、功能、过程所需要水流的质量、数量和时间	世界银行
环境水流	维持水域生物和河岸带处于健康状态的河道内流量和水位过程，再加上人类在不危及河流健康价值的前提下所需的流量和水位过程之和	Wang 等（2013）
环境流量	在有竞争性用水需求的河流、湿地和沿海地区，除了获取水的社会和经济效益外，在可能的范围能实施水量调配以保证可以维系生态系统健康状况及其效益的水流	《环境流量：河流的生命》
环境流	维持河流自然功能和社会功能基本均衡发挥的前提下，能够将河流的河床、水质和生态维持在良好状态所需要的河川径流条件	刘晓燕等（2009）
生态基流	为维持河流基本形态和基本生态功能的河道内最小流量	朱党生等（2011）
敏感生态需水	维持河湖生态敏感区正常生态功能的需水量及过程；在多沙河流，要同时考虑输沙水量	

2018 年水利部明确将生态流量划分成生态基流和敏感期生态流量两个组分。生态基流是指维护河湖沼等水生态系统功能不丧失，需要保留的底线流量。敏感期生态流量是指对于有敏感保护对象的河流在敏感期需要的流量及其过程，是为了维系河流生态系统中的某些组分或功能在特定时段对于流量的需求，如河流造床、湿地漫滩、鱼类产卵期等所需要特定流量过程等。这一概念的提出，标志我国生态流量进入过程管理新阶段。生态流量管控是一项系统工程，涉及目标确定、调度管理、监测预警、评价预警等多方面内容。

7.1.2 生态流量管控集成体系

针对我国生态流量管控面临的主要挑战，按照新时期我国治水主要矛盾转化提出新的发展要求，制定了生态流量管控集成体系。在尊重自然规律、生态规律、经济规律等基础上，以统筹"三生"为核心，以实现人水和谐为目标，从理论方法、技术体系、管理机制等生态流量管控全过程各要素进行优化整合，形成更为科学、更加合理、更有效率、更具操作性的生态流量管控体系（李原园等，2020）。生态流量管控总体思路框架如图 7-1 所示。

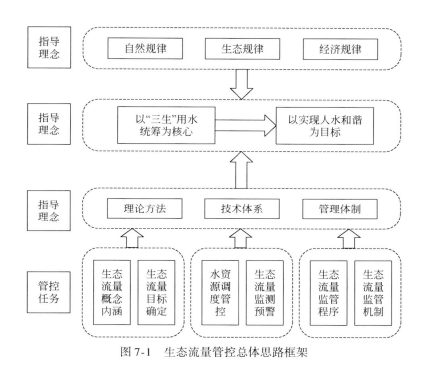

图 7-1 生态流量管控总体思路框架

7.2 生态流量核算方法技术集成

7.2.1 水文学法

20 世纪 70 年代，生物对水文情势的响应研究取得了相当进展，水文学法开启了生态流量基于流量等水文数据的定量分析研究。水文学法又称标准设定法或快速评价法，通常应用于流域规划层面，或者在不允许进行更详细的调研情况下应用。一般采用持续时间或平均流量来表征天然流量比率，同时，要求流量变化应维持在一个确定的范围。常用的方法有 Tennant 法、7Q10 法以及 Texas 法等，如表 7-2 所示。在实际应用过程中，方法的选择取决于河流受干扰程度、河流物理化学性质等要素，还应结合研究区域可获得资料的现状综合确定。

表 7-2　生态流量核算的水文学方法

方法	主要指标	特点
Tennant 法	多年平均流量的 10%～30% 作为生态流量	适用于流量较大河流；要求拥有长序列水文资料
90% 保证率法	90% 保证率最枯月平均流量	适合水资源量小，且开发利用程度已经较高的河流；要求拥有长序列水文资料
近十年最枯月流量法	近十年最枯月平均流量	与 90% 保证率法相同，均用于纳污能力计算
7Q10 法	90% 保证率最枯连续 7 天的平均流量	适用于水资源量小，且开发利用程度已经较高的河流；计算需要长序列水文资料
流量历时曲线法	利用历史流量资料构建各月流量历时曲线，以 90% 保证率对应流量作为生态流量	简单快速，同时考虑了各个月份流量的差异；需分析至少 20 年的日均流量资料
Texas 法	50% 保证率下月平均流量的特定百分率	考虑水文季节变化因素，特定百分率的设定以研究区典型植物以及鱼类的水量需求为依据
RVA 法	指标发生概率的 75% 和 25% 作为 RVA 阈值，阈值差值的 25% 作为生态流量	确定 RVA 阈值是计算生态需水的基础
NGPRP 法	平水年 90% 保证率的流量	考虑了枯水年、平水年和丰水年的差别
逐月频率计算法	根据实际情况对各个季节取不同保证率的月径流量值	考虑了不同时期生态环境的不同要求，将生态流量看作一个与自然径流过程相适应的有丰有枯的年内变化过程，比较符合实际情况
最小月平均流量法	以河流最小月平均实测径流量的多年平均值作为河流的基流量	采用实测径流量，因此要求选用人类影响较小时的实测资料
基本流量法	选取平均年的 1，2，3，…，100 天的最小流量系列，计算流量变化情况，将相对流量变化最大处点的流量设定为河流所需基本流量	能反映出年平均流量相同的季节性河流和非季节性河流在生态环境需水量上的差别
逐月最小生态径流计算方法	尽可能长的天然月径流系列中取最小值作为该月的最小生态径流量	能保证在自然条件最不利情况下河流生态系统不致受到较大损坏，但它只适用于水流和水质条件改变较小的河流
水文与河道形态分析法	用尽量少的水维持尽量多的河流特征和功能	资料可靠、充分、费用低，结果稳定，考虑到河床变化问题；适用于自由流动的近似于 U 形断面的河流

7.2.2　水力学法

20 世纪 80 年代，为了更好地描述河道实际状态，提出了水力学法，引入河流水力参数进行计算。水力学法是根据河宽、水深、流速和湿周等河道水力参数，确定河流所需的生态流量。水力参数可通过实测获得，也可利用曼宁公式计算获得。水力学法以河流几何形态为计算基础，能够更准确地反映河流生态发展的本质需求。代表性方法有湿周法和 R2CROSS 法等（表 7-3）。

表 7-3　生态流量核算的水力学方法

方法	主要指标	特点
湿周法	湿周流量关系图中的拐点确定生态流量；当拐点不明显时，以某个湿周率相应的流量作为生态流量。湿周率为 50% 时对应的流量可作为生态流量	使用相对简单，要求的数据量相对少，适合于宽浅矩形渠道和抛物线形断面，且河床形状稳定的河道，但没有考虑水温变化对水生生物的影响
R2CROSS 法	采用河流宽度、平均水深与流速、湿周率等指标来评估河流栖息地的保护水平，从而确定河流目标流量	对断面选择要求高，给出了维持浅滩的夏季最小生态流量，没有考虑年内其他时段的天然径流过程
生态水力学法	模型包括河道水生生境描述、河道水力模拟、河道水生生态流量的决策	计算结果定量化，考虑了水力生境参数的全河段变化情况，结果更全面，考虑了季节性河流年内变化情况
生态水力半径法	同时考虑河道信息（水力半径、糙率、水力坡度）和维持某一生态功能所需河流流速	不仅能分析鱼类适宜的流速，而且可以确定输沙与环境自净的水流流速

7.2.3　栖息地法

栖息地法以水力学法为基础，考虑了生物因素的影响，并利用指示物种所需的水力条件确定河流流量。它可反映一种或多种物种年内及其不同生命阶段所利用栖息地的变化，从而选择能提供这种栖息地的流量。栖息地法的优点为计算结果具有生态意义，可信度高；缺点为计算过程较为复杂，技术要求高。常见的方法有河道内流量增加法（instream flow incremental methodology，IFIM）、分汊河道计算机辅助仿真模型（computer aided simulation model for instream flow requirements in diverted stream，CASIMIR）法、栖息地模拟（physical habitat simulation，PHABSIM）法、水域面积法。根据指示物种所需的水力条件确定河流流量，适用于不同尺度河流内的水生生物生态流量的计算。

（1）IFIM

IFIM 是计算生态流量应用比较广泛的一种方法。该方法是将大量的水文、水化学现场数据与选定的水生生物种在不同生长阶段的生物学信息相结合，采用 PHABSIM 模型模拟流速变化和栖息地类型的关系，进行流量增加的变化对栖息地影响的评价。优点是针对性强，常常用于河流某一生物物种保护上，可以有效地评估水资源开发对下游水生生物栖息地的影响，但对基础资料要求高，通常需要收集大量的生物和水流数据，建立某种生物和水文要素（如水流、水深、水质）间的适配曲线。

（2）CASIMIR 法

CASIMIR 法是基于流量在空间和时间上的变化，采用 FST 建立水力学模型，估算流量变化与特定物种之间的响应关系，包括主要水生生物的数量、规模的响应，并可模拟水电站的经济损失，目前在国内尚无应用实例。

（3）PHABSIM 法

PHABSIM 法是利用水力学模型预测水深、流速等水力参数，然后与生境适宜性标准相比较，计算适于指定水生生物种的生境面积，然后据此确定河流流量，目的是为水生生物提供一个适宜的物理生境。该方法的优点在于能将生物资料与河流流量研究相结合，使其更具有说服力，同时它可与水资源规划过程相结合，可在水资源配置中直接应用。另外，它考虑了季节性河流年内变化情况。其缺点在于只是用生境指标来代替预测生物量或者种群的变化，与其他模型缺乏紧密结合，没有明确考虑泥沙运输和河道形状变化。结果比较复杂，实施需要大量的人力物力，不适于快速使用。

改进的栖息地模拟法综合考虑了河道生态用水和经济用水的多目标评价模型。该模型以 PHABSIM 模拟计算的有效栖息地面积（WUA）和流量数据为基础，寻求以可利用面积最大和流量最小为目标的某一个特征流量，以此流量作为河道生态流量。该方法适用于计算河道有多个目标物种的情况。

（4）水域面积法

水域面积法是邵东国等（2015）根据山丘区小河流的特点及其存在的主要问题提出的。山丘区河流多为溪流，地形较复杂，横断面的测量具有一定的难度和危险性，但是水域面积则较容易测量和获得；另外，山区河流河道流量较平原河流小，用传统水文学方法的比例来确定会使生态流量很小，很难满足河流生态系统生物多样性的需求。对不同典型年采用不同的生态流量控制方法，更符合水电站的运行规则目标和河流生态系统生物多样性的保护目标。

7.2.4 整体法

现在的研究中，河流被看作平衡的生态系统，要求建议的河道流量能满足鱼类通道、水温、各种栖息地维持、泥沙控制、娱乐等多方面的要求，故而产生了强调生态系统流量的整体法。该方法基于天然水文过程，试图提供整个生态系统包括河道、滨岸带、地下水、湿地和河口的需水。整体法包括模块法（building block methodology, BBM）、DRIFT（downstream response to imposed flow transformation）法等，该方法的基本原则是维持河流的天然特征。为维持生态系统功能的整体性，必须保留河流天然生态系统的根本特征，如径流季节性特征、枯水时期和断流时期、各种洪水流量持续时间和重现期及冲刷流量。

BBM 主要应用于国外，对大、小生态流量均考虑了月流量的变化，是建立在整个河流生态系统基础上的方法，地域针对性强且计算过程比较繁琐。河流生态系统的天然特征用逐月的日流量来描述，这种过程通常由包括从水生态学家到水利工程师的多学科专家组来完成。估算河道流量需求的重要成分包括枯季流量、中等流量和中小洪水，不能被管理的大洪水一般被忽略。该方法在国内尚无应用实例，但由 BBM 的设计思路产生的 DESKTOP RESERVE 模型不管在国外还是国内都有应用。

水文变化的生态限度法即 ELOHA 框架（ecological limits of hydrologic alteration），是大自然保护协会（The Nature Conservancy, TNC）于 2010 年组织 19 位河流科学家完成的一份框架报告。ELOHA 框架提供了一种通过建立水文情势变化与生态响应定量关系构建环境流标准的方法。ELOHA 主要针对河流大规模取水以及水库径流调节改变了自然水文情势的河流。

7.2.5　计算方法适用性分析

国内外虽然已形成多种成熟的河道生态流量计算方法，但各方法本身仍存在一定不足，不同计算方法的侧重点不同（表 7-4）。国外计算方法在我国应用时存在许多限制，有些方法可移植性较差，虽然我国目前也已开发了适用于我国生态流量的计算方法，但在宏观管理层面和具体应用实施层面仍存在一些问题。

表 7-4　生态流量核算方法比较

类别	解决问题	优点	缺点
水文学法	作为经验公式用于宏观管理	一般计算较简单，对数据要求不高	一般没有直接考虑水生生物，忽略了生物参数及其相互影响的关系
水力学法	建立了河道地形与生态流量之间的关系	较水文学法更为准确，考虑了河道形态要素，一般河道数据可通过调查获得，同时可为其他方法提供水力学依据	应用时仅采用一个或几个断面数据代表整条河流的水力参数，应用时容易产生较大误差。相对复杂，适合河床形状较稳定的情况。大多数未考虑河流季节性变化，一般不能用于季节性河流
栖息地法	将河流流量、水力参数与生物资料相结合	较为充分地考虑了生物目标需求	定量化生物信息不易获取，在具有多个敏感目标的河段，计算结果的准确性需要进一步判断
整体法	评估整个河流生态系统的需求	计算结果能够最大限度地保障生态流量	计算结果能够最大限度地保障生态流量，但需要大量水文数据、水力参数、生物数据和多学科专家咨询意见，不适合作为管理手段使用

水文学法一般计算较简单，且对数据要求一般不高，但一般要求至少具有 10 年或 20 年以上长序列的水文数据，同时水文学法一般没有直接考虑水生生物因素，最初从 Tennant 通过建立河宽、流速与平均流量的关系确定生态流量，到目前作为经验公式使用，水文学法逐渐简单化，忽略了生物参数及其相互影响的关系。因此，水文学法一般不能完全反映河道生态流量的实际情况，仅可作为前期管理目标使用，或者作为其他方法的粗略检验。

水力学法较水文学法更为准确，考虑了河道形态要素，一般河道数据可通过调查获得，同时可为其他方法提供水力学依据。但水力学法往往仅采用一个或几个断面数据代表整条河流的水力参数，应用时容易产生较大误差。大多数水力学法未考虑河流季节性变化，一般不能用于季节性河流。

栖息地法是对水文学法和水力学法的补充，将河流流量、水力参数与生物资料相结合计算生态流量，较为充分地考虑了生物目标需求。但由于定量化生物信息不易获取，尤其是在具有多个敏感目标的河段，其计算结果的准确性需要进一步判断。该方法与其他方法相比存在结果较复杂、实施耗费的资源大等不足。

整体法从保护单一物种或生态目标向生态完整性方向全面评估整个河流生态系统的需水状况，计算结果能够最大限度地保障生态流量，但一般整体法假设自然条件的水文情势是最佳水流条件，在我国目前水利水电工程快速发展阶段应用性较差，尤其限制了在水库河段的应用，且整体法需要大量水文数据、水力参数、生物数据和多学科专家咨询意见，不利于作为管理手段使用。

7.3 生态流量适应性管理技术集成

7.3.1 内涵及构成

生态流量适应性管理是应对生态系统复杂性、高度不确定性及其人类认知局限性的创新型管理模式。"学习"与"适应"是适应性管理的两个核心要素，它通过构建识别关键问题、管理方案决策机制、实施体系、监测评估体系、调整反馈机制整个闭合循环，改变了传统的经验性管理模式以实际数据信息作为支撑，不断的认识生态系统，提高相关知识理论水平，基于管理实施过程不断发现问题改进管理方式与方法、提高管理水平，应对生态系统管理中的重点与难点问题。

生态流量适应性管理本质上是实现水电开发与生态环境协调发展，充分利用有限的水资源量提高其利用效率与效益，改善生态环境质量。生态流量适应性管理包含以下五层含义：

第一，以利益相关方共同参与为前提，相关政府管理机构、利益团体及其相关专家共同协商参与，确保生态流量适应性管理的开展。

第二，以调度所在河流的水资源条件为基础，分析生态环境的最大可利用量，其中水资源基础条件包括来水量、降水量、调水量以及出境水量。

第三，以保持水库生态系统良性发展为约束，适应性管理的关键生态环境要素包括水文、水环境、水生生物及敏感生态单元的属性要素，构建生态要素与水文要素间的定量关系。

第四，以长效监测评估作为支撑，依据关键生态环境要素以实用性、可操作性构建监测评估体系，有效跟踪监测管理效果，通过信息反馈调整策略减少管理不确定性。

第五，满足水电开发与生态环境持续相互发展的要求，而不是单纯为改善保护生态环境而放弃人类最基本的生存需求，因而必须采取可行的经济技术手段和管理措施实现可持续发展。

7.3.2 我国生态流量保障适应性管理方法体系

生态流量适应性管理主要是针对系统管理的不确定性而开展的一系列行动（确定目标、设计、规划、实施、监测、评价与调整等），目的是实现系统健康与资源管理可持续性。生态流量适应性管理框架见图7-2。

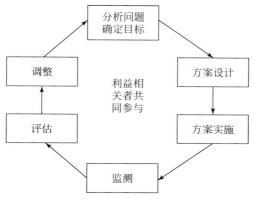

图 7-2　适应性管理框架

　　监测评估是生态适应性管理的最显著特征，是采用科学的方法监视和监测代表环境质量与趋势的各种依据的全过程。监测获取的数据是检验、评估管理效果的基础，因此要建立长效监测机制。重点监测主要是针对河道径流量、河道水质、河湖库水深面积、生物多样性和某些关键物种，同时针对典型生态系统建立综合型生态要素定位监测站，对生物因素和非生物因素进行长效定位监测，水量、水质与关键物种可依据实际情况构建单一性或多功能性的水文监测点、水质监测点、污染源及关键物种观测点等。追踪监测主要是针对浮游动植物、底栖动物、鱼类等关键物种，需要保持长期动态追踪监测评估（表 7-5）。

表 7-5　生态流量适应性管理监测指标体系

监测要素		监测指标	监测要素	监测指标
水文	河道	河道径流量		DO
水生生物	浮游植物	叶绿素 a	水环境	透明度
		生物量		总氮
		密度		总磷
	浮游动物	生物量		氨氮
		密度		COD
	鱼类	种类		挥发酚
		数量		砷
		产卵场分布		汞
	底栖生物	生物量		铅
		种群类型		镉
生态单元属性		水域面积		类大肠菌群
		水域水深		悬浮物
		物种类型与数量		pH
		生境适宜面积		

7.4　沙颍河流域应用

7.4.1　沙颍河流域概况

　　沙颍河流域位于北纬32°31′~34°59′、东经111°56′~116°31′，北临黄河，西毗黄河支流伊洛河和汉江支流唐白河，南与洪汝河相邻，东与涡河相邻。流域面积34 480km²，其中，平原区面积19 645km²，山丘区面积14 835km²。河南省沙颍河流域范围包括郑州市、开封市、洛阳市、平顶山市、许昌市、漯河市、南阳市、周口市、驻马店市9个省辖市。

　　流域内有大型水库6座（已建昭平台水库、白龟山水库、孤石滩水库、燕山水库），前坪水库在建；中型水库24座，小型水库375座，塘坝1825座。流域内共有大型水闸15座，中型水闸138座，小型水闸1246座，橡胶坝19座。现有水文监测站主要包括贾鲁河中牟站、北汝河大陈站、沙河干流漯河站、沙颍河槐店站以及汾泉河沈丘站。

7.4.2　生态调度前沙颍河流域生态流量管理状况

（1）生态流量管理现状

　　沙颍河流域内仅沙河、颍河、双洎河、北汝河、汾泉河、贾鲁河等主要河流有水文站点，因此，仅针对以上河流的断流频率和生态流量保证率的计算结果进行判别，流域内其他河流将结合流域调研情况进行综合考虑。

　　1）断流频率。采用沙颍河流域内1982~2012年长系列天然径流数据进行河流断流情况统计。根据断流频率达标判断标准，高于20%的河段为不达标。断流发生较多的河流有沙河上游、颍河中下游、北汝河下游以及汾泉河。

　　2）生态流量保证率。鉴于流域水文站点布设的稀疏性及资料索取的有限性，使用沙颍河流域内水文站点的长序列水文资料（1982~2012年）计算河流的生态流量保证率，根据基流匮乏型河流判断方法分析数据，流域内主要河流的生态需水保证率达标情况见表7-6。

表7-6　沙颍河流域主要河流生态流量保证率达标情况　　　　　（单位：%）

河流	水文站点	生态流量保证率	达标情况
沙河	马湾	73.19	√
	漯河	75.17	√
颍河	告城	85.21	√
	化行	41.59	×
	黄桥	36.82	×
	槐店	63.88	×

续表

河流	水文站点	生态流量保证率	达标情况
双洎河	新郑	95.68	√
北汝河	紫罗山	83.61	√
	汝州	70.84	√
	大陈	62.96	×
汾泉河	周庄	29.78	×
	沈丘	48.33	×
贾鲁河	中牟	97.72	√
	扶沟	75.78	√

结合断流频率与生态流量保证率判断各主要河流的水量：沙河、颍河上游、双洎河、北汝河中上游、贾鲁河这些河流/河段的水量较为充沛，能基本满足一般用水期与鱼类产卵期的需求；颍河中下游、北汝河下游、汾泉河这三个河流/河段的水量匮乏，断流频繁，难以满足河流附近生产生活用水需求与鱼类产卵需求，需要开展流量调控，满足河流需水，逐步恢复河流生态。

（2）不同类型沙颍河流域河流/河段的生态保障目标

1）基流匮乏型河流。基流匮乏型河流生态流量保障的目标是维持生态系量。针对沙颍河流域内北汝河下游、颍河中下游、汾泉河等基流匮乏型河流，主要存在沿河取水口的取水挤占河流生态环境用水的问题，特别是在枯水期。

2）水质污染型河流。水质污染型河流环境流量保障的目标是在污染源达标排放的前提下，通过增加水环境容量，提高河流水体污染物扩散速率，提升水体自净能力，从而改善流域水环境质量，为生物生存提供良好水质空间。针对沙颍河流域内贾鲁河、双洎河、黑茨河等水质污染型河流，主要存在入河排污口的污染物入河量超出河道的水环境纳污能力问题。在汛前期，发生小洪水时，闸门无序开启，会出现污水集中下泄的情况。

3）近自然型河流。近自然型河流环境流量保障的目标是扩大流域内水生生物栖息地空间，提高水生生物多样性，延拓食物链结构。针对流域内北汝河上游、颍河上游、沙河中上游等近自然型河流，目前还缺乏对流域上下游河流水生生物繁殖等对水生态环境流量更精确的需求过程科学研究。

沙颍河流域亟须加强流域水资源优化配置、优化河流环境流量闸坝调度、加强断面流量监控等沙颍河流域环境流量保障措施，进行生态调度适应性管理工作，保障河流生态健康。

7.4.3　沙颍河流域生态流量适应性调度方案制定与实施

2017 年河南省沙颍河流域管理局编制了《沙颍河上游生态流量调度实施方案》，于

2018 年 1 月以豫水政资〔2018〕3 号文批复印发。生态流量调度方案目标是科学确定沙颍河上游周口断面的生态流量，根据控制工程分布情况，提出调度方案，为进一步优化流域水资源配置及闸坝调度方案，维护良好的水生态系统，促进人水和谐提供技术支撑。

（1） 调度原则

1） 水量调度服从防洪调度原则，包括生态调度在内的水量调度要服从防洪调度。

2） 总量控制原则，按照《沙颍河水量分配方案》确定有关断面下泄水量、流量要求及省际分配的水量份额进行调度。

3） 生活用水优先原则，从水源工程调水必须以满足当地生活用水需求为前提。

4） 统筹兼顾原则，在不影响有关水库、闸坝原有调度方案的情况，兼顾生态用水调度。

5） 以非汛期为主原则，调度时段以非汛期为主，有鱼类等敏感保护目标的河段，重点考虑鱼类的产卵期。

6） 联合调度原则，采取水库、闸坝、拦河建筑物等水利工程联合调度。

（2） 调度指标

《淮河流域生态流量（水位）试点工作实施方案》中，根据沙颍河的水资源供需情况，以及周口断面与下游重要断面的流量关系，取约 7% 的多年平均天然流量作为年均生态流量，根据多年平均流量过程的 10 月至次年 3 月、4~5 月、6~9 月三个不同时段流量比例对生态流量过程进行分配（表 7-7）。

表 7-7　沙颍河流域周口控制断面生态流量　　　　　　　（单位：m³/s）

河流	控制断面	生态流量		
		10 月至次年 3 月	4~5 月	6~9 月
沙颍河	周口	4.30	5.00	15.70

（3） 调度范围

沙颍河生态流量调度范围即沙颍河周口断面以上部分。在保障生活用水的前提下，尽量满足周口断面生态流量，保障河流生态系统健康安全。

参与生态调度的水源工程选择对兴利效益影响较小的工程，优先考虑蓄水量大、水环境质量好的大型水库工程。综合考虑库容和调水线路，沙颍河周口断面以上主要水源工程有昭平台水库、白龟山水库、孤石滩水库、白沙水库、燕山水库。重要控制闸坝有大陈闸、马湾拦河闸、漯河闸和周口闸。

（4） 生态流量监测和调度方案

沙颍河生态调度水源工程运用先后顺序及优先级别见表 7-8。

表 7-8　沙颖河生态调度水源工程运用先后顺序及优先级别

第一级	周口闸—目标断面
第二级	沙河闸—周口闸—目标断面
第三级	白沙水库—周口闸—目标断面
第四级	马湾拦河闸—沙河闸—周口闸—目标断面
第五级	孤石滩水库—沙河闸—周口闸—目标断面 燕山水库—沙河闸—周口闸—目标断面
第六级	白龟山水库—马湾拦河闸—沙河闸—周口闸—目标断面 大陈闸—马湾拦河闸—沙河闸—周口闸—目标断面
第七级	昭平台水库—白龟山水库—马湾拦河闸—沙河闸—周口闸—目标断面 玉马水库—大陈闸—马湾拦河闸—沙河闸—周口闸—目标断面 （前坪水库）—大陈闸—马湾拦河闸—沙河闸—周口闸—目标断面 *

注：生态调度线路还包括不同线路的组合，以低级别线路确定组合线路的级别。

＊此调度线路现状不存在，前坪水库建成后纳入调度线路。

4～5 月生态流量调度：当周口断面流量等于或小于 5.00m³/s 且监测水位接近干涸时，开启距离周口断面最近的周口闸泄水，使得周口断面流量不小于 5.00m³/s。当周口闸的可调水量不能满足调水需求，考虑由周口闸和沙河漯河节制闸开展生态调度，若仍不能满足调水需求时，则要考虑利用第三级水源工程进行调度，依次递推。当河道蓄水工程蓄水量均不足设计蓄水量的 50% 时，依距离远近依次调度上游大型水库进行水量下泄；当调度水库蓄水量不足兴利库容的 50% 时，依次顺序调度其他大型水库，保障周口断面流量不小于 5.00m³/s。

6～9 月生态流量调度：当周口断面流量等于或小于 15.70m³/s 且监测水位接近干涸时，开启距离周口断面最近的周口闸泄水，使得周口断面流量不小于 15.70m³/s。当周口闸的可调水量不能满足调水需求，考虑由周口闸和沙河漯河节制闸开展生态调度，若仍不能满足调水需求时，则要考虑利用第三级水源工程进行调度，依次递推。当河道蓄水工程蓄水量均不足设计蓄水量的 25% 时，依距离远近依次调度上游大型水库进行水量下泄；当调度水库蓄水量不足兴利库容的 25% 时，依次顺序调度其他大型水库，保障周口断面流量不小于 15.70m³/s。

（5）调度权限

沙颖河流域生态流量调度由河南省水利厅负责，生态流量调度意见由河南省水利厅提出，由河南省沙颖河流域管理局负责具体工作的组织实施。

根据河南省水利厅工作领导小组职责安排，领导小组下设办公室，办公室设在河南省水利厅水政水资源处，领导小组办公室承担领导小组日常工作及协调监督工作，河南省防汛抗旱指挥部办公室负责水量调度和指导各地单位参照防汛抗旱有关程序做好应急事项处置，河南省水文水资源局配合做好有关流量、水质监测及信息报送工作，沙颖河流域管理局负责具体工作的组织实施及与淮河流域水资源保护局的工作衔接，流域内有关省辖市水利（水务）局以及大型水库、重要闸坝等工程管理单位做好配合和调度计划执行。

（6） 生态流量适应性调度实践

《河南省沙颍河流域生态流量调度方案》批复后，河南省沙颍河流域管理局水资源科指定专人时刻关注近制断面生态流量变化，出现情况及时预警，并上报到河南省水利厅水政水资源处，部门会商制定调度方案，由省防汛抗旱指挥部办公室负责组织实施，各成员单位积极配合，保证生态流量达标。

2019 年 1 月至 11 月底，相关部门先后 3 次将沙颍河周口和淮河干流吴家渡断面未达标情况分别电话通知河南省沙颍河流域管理局及安徽省淮河河道管理局蚌埠闸工程管理处并调查生态流量不满足原因；河南省水利厅、安徽省水利厅、河南省沙颍河流域管理局及安徽省淮河河道管理局蚌埠闸工程管理处高度重视，及时组织调度保障控制断面生态流量。根据吴家渡实测流量，共电话通知蚌埠闸工程管理处 3 次，分别是 2019 年 6 月 1 日、7 月 10 日和 9 月 8 日。9 月 8 日~11 月 30 日，吴家渡断面实测流量长期不满足生态流量目标，分析其原因主要是受断面以上降水量偏少且蚌埠闸承担了周围城市抗旱供水任务的影响。根据周口断面实测流量，共电话通知河南省沙颍河流域管理局 3 次，分别是 2019 年 6 月 1 日、7 月 9 日和 9 月 17 日，根据周口断面 2019 年 1 月至 11 月底的观测资料，其中 21 天流量为 0，不达标天数全部发生在汛期，分析原因主要是沙颍河流量汛期降水较少，流域旱情较为严重。

为维持河流水生态环境健康，保证断面生态流量，淮河水资源保护科学研究所将周口断面未达标情况电话通知河南省沙颍河流域管理局，河南省沙颍河流域管理局及时预警并上报河南省水利厅，周口市水利局积极配合协调，根据调度职责和流程开展了三次（2019年 6 月 1 日、7 月 9 日和 9 月 17 日）协调调度工作，6 月 1 日通过贾鲁河后槽开闸放水，7月 9 日燕山水库放水，9 月 17 日贾鲁河开闸放水对周口断面生态流量进行补充，同时漯河节制闸开闸放水，补充漯周区间沙河水量，至 9 月 20 日，沙颍河周口断面生态流量恢复，河南省沙颍河流域管理局通过生态流量调度有效缓解了 2019 年较为严峻的河道水情形势，使下游生态流量得到了有效保障。

7.4.4　沙颍河流域生态流量适应性调度效果监测与评估

7.4.4.1　沙颍河生态调查和监测方案

通过调查监测沙颍河生态流量试点河湖水生态现状，为沙颍河流域生态流量的实施效果评估提供基础数据，最终为沙颍河流域生态调度效果评估提供技术支撑。

1）监测项目：浮游植物（物种数、群落组成、密度、生物量、时空分布等）；底栖动物（物种数、群落组成、密度、生物量、时空分布等）；鱼类（种类组成、时空分布、体长、体重等）。

2）监测频次：春季（4~5 月）、秋季（9~10 月）各 1 次。

3）测站设置见表 7-9。

表 7-9 沙颍河生态流量试点跟踪评估监测断面

河流名称	编号	名称	经纬度	说明
沙颍河	1	项城	33°29′52.15″N；114°53′25.81″E	
	2	阜阳	32°49′16.95″N；115°58′2.92″E	
	3	周口	33°37′29.97″N；114°39′26.44″E	控制断面/周口水文站
	4	界首	33°15′38.49″N；115°20′49.83″E	控制断面
	5	范台孜	32°38′02.13″N；116°19′11.86″E	颍上闸下

4）鱼类资源调查设置：本次鱼类调查在详尽查阅历史文献资料的基础上，采用统一标准的定制多网目复合刺网为主要调查网具现场捕捞采集。同时调查渔民捕捞渔获物，以补充鱼类种类，完善定制复合刺网的局限性。另外通过走访调研的方式，了解不同季节河流鱼类的组成差异，以及不同水文情势下渔业资源动态（表 7-10）。

表 7-10 鱼类资源调查河段信息

序号	调查河流	调查河段		采样方式
1	沙颍河	颍上县	彭台	复合刺网、地笼
2	沙颍河	太和县	刘窝	复合刺网

7.4.4.2 控制断面生态流量满足程度及达标分析

（1）控制断面生态流量指标

《沙颍河上游生态流量调度实施方案》确定了沙颍河上游周口断面 10 月至次年 3 月、4～5 月、6～9 月不同时段的生态流量值及日满足程度指标（表 7-11）。

表 7-11 沙颍河周口断面生态流量成果

河流	控制断面	生态流量/（m³/s）			日满足程度指标/%		
		10 月至次年 3 月	4～5 月	6～9 月	平水年	枯水年	特枯年
沙颍河	周口	4.30	5.00	15.70	90	80	50

（2）生态流量满足程度分析

2017 年，周口断面实测逐日流量共有 12 天不满足生态流量要求，1 月、2 月、5 月、7 月均有 3 天流量小于生态流量，生态流量日满足程度为 96.7%，旬满足程度为 100%。

2018 年，周口断面实测逐日流量共有 2 天不满足生态流量要求，均出现在 7 月，生态流量日满足程度为 99.45%，旬满足程度为 100%。

截至 2019 年 11 月 30 日，周口断面实测逐日流量不达标天数共计 53 天，总达标率 84.13%，其中 10 月至次年 3 月达标率 100.00%，4～5 月达标率 86.89%，6～9 月达标率 63.11%。

（3）生态流量达标情况

2017 年沙颖河流域周口为偏枯水年，相应日满足程度指标为 80%。2017 年周口断面生态流量日满足程度为 96.7%，超过满足程度指标，实现了调度目标。

2018 年沙颖河流域周口为平水年，相应日满足程度指标为 90%。2018 年周口断面生态流量日满足程度为 99.45%，远远超过满足程度指标，实现了调度目标。

2019 年沙颖河流域周口为偏枯水年，相应日满足程度指标为 80%。2019 年周口断面生态流量日满足程度为 84.13%，超过满足程度指标，实现了调度目标。

（4）效果评估

受水文年周期性变化干扰，2019 年降水量骤减，沙颖河周口断面生态流量日满足程度为 84.13%，远低于 2018 年满足程度，但总体上满足偏枯水年对周口断面生态流量满足程度的要求。确保枯水年生态流量达标归功于出现不满足情况时，管理部门能够及时启动调度流程，通过贾鲁河和燕山水库等工程进行放水，使周口断面生态流量能够尽快恢复，由此可见，沙颖河上游生态流量调度效果较好，河南省生态流量调度工作取得成效。

7.4.4.3 控制断面水质状况及达标分析

2018 年，沙颖河周口断面水质指标均符合《地表水环境质量标准》（GB 3838—2002）Ⅳ类水质标准；界首断面 2 月、3 月总磷略超过Ⅲ类水质标准，最大超标倍数 0.08 倍。

从沙颖河三个典型断面 2013～2018 年的水质变化趋势来看，pH 基本呈现微弱上升趋势，水体呈微碱性，溶氧水平除界首断面呈持续上升趋势外，其余两个断面呈轻微下降趋势，但维持在 6.90mg/L 以上。水体营养盐指标如氨氮、总磷均呈现持续下降趋势，高锰酸盐指数、化学需氧量、五日生化需氧量下降趋势较为明显，砷和氟化物下降幅度较大（表 7-12）。

表 7-12 沙颖河三个典型断面水质变化趋势分析

参数	站位	2013 年	2016 年	2017 年	2018 年	趋势
pH	范台孜	7.88	7.98	8.00	8.03	↑
	界首	7.69	7.41	7.80	7.93	↑
	周口	7.82	7.70	7.79	7.91	↑
氨氮	范台孜	1.344	0.635	0.598	0.485	↓
	界首	1.758	1.173	0.907	0.486	↓
	周口	1.470	1.409	0.668	0.449	↓
氟化物	范台孜	0.748	0.797	0.733	0.664	↓
	界首	0.813	0.704	0.688	0.643	↓
	周口	0.895	0.780	0.726	0.666	↓
高锰酸盐指数	范台孜	4.26	4.80	4.08	3.35	↓
	界首	4.49	4.53	4.08	3.83	↓
	周口	7.73	6.98	5.04	5.35	↓

续表

参数	站位	2013 年	2016 年	2017 年	2018 年	趋势
化学需氧量	范台孜	30.67	17.84	16.67	15.29	↓
	界首	16.79	16.63	14.50	15.24	↓
	周口	35.78	21.28	15.16	16.54	↓
溶解氧	范台孜	8.48	7.09	7.70	7.64	↓
	界首	7.71	7.33	7.84	7.91	↑
	周口	8.03	6.93	6.91	7.57	↓
砷	范台孜	0.007 16	0.004 70	0.001 81	0.002 07	↓
	界首	0.005 83	0.004 00	0.000 92	0.000 25	↓
	周口	0.002 97	0.002 12	0.001 98	0.001 50	↓
五日生化需氧量	范台孜	2.93	3.03	2.50	1.55	↓
	界首	1.03	0.42	0.12	0.00	↓
	周口	6.74	2.45	1.83	2.17	↓
总磷	范台孜	0.269	0.314	0.218	0.169	↓
	界首	0.208	0.320	0.196	0.143	↓
	周口	0.130	0.338	0.186	0.113	↓

7.4.4.4 沙颍河流域水生态影响评估

颍河生态流量调度效果评估以浮游植物和底栖动物为指示类群，采用现状资料（2017~2019 年）与历史资料（2013 年）相对比的方法进行分析和评估。

（1）浮游植物变化

2013 年沙颍河浮游植物检测种类数为 169 种，高于 2017 年和 2019 年浮游植物种类数。其中，硅藻门种类数 2013~2019 年存在明显降低，降低比例超过 30%，而绿藻门种类数上升，尤其是 2018~2019 年绿藻种类相比 2013 年分别增加了 44.4%、35.6%，但值得注意的是适应低营养水体、低温的黄藻门在 2018 年被检出。从种类组成来看，硅藻组成比例呈逐年下降趋势（表 7-13）。

表 7-13 沙颍河浮游植物种类变化

年份	甲藻门	硅藻门	绿藻门	蓝藻门	裸藻门	金藻门	隐藻门	黄藻门	合计
2013	4	80	45	23	13	1	3	0	169
2017	8	54	47	30	7	1	4	0	151
2018	6	59	65	25	8	1	4	1	169
2019	8	46	61	27	11	0	6	0	159

2018~2019 年浮游植物丰度均低于 2017 年，也低于 2013 年的水平，但生物量呈现振荡，即 2019 年和 2017 年生物量较高。浮游植物密度峰值基本都出现在 2017 年 5 月，另一个较为明显的峰值出现在 2018 年 9 月~2019 年 9 月，同期生物量也出现类似变化。从站点来看，周口浮游植物现存量大于界首和范台孜，而且无论从哪个站位来看，2018 年的浮游植物密度和生物量均最低，表明同期水质可能相对较好。从生物多样性指数来看，2017~2018 年生物多样性要高于 2013 年和 2019 年，而 2019 年略高于 2013 年。

A. 周口

周口 2017 年属于偏枯水年。全年生态流量日满足程度为 96.71%，高于 80%。从浮游植物种类来看，2017 年远低于 2018 年，而且 2017 年浮游植物丰度则高于 2018 年，尤其是 2017 年春季出现了峰值。这与 2017 年流量低于 2018 年同期一致，即较小水量导致丰度升高。

从门类组成来看，2017 年春季硅藻丰度占比超过 50%，高于 2018 年同期，相应地，2017 年绿藻丰度低于 2018 年同期。但 2017 年周口浮游植物丰度出了峰值，这可能与同期较低流量密切相关。2017 年秋季硅藻丰度占比高于 2018 年同期，蓝绿藻比例也相对较低。但同期丰度远低于 2018 年，这也与 2018 年同期流量低于 2017 年一致。

B. 界首

2017 年属于偏枯水年。全年生态流量日满足程度为 87.40%，高于 80%。从浮游植物种类来看，2017 年远低于 2018 年，而且 2017 年浮游植物丰度则远高于 2018 年，尤其是 2017 年也出现了峰值，与周口一致，而且界首 2018 年两次调查浮游植物丰度均较低，这与 2017 年流量低于 2018 年同期而 2018 年属于特丰水年一致，即较小水量导致丰度升高。

从门类组成来看，2017 年春季界首蓝藻丰度比例高于 2018 年同期，硅藻丰度比例接近，如前所述，2018 年是特丰水年，同期水量远高于 2017 年，较缓的水体适合蓝绿藻生长，所以 2017 年蓝绿藻丰度较高。秋季浮游植物主要蓝藻丰度极高，相应地，2018 年 9 月流量低于 2017 年，与同期流量变化是一致的。2017 年秋季硅藻、绿藻比例低于 2018 年秋季，但蓝藻占比高于 2018 年，这也与同期流量变化一致。

总的来说，浮游植物群落的变化与水量关系比较密切，更多的是与同期水量的变化相关，浮游植物种类、数量与流量的变化是一致的。例如，2017 年丰度峰值的出现与同期较低水量水位一致，2017 年与 2018 年生态流量保障程度高于 2015 年和 2016 年。目前，开展生态流量只有三年，而浮游植物群落组成和水体营养程度等水质状况也密切相关。

（2）底栖动物变化

物种数变化分析。沙颍河三个代表性站位（范台孜、界首、周口）的监测结果表明，2019 年检测到 16 种，2018 年检测到 25 种，2017 年检出 24 种，2013 年检出 19 种，2019 年检出的物种数相较 2017~2018 年有较大幅度下降。2013 年的常见种和优势种为环棱螺、长臂虾和大沼螺；2017 年的常见种和优势种为环棱螺、椭圆萝卜螺和长臂虾；2018 年的常见种和优势种为大沼螺、环足摇蚊、环棱螺、方格短沟蜷、湖沼股蛤和米虾；2019 年的常见种和优势种为环棱螺、淡水壳菜（湖沼股蛤）、米虾、大沼螺、方格短沟蜷、椭圆萝卜螺和纹沼螺。软体动物环棱螺自 2013 年以来一直是沙颍河的常见种和优势种。2018 年以后敏感种方格短沟蜷开始在监测断面出现并变得较为常见，且维持较为稳定的种群规模，此外，对水环境要求较高的滤食者淡水壳菜（湖沼股蛤）近年来也变得较为常见。就长期趋势而言，软体动物自 2017 年以来物种数一直维持在 10 种以上，与 2013 年相比，有较大幅度上升（图 7-3）。

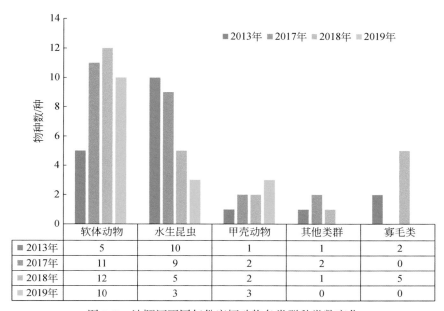

	软体动物	水生昆虫	甲壳动物	其他类群	寡毛类
■ 2013年	5	10	1	1	2
■ 2017年	11	9	2	2	0
■ 2018年	12	5	2	1	5
■ 2019年	10	3	3	0	0

图 7-3　沙颍河不同年份底栖动物各类群种类数变化

A. 现存量和多样性变化分析

2013 年沙颍河三个典型断面底栖动物的平均密度为 93.99ind./m²，平均生物量为 120.7831g/m²。2017 年沙颍河底栖动物平均密度为 1110.00ind./m²，平均生物量为 871.5490g/m²。2018 年沙颍河底栖动物平均密度为 1274.26ind./m²，平均生物量为 528.80g/m²。2019 年沙颍河底栖动物平均密度为 231.05ind./m²，平均生物量为 230.2548g/m²。Shannon-Wiener 指数均值 2013 年为 0.66，2017 年为 0.80，2018 年为 1.24，2019 年为 0.88。就现存量而言，2019 年相比 2017～2018 年有所下降，但仍高于 2013 年的水平。就多样性而言，2019 年相较 2018 年下降幅度较大，但仍高于 2017 年和 2013 年。

B. 群类变化分析

2019 年沙颍河底栖动物中软体动物数量占比相较 2018 年大幅度上升，2018 年相较 2013 年软体动物数量占比有所下降，水生昆虫和寡毛类数量占比有所上升。就 2017 年而言，甲壳动物数量占比相较 2013 年增加较多，而软体动物数量占比有所下降，这可能与这一年实施生态调度，流量相较往年维持在较高水平，而甲壳动物更能适应高流量环境有较大关系，同时流量维持在较低水平，更能导致软体动物特别是环棱螺的大量滋生。例如，2017 年 10 月沙颍河实施生态调度期间，甲壳动物占比较高，2018 年 5 月流量处于较高水平时，水生昆虫和寡毛类占比有较大幅度增长。2019 年软体动物数量占比较高，可能与沙颖河水位全年处于较低水平，导致软体动物特别是环棱螺大量滋生有关（图 7-4）。

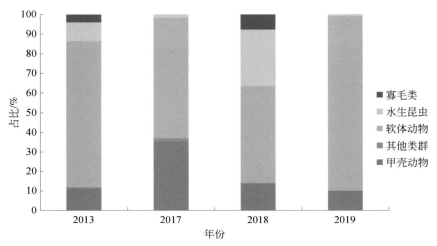

图 7-4　沙颖河不同年份底栖动物各类群占比

C. 基于底栖动物的效果评估

2017 ~ 2019 年的监测结果表明，沙颖河软体动物的种类出现较大幅度的增长，其种类数为 10 ~ 12 种，远高于 2013 年发现的 5 种，新发现的物种有白虾、方格短沟蜷、河蚬、纹石蛾和光滑狭口螺。此外，湖沼股蛤（淡水壳菜）也由偶见种演变为常见种和优势种。方格短沟蜷和河蚬在 2013 年的调查中只出现在周口以上河段，纹石蛾和光滑狭口螺在周口以下河段没有采集到。例如，方格短沟蜷在 2018 年 9 月范台孜断面密度高达 1233.33ind./m²，周口达 360ind./m²，而湖沼股蛤 2018 年 9 月在三个典型断面具有出现，其中界首高达 187.5ind./m²。白虾在 2019 年的界首断面首次被检测到，表明界首的水生态状况处于持续改善中。就底栖动物整体情况来看，2019 年底栖动物类群组成相较 2018 年趋于简单化，可能与 2019 年处于偏枯年份，生态流量日满足程度较低有很大关系。

第 8 章 | 长江流域水质目标管理技术集成与平台构建

8.1 基 本 概 况

8.1.1 自然概况

长江发源于青海省唐古拉山，自西而东横贯中国中部，于上海汇入东海，干流全长 6397km，年径流总量约为 10 000 亿 m³，均居全球第三位，是中国的第一大河流。长江水系发达，支流众多，流域面积达 180 万 km²，约占国土面积的 18.8%，涉及中国 17 个省、自治区和 2 个直辖市。地势西高东低，横跨中国地形三大阶梯。地貌类型多样，大部分地区属副热带季风区，热量和降水资源丰富，但年降水量和暴雨的时空分布不均。

8.1.2 长江流域水生态环境问题

(1) 水环境质量问题

长江流域水质总体良好，但局部水环境形势不容乐观，磷污染成为制约水质改善的主要影响因素。截至 2019 年上半年，太湖、巢湖、滇池等湖泊水体富营养化问题依然突出，长江口及其邻近海域赤潮频繁发生，长江保护修复攻坚战中还有拖市（荆门市）、马良龚家湾（荆门市）、神定河口（十堰市）、泗河口（十堰市）、运粮湖同心队（荆州市）、铁路大桥（宜昌市）6 个国控断面尚未消除劣 V 类。长江流域废水排放总量大，环境统计数据表明，长江经济带废水排放总量约占全国废水排放总量的 43%，其中化学需氧量、氨氮排放总量分别占全国的 37%、43%，是淮河、黄河流域的 4 倍、5 倍。

(2) 水生态安全问题

在我国近 10 年社会经济高速发展背景下，长江流域生态系统格局变化十分剧烈。水生生物资源衰退，流域内鱼类物种多达 416 种，其中特有种 177 种，列为国家级保护动物的鱼类有 7 种，约占我国淡水鱼类种类数的 40%，从鱼类资源变化看，目前特有鱼类、重要经济鱼类数量下降，且鱼类资源小型化趋势明显，长江流域年捕捞产量约为 20 世纪 50 年代的 1/4，另外，白鳍豚、白鲟、鲥鱼已功能性灭绝，长江江豚、中华鲟成为极危物种；湖库富营养化格局发生改变，《长江流域及西南诸河水资源公报》（2008~2018 年）显示，近 10 年来，长江流域湖库富营养化趋势没有得到好转，富营养化湖库数量增加，贫营养湖库消失，轻度富营养化湖库成为主体；湿地生态功能退化，长江流域湿地面积约 25 万 km²，占全国湿地总面积的 20% 左右，城镇化快速发展及围湖造田侵占导致天然湿地面积减少，大量闸坝影响生态连通性，加剧湿地萎缩。

（3）水资源问题

长江流域水资源开发和保护矛盾仍未得到有效化解，水资源利用效率较低，在全国仅居于中等偏下水平，2018 年万元工业增加值用水量 67m³，低于全国平均值（41.3m³），人均、亩均用水量也高于全国平均水平。全流域水库大坝超过 5 万座，其中各种类型水电站约 2 万座，河流连续性受到严重破坏，显著改变了天然径流的分布，导致长江中下游水文情势发生变化，湿地面积大幅萎缩，湖泊调蓄能力降低，江湖关系紧张态势依旧明显。目前建设特大城市、城市群仍是长江经济带城镇化的主要方向，除上海市、江苏省提出城镇建设用地减量化外，其余省（自治区、直辖市）均提出城镇人口、城镇化水平和建设用地增长的规划目标。随着人口密度、开发强度进一步加大，未来的水资源开发利用矛盾将会更加突出。

8.2　长江经济带水环境管理适用技术甄选

以当地水质和环境、社会、经济等因素作为其评价指标，分析研究各项水环境管理技术的可行性、先进性以及实施效果，从而筛选最合适的水环境管理技术。对于水环境管理的问题，国内外研究者根据不同的环境选用了不同的筛选方法并用于实际问题的解决，这些方法主要包括层次分析法、模糊数学法和组合处理方法。通过综合分析比较，最后采用层次分析法，对收集的水环境管理技术成果进行筛选和评价，为了筛选出最合理的筛选方案，将各个方案与理想方案进行对比，经过指标加权求和，得到关联度最大的方案，即与理想方案最接近的方案，从而得到最优筛选方案。

8.2.1　技术筛选原则

为了构建综合完善的评价指标体系，有针对性地筛选出适宜的水环境管理技术，需要遵循以下原则：①系统性原则，结合社会系统性，考察技术与各因素的相互关系，全面权衡利弊；②需要性原则，综合考虑科学技术和人类社会的发展需要；③预测性原则，考虑现实需要和近期后果，预测未来需要和长远发展；④动态性原则，技术及其相关因素相对稳定，又有不同程度的变化，评价分析需要及时调整；⑤可靠性原则，全面考量技术在研发、运行、推广以及应用等各方面的可靠性，尤其是技术设计的可靠性和技术平稳性；⑥推广性原则，技术的推广应用可形成产业链和产业规模，与其他技术相结合，即可形成产业体系。

8.2.2　技术筛选过程

（1）技术材料收集

以水专项网络平台成果及中国环境科学研究院河流型流域水环境管理综合信息平台为依托，收集并整理监控预警主题的研究成果及关键技术；通过与各级地方水专项办公室、太湖、三峡、辽河等项目组的协调，收集整理了太湖流域、三峡库区、辽河流域、赣江流域项目、课题等各个层面的实施方案、研究成果及关键技术、示范工程等材料；利用中国知网等电子平台，收集并整理流域水环境管理技术相关的文献、标准、规范、导则等，共计 200 余项。

（2）技术筛选框架

水环境管理技术筛选指标体系构建，通过分析水环境管理技术的研发情况，构建了长江流域水环境管理技术筛选指标框架。

通过综合分析比较，确定采用层次分析法，对收集到的研究成果、关键技术、标准规范等进行筛选和评价。构建以水生态功能分区技术、水质基准标准技术、容量总量控制技术、排污许可证实施技术、水环境监测技术、风险评估与预警技术六大类技术为目标的技术筛选指标框架。依据此框架对收集到的技术文档进行对比分析，经过指标加权求和，得到与上述六大类别关联度最佳的文档，并将其作为该类别的主要关键技术。

分析长江生态建设目标和水质以及主要污染物现状，将长江流域水环境目标和治理措施的相关因素分为三个层次。

1）文档类指标（G_i），包括 4 项：研究成果（G_1）、关键技术（G_2）、标准规范（G_3）、导则（G_4）。

2）水环境管理技术体系指标（M_i），确定为 6 项：水生态功能分区技术（M_1）、水质基准标准技术（M_2）、容量总量控制技术（M_3）、排污许可证实施技术（M_4）、水环境监测技术（M_5）、风险评估与预警技术（M_6）。

3）综合指标（M_{ij}），共有 20 项：分别是功能分区（M_{11}）、控制单元（M_{12}）、主体功能（M_{13}）、限值（M_{21}）、基准（M_{22}）、标准（M_{23}）、承载力（M_{31}）、总量（M_{32}）、容量（M_{33}）、污染物负荷核定（M_{34}）、可利用水量（M_{41}）、污水排放量（M_{42}）、污染物排放浓度降低率（M_{43}）、监测（M_{51}）、监控（M_{52}）、布点（M_{53}）、评价（M_{54}）、风险评估（M_{61}）、风险管理（M_{62}）、预警（M_{63}）。

针对上述设定的筛选指标框架，对各级指标的关联重要性进行权重赋值，以 1～9 的标度进行量化，代表该文档与该指标的关联性由少至多。

8.2.3　技术筛选结果及衔接关系分析

（1）适用技术汇总

长江流域水质目标管理技术体系涵盖了水生态功能分区技术、水质基准标准技术、容量总量控制技术、排污许可证实施技术、水环境监测技术、风险评估与预警技术六大类共计 76 项技术文档，具体名录见表 8-1。

表 8-1　关键技术文档名录

序号	技术类别		关键技术名称
1	水生态功能分区技术	1	水环境规划控制单元水质目标选择技术导则（初稿）
		2	流域水生态功能区划分技术导则（征求意见稿）
		3	感潮河流控制单元水质目标管理技术
		4	湖库型控制单元水质目标管理技术导则（初稿）
		5	基于 ISODATA 多元空间聚类的流域水生态功能区定量划分技术
		6	多要素耦合的控制单元划分技术
		7	基于水生态功能分区的控制单元划分技术规范（征求意见稿）
		8	基于地统计学的流域环境要素的空间异质性分析技术
		9	江苏省太湖流域水生态环境功能区划（试行）
2	水质基准标准技术	10	地表水环境质量评价技术规范（建议稿）
		11	基于毒性评价鉴别的污染源风险评价技术
		12	基于浮游生物完整性指标的流域水环境生态学基准制定技术
		13	基于风险的流域水环境优控污染物筛选方法
		14	废污水综合生物毒性评价技术规范（初稿）
		15	污染源排水毒性鉴别评价技术指南（初稿）
		16	河流健康评价技术规范（初稿）
		17	流域水环境水质评价技术方法
		18	流域水环境沉积物质量评价技术
		19	流域水环境沉积物质量评价技术规范（建议稿）
		20	流域水环境特征污染物筛选技术规范（建议稿）
		21	流域水环境质量基准–水生生物基准制定技术导则（建议稿）
		22	流域水环境质量基准–水生生物基准制定数据准入规范（建议稿）
		23	流域水环境质量基准–沉积物基准制定技术导则（建议稿）
		24	流域水环境质量基准–生态学基准制定技术导则（初稿）
3	容量总量控制技术	25	区域社会经济结构 发展模式与水环境承载能力量化模拟技术
		26	基于三维数字流域技术的流域水生态承载力与总量控制系统集成技术
		27	基于水环境响应的水污染负荷总量核定技术
		28	河流型控制单元水质目标管理技术导则（初稿）
		29	河流流域水环境系统分析与模拟技术
		30	流域容量总量计算与分配技术导则（征求意见稿）
		31	流域水污染负荷总量核定技术指南（初稿）
		32	流域水环境容量计算设计条件与参数选取技术规范（初稿）

序号	技术类别		关键技术名称
3	容量总量控制技术	33	流域水环境容量适用模型选择技术规范（初稿）
		34	流域水生态承载力多指标评价方法技术
		35	流域水生态承载力评估技术导则（征求意见稿）
		36	控制单元非点源污染负荷核定技术导则（初稿）
4	排污许可证实施技术	37	江苏省排污许可证发放管理办法
		38	江苏省主要污染物排污权核定方案
5	水环境监测技术	39	河流生态调查技术规范（征求意见稿）
		40	河流健康评价技术规范（征求意见稿）
		41	溪流及浅水型河流水生生物监测技术规范（建议稿）
		42	深水型（不可涉水）河流水生生物监测规范（建议稿）
		43	流域水生生物评价技术规范（建议稿）
		44	流域水环境沉积物质量评价技术规范（建议稿）
		45	湖泊（水库）水生生物监测技术规范（建议稿）
		46	地表水环境质量评价技术规范（建议稿）
		47	流域水环境通用数据目录共享体系（建议稿）
		48	流域水环境数据交换体系（建议稿）
		49	基于监测数据的点源总量测算技术
		50	基于下垫面径流监测的城市面源污染总量测算技术指南
		51	基于雨水/雨污合流排放口监测的城市面源污染总量测算技术指南
		52	地表水在线监测系统运行与考核技术规范（试行，浙江省）
		53	流域水环境有机污染物常态监测分析质量保证质量控制技术规范
		54	水污染源多相污染物排放图谱建立技术指南
		55	流域水污染源排放动态清单编制技术与估算模型指南
		56	水污染源优先控制污染物筛选技术
		57	水污染源自动监测设备比对监测技术规范
		58	化学品生态风险河蚬短期暴露评价试验方法
		59	太湖流域 SVOCs 优控污染物名单
6	风险评估与预警技术	60	污染源排水生态风险评价技术规范（初稿）
		61	流域水污染源点源风险管理手册（初稿）
		62	流域水环境累积型风险分级预警技术体系
		63	流域水环境风险评估与预警数据集成与共享平台系统技术
		64	基于环境风险的污染源分类分级管理技术
		65	流域生态风险评价导则（建议稿）
		66	农村生活污水和农村散养畜禽污水风险管理手册（建议稿）

序号	技术类别		关键技术名称
6	风险评估与预警技术	67	公众参与流域点污染源风险管理办法（建议稿）
		68	突发污染事故保护水生态系统的特征污染物风险控制阈值确定技术规范（建议稿）
		69	水污染事件污染物急性健康风险评价技术规范（建议稿）
		70	水污染事件污染物人体急性暴露安全阈值（浓度）确定技术规范（建议稿）
		71	典型污染物应急处置技术指南（建议稿）
		72	流域突发性水环境风险预测技术规范（建议稿）
		73	流域水环境安全常态（累积型）预警技术指南（建议稿）
		74	重庆市三峡库区水环境风险评估及预警平台建设规范（征求意见稿）
		75	环境空间基础数据加工处理技术规范（征求意见稿）
		76	流域水环境风险评估与预警平台构建共性技术标准体系框架（建议稿）

（2）技术筛选研究成果

在水专项相关项目、课题研究成果基础上，依据"分区、分类、分级、分期"的流域水环境管理思路，针对长江流域上游生态脆弱区、长江中下游沿江区域重化工业密集的污染特点，围绕长江流域污染排放总量大、饮用水水源密布、流动源及码头众多的水环境污染问题，紧密结合长江流域水环境管理的现实需求，集成了长江流域水环境管理关键技术，并对其进行了分类总结，其结果包括水生态功能分区技术、容量总量控制技术、水环境监测技术、水质基准标准技术、水环境评估技术和风险与预警技术，提出了长江流域水环境管理模式，为流域日常环境监测、监管业务自动化、执法稽查和减排核查、总量控制管理、管理决策科学化等提供有效的技术支持手段。通过层次分析法对长江流域水环境管理技术进行评价，分析了各关键技术在长江管理方面的权重，提炼了长江流域水环境管理实用技术，并对长江流域水环境管理技术进行了分类处理。

长江流域水生态功能分区技术包括流域水生态功能三级划分技术、流域控制单元划分技术、流域水生态系统健康评价技术。

长江流域水质基准标准技术包括特征污染物筛选方法、水生生物基准制定校验技术、营养物基准制定校验技术、沉积物质量基准制定校验技术、水生态基准制定校验技术、流域水环境质量标准限值制定技术。

长江流域容量总量控制技术包括流域污染负荷核定技术、控制单元污染负荷总量分配技术、水生态承载力计算技术、主要污染物水环境容量计算与分配技术。

长江流域水环境评估技术包括流域污染物总量减排定量评估技术、流域水生态安全评估技术、流域水污染治理评估技术、流域水环境管理实施效果评估技术。

长江流域水环境监测技术包括流域水污染物总量监控技术、流域面源污染物监控技术、城市面源污染机理与监控技术、车载式水生态监测技术、物联网数据采集与传输技术。

长江流域水环境风险与预警技术包括流域水环境风险分区技术、流域水环境应急管理技术、流域水环境监控预警技术。

（3）技术衔接关系分析

通过开展长江流域水环境管理技术调研，在水专项监控预警主题的研究成果基础上，研究长江流域水环境管理技术体系的技术链和衔接关系。

水环境管理技术体系主要包括水生态功能分区技术、水质基准标准技术、容量总量控制技术、排污许可证实施技术、水环境监测技术、风险评估与预警技术六大类，通过对各技术的分析，以排污许可证管理为主要目标将各个技术的衔接关系进行链接，具体如图8-1所示。以水生态功能分区技术及水质基准标准技术作为基础，通过容量总量控制技术确定长江流域各地区的指标，以此作为排污许可证的发放的标准，在排污许可证的发放过程中以水环境监测技术及风险评估与预警技术作为监督，同时与水污染治理技术进行相互支撑，形成一套流域管理与治理的综合技术体系（图8-1）。

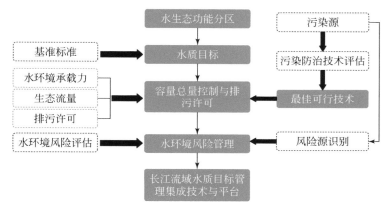

图 8-1　长江流域水环境技术衔接关系

8.3　流域水环境模型评估验证

8.3.1　流域水环境模型评估验证技术框架

流域水环境模型是流域控制单元水质目标管理的重要工具，其模拟结果支持了水环境问题诊断、容量总量分配、排污许可管理、污染源–水质响应关系分析等诸多水环境管理实践。模型模拟结果是否可靠？是否适用于典型管理实践？在科学问题导向和管理需求导向的引领下，流域水环境模型评估验证技术框架应满足以下基本原则。

（1）需求导向

流域水环境模型评估验证的目的是检验模型是否适宜支持流域水环境管理决策，不同的决策需求对模型功能要求不同。例如，适用于重大风险源实时决策支持系统的流域水环境模型应具有严格的运算速度要求。因此流域水环境模型评估验证的内容和技术要求等应与决策需求相适应。

（2）风险管控

流域水环境模型的开发和应用过程存在不确定性，以此作为工具开展流域水环境管理决策存在风险。风险集中体现在模型是否适合、模拟结果是否正确这两个关键问题上，进而影响模型适宜的决策支持功能认定以及参数本地化取值建议。因此流域水环境模型评估验证的内容和技术要求等应与决策风险的影响范围、严重程度等相适应。

（3）分类评估

流域水环境模型类型多样，其模拟对象、建模方法、开发和应用基础等存在较大差异。按照计算思路区分，流域水环境模型包括系数模型、统计模型以及机理模型三类，各类模型求解算法不同，求解结果也不尽相同，不同的水文循环过程和污染物迁移转化机理的解释程度，产生了不同的适用性评估结果。因此流域水环境模型评估验证的内容和技术要求等应与模拟对象、模型自身特点等相适应。

（4）应用支撑

流域水环境模型评估验证除了做出模型是否适宜支持流域水环境管理决策的结论之外，还应着眼于模型应用的规范化、标准化与本地化，结合评估验证过程得到的结果为模型在实际决策中的合理、规范应用提供技术建议。

因此，模型开发者和使用者应参考图 8-2 所示的技术框架开展模型评估验证，评价模

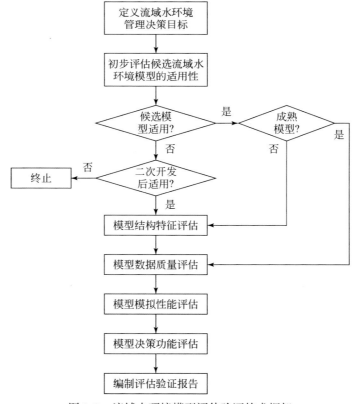

图 8-2　流域水环境模型评估验证技术框架

型对相应管理决策目标的适用性，提高模型模拟结果的可靠性，充分考虑不确定条件下开展流域水环境管理决策的风险。

流域水环境模型评估验证过程遵循"定义目标—初步评估—模型结构—数据质量—模拟性能—决策功能—综合评价"七个步骤，针对"初步评估"产生的候选模型，需按照机理完备程度做出判定，判定条件的具体说明如下。

对于在国内外广泛应用的成熟的流域水环境模型，可省略或适当简化模型结构特征评估。基于成熟模型二次开发得到的模型，则根据其二次开发是否涉及模型结构特征变化做出具体判断。若二次开发仅涉及输入数据制备、输出结果可视化等，而未修改建模机理、数学表达、求解算法时，可省略或适当简化模型结构特征评估；若二次开发修改了建模机理、数学表达或求解算法，应根据修改涉及的范围，开展相应的模型结构特征评估。

对于非成熟模型（如系数模型、统计模型），需开展模型结构特征评估，可通过数学实验方法分析模型模拟变量之间的内在关系是否与现有理论和知识相符、是否存在过拟合或欠拟合等，以此评估模型结构和参数的合理性。

在遍历七个步骤后，模型开发者和使用者综合评价候选模型对于流域水环境管理决策目标的适用性，在评估验证报告中明确给出模型是否适用的结论。

8.3.2 流域水环境模型评估验证技术要求

为了得出流域水环境模型是否适用的结论，需要按照技术要求对评估验证过程中涉及的每项评估进行综合分析。

8.3.2.1 定义流域水环境管理决策目标

在时间维度上，流域水环境管理涉及历史回顾、现状分析、未来预测等决策场景，界定了历史回顾评价、实时预警应急、未来规划评估三类不同的决策目标。它们对典型流域水环境模型（非点源污染模型、河流水质模型和湖库水质模型）性能的要求也不同，详见表8-2。

表8-2 流域水环境管理决策对模型性能的要求

目标 模型	历史回顾评价	实时预警应急	未来规划评估
非点源 污染 模型	指标：污染负荷、径流量、河流水质等。 时间精度：年、月、日。 计算效率要求：中	指标：地表最大产流量、地表径流污染物浓度。 时间精度：小时、分钟或更短。 计算效率要求：极高	指标：污染负荷、径流量、河流水质等。 时间精度：年、月。 计算效率要求：中
河流 水质 模型	指标：河道平均水量、水位变化、河流平均水质。 时间精度：日、月、年均或多年平均。 计算效率：中	指标：河道污染物最大水量、最大负荷及出现时间。 时间精度：分钟级或更短、小时级。 计算效率：极高	指标：河流水量、流速、水位及整体负荷变化。 时间精度：月均、年均或多年平均。 计算效率：中

目标模型	历史回顾评价	实时预警应急	未来规划评估
湖库水质模型	指标：湖库年均蓄水总量、水位、污染负荷及月间变化。 时间精度：月均、年均或多年平均。 计算效率：中	指标：藻类分布范围、最大洪峰水量及到达时间。 时间精度：分钟级或更短、小时级、日级。 计算效率：极高	指标：湖库水量及水位、各污染物浓度。 时间精度：月均、年均或多年平均。 计算效率：中

历史回顾评价是指利用流域或水体的历史数据，针对水量、水质、污染物排放状况及其时空变化特征等开展的回顾性分析，针对污染源贡献、水环境容量、污染防治效果等做出的评价和决策，如运用环境流体动力学数学模型 EFDC 定量表征流域污染源对巢湖蓝藻水华的影响。

实时预警应急是指利用实时数据以及风险预警、污染溯源等机制，快速准确地识别或预警流域或水体污染事件，预测污染事件演化趋势及其影响，评估各类应急预案的效果，针对污染事件影响、应急预案实施等做出评价和决策。此类决策对模型计算效率的要求极高，如三峡库区水环境风险评估与预警平台将环境应急响应时间缩短至 20min 内。

未来规划评估是指利用流域或区域的水资源、水环境和水生态现状条件，分析经济社会发展相关政策、规划等对流域或水体的影响，评估污染防治措施的必要性和效果，针对政策和规划的环境影响、污染防治措施等做出评价与决策，如土壤水评估工具 SWAT 用于识别气候变化情景对西北干旱区内陆河流域水文过程的影响。

8.3.2.2　初步评估候选流域水环境模型的适用性

在模型模拟之前，分析候选流域水环境模型的适用条件和基本性能，包括适用的土地利用类型和水体特征、适宜的时间空间尺度和精度、模拟的变量及其精度等，并与流域水环境管理决策目标对模型性能的要求相比较，初步评估候选模型的适用性。如果候选模型适用或经过二次开发后可以适用，则进入下一个评估步骤。

8.3.2.3　模型结构特征评估

流域水环境模型的本质是具有数学结构的一种抽象表述，构建这种抽象表述所需的建模机理、数学表达与求解算法是模型结构特征评估的主要内容。

(1) 建模机理

1) 模型概化。流域水环境模型概化应合理且能够响应流域水环境管理决策目标的需求，主要评估内容包括模拟对象的空间离散方式、模拟空间维度、源汇项空间和时间分布特征等。

2) 模型机理。流域水环境模型的机理表达应与现有理论和知识相符，缺少现有理论和知识依据时，应有充分的观测数据支持或经过模型应用检验被证明合理。

(2) 数学表达

1) 数学表达形式。流域水环境模型的数学表达形式应与模型概化和机理设计相符，具有充分的理论或观测数据支持，或者经过模型应用检验被证明合理。

2）变量和参数定义。流域水环境模型的输出变量应与流域水环境管理决策目标直接相关，输入、输出以及其他中间过程变量都应具有足够的观测数据支持。模型参数应相互独立，宜使用具有明确物理意义且可被观测的参数。

（3）求解算法

优先求解流域水环境模型的解析解，当模型数学表达复杂、难以求得解析解时，应使用数值算法求解。选择数值求解算法时，应兼顾算法的计算效率和求解稳定性，使之与流域水环境管理决策要求的计算效率和模型精度相匹配。

8.3.2.4 模型数据质量评估

流域水环境模型的模拟效果受模型数据限制较大，充分的数据代表性和全面的数据质量控制是结果分析可靠性的必要保障。针对观测数据、输入数据和求解条件等典型模型数据，应做好数据采集、处理、分析全过程的质量评估。

（1）观测数据

1）数据代表性。用于流域水环境模型评估的观测数据应具有充分的时间和空间代表性，且不同类型的观测数据（如水量、水质）宜在时间和空间上相互匹配。观测数据的时间频率宜与模拟变量的输出频率相当，同时观测数据应覆盖足够长的时段（如包含丰、平、枯不同水文年型），充分体现主要模拟变量的变化范围。观测数据应涵盖模拟对象的主要控制点位（如系统边界）和系统过程（如污染源和水体）。此外，观测数据包含的模型变量宜多样化，涉及模拟对象的不同系统过程。

2）数据质量。流域水环境模型模拟变量、参数等的观测数据获取方式（如采样布点、检测方法、质量控制等）应符合国家或相关部门制定的技术标准。确无条件的可采用非标准方法获取的数据，但应标明数据获取的具体技术方法，以备查证。在使用观测数据前，宜评价数据的完备度、准确度和精密度。数据完备度宜定性评价，取数据量、代表性、匹配性和观测质量四个维度的最低等级作为整体评价结果；数据准确度通过均值、中位数等判据定量表达；运用标准差、四分位距等指标反映数据精密度。

（2）输入数据

1）数据代表性。流域水环境模型的输入数据应能够满足模型的基本计算需求，且在时间和空间上相互匹配，输入数据的时间和空间精度应不低于模型模拟和结果输出的精度要求。在模型模拟时段内，模拟对象特征发生重大变化（如城镇化导致土地利用变化）时，应使用相应的输入数据（如城镇化前后两个时期的土地利用图），分阶段开展模型模拟。当模型所需要的输入数据确无条件获取时，可通过使用模型默认值、参考相似模拟对象数据等方式进行替代，但必须评估数据替代对模型模拟结果的影响。

2）数据质量。流域水环境模型的输入数据（如土地利用分布、土壤分布、地形、气象数据等）应采用国家权威部门或机构提供的标准化数据，确无条件的可使用其他途径获取的数据，但应标明数据的具体来源，以备查证。例如，输入数据为模型开发者或使用者自行调查或监测获得，则其调查或监测方法应符合国家或相关部门制定的技术标准，并提供调查或监测的具体信息（如时间、地点、参与机构和人员及其资质等）及相应证明材料。

（3）求解条件

1）边界条件。流域水环境模型求解的边界条件应贴近模拟对象的实际状况。在开展历史回顾评价、实时预警应急等决策时，应优先使用观测数据作为边界条件；在开展未来规划评估时，可参照模拟对象的历史数据或使用其他模型得到的模拟结果设置边界条件，同时考虑边界条件可能出现的极端情况。

2）初始条件。流域水环境模型模拟的初始条件应采用观测数据以符合模拟对象的实际状况。对于可开展连续模拟的模型，如初始条件观测数据获取困难，可通过在模拟时段前设置模型预热期降低初始条件对后续模拟的影响。

8.3.2.5 模型模拟性能评估

流域水环境模型评估验证的核心是模拟结果的评估。针对模拟获得的变量输出和参数估计结果，评估模型输出的准确性，分析参数的灵敏度、可识别性和不确定性。只有在这些模拟结果足够可靠的前提下，讨论流域水环境管理决策的风险才有意义。

（1）模拟结果

1）模型率定和验证结果。在模型参数率定过程中，流域水环境模型的模拟值应与观测值较好地吻合，误差应能够满足流域水环境管理决策目标的要求。进而借助率定得到的模型参数，利用独立于模型率定数据的观测数据检验模型模拟结果时，模型模拟值与观测值之间的误差也应能够满足决策的精度要求。应尽可能利用模拟对象不同系统过程中多个变量的观测数据评估模型模拟效果。应根据流域水环境管理决策目标需求，从表 8-3 所示的图示评价技术、误差评价技术、分布匹配度评价技术、多模型评价技术四类技术选择适宜的模型模拟效果评估技术，制定诸如优秀、良好、及格和不及格等级的精度要求。

表 8-3 数据质量评价技术示例

评价技术	技术名称	技术内容或公式
图示评价技术	散点图	将模型模拟值与实际观测值进行时间或空间配对，通常以实际观测值和模型模拟值分别作为横坐标和纵坐标，形成的配对数据点分布图
	$Q\text{-}Q$ 图	将模型模拟值与实际观测值的百分位数进行配对，通常以实际观测值和模型模拟值分别作为横坐标和纵坐标，形成的配对数据点分布图
	时间序列图	将实际观测值和模型模拟值分别与时间配对，以时间为横坐标、以实际观测值和模型模拟值分别作为纵坐标作图，形成的配对数据点分布图
误差评价技术	平均偏差	$ME = \frac{1}{n}\sum_{i=1}^{n}(Y_i^{sim} - Y_i^{obs})$，$Y_i^{sim}$、$Y_i^{obs}$ 分别为第 i 个数据点的模型模拟值和实际观测值
	平均绝对误差	$MAE = \frac{1}{n}\sum_{i=1}^{n}|Y_i^{sim} - Y_i^{obs}|$

评价技术	技术名称	技术内容或公式
误差评价技术	均方误差	$\mathrm{MSE} = \dfrac{1}{n} \sum\limits_{i=1}^{n} (Y_i^{\mathrm{sim}} - Y_i^{\mathrm{obs}})^2$
	均方根误差	$\mathrm{RMSE} = \sqrt{\dfrac{1}{n} \sum\limits_{i=1}^{n} (Y_i^{\mathrm{sim}} - Y_i^{\mathrm{obs}})^2}$
	平均百分比绝对误差	$\mathrm{MAPE} = \dfrac{1}{n} \sum\limits_{i=1}^{n} \left| \dfrac{Y_i^{\mathrm{sim}} - Y_i^{\mathrm{obs}}}{Y_i^{\mathrm{obs}}} \right| \times 100\%$
	百分比偏差	$\mathrm{PBIAS} = \dfrac{\sum\limits_{i=1}^{n} (Y_i^{\mathrm{sim}} - Y_i^{\mathrm{obs}})}{\sum\limits_{i=1}^{n} Y_i^{\mathrm{obs}}} \times 100\%$
	均方根误差与观测值标准偏差比	$\mathrm{RSR} = \dfrac{\mathrm{RMSE}}{S} = \dfrac{\sqrt{\sum\limits_{i=1}^{n} (Y_i^{\mathrm{sim}} - Y_i^{\mathrm{obs}})^2}}{\sqrt{\sum\limits_{i=1}^{n} (Y_i^{\mathrm{obs}} - \overline{Y^{\mathrm{obs}}})^2}}$
	纳什效率系数	$\mathrm{NSE} = 1 - \dfrac{\sum\limits_{i=1}^{n} (Y_i^{\mathrm{sim}} - Y_i^{\mathrm{obs}})^2}{\sum\limits_{i=1}^{n} (Y_i^{\mathrm{obs}} - \overline{Y^{\mathrm{obs}}})^2}$
	修正纳什效率系数	$\mathrm{mNSE} = 1 - \dfrac{\sum\limits_{i=1}^{n} |Y_i^{\mathrm{sim}} - Y_i^{\mathrm{obs}}|^p}{\sum\limits_{i=1}^{n} |Y_i^{\mathrm{obs}} - \overline{Y^{\mathrm{obs}}}|^p}$
	相关系数	$r = \dfrac{\sum\limits_{i=1}^{n} (Y_i^{\mathrm{sim}} - \overline{Y^{\mathrm{sim}}})(Y_i^{\mathrm{obs}} - \overline{Y^{\mathrm{obs}}})}{\sqrt{\sum\limits_{i=1}^{n} (Y_i^{\mathrm{sim}} - \overline{Y^{\mathrm{sim}}})^2} \sqrt{\sum\limits_{i=1}^{n} (Y_i^{\mathrm{obs}} - \overline{Y^{\mathrm{obs}}})^2}}$
	斯皮尔曼秩相关系数	$rs = 1 - 6 \cdot \dfrac{\sum\limits_{i=1}^{n} (R_i^{\mathrm{sim}} - R_i^{\mathrm{obs}})^2}{n(n^2 - 1)}$，$R_i^{\mathrm{sim}}$、$R_i^{\mathrm{obs}}$ 分别表示第 i 个数据点的模型模拟值和实际观测值在相应数据序列中的排序
	克林-古普塔效率系数	$\mathrm{KGE} = 1 - \sqrt{[S_r(r-1)]^2 + [S_\alpha(\alpha-1)]^2 + [S_\beta(\beta-1)]^2}$ $\left(\alpha = \dfrac{\mathrm{CV}^{\mathrm{sim}}}{\mathrm{CV}^{\mathrm{obs}}},\ \beta = \dfrac{\overline{Y^{\mathrm{sim}}}}{\overline{Y^{\mathrm{obs}}}} \right)$，$\alpha$ 表示模型模拟值变异系数 $\mathrm{CV}^{\mathrm{sim}}$ 与实际观测值 $\mathrm{CV}^{\mathrm{obs}}$ 的比值；β 表示二者均值 Y^{sim} 和 Y^{obs} 的比值

评价技术	技术名称	技术内容或公式
分布匹配度评价技术	柯尔莫可洛夫–斯米洛夫检验	$D_{K-S} = \sqrt{\dfrac{n_1 \cdot n_2}{n_1 + n_2}} \sup\limits_{\substack{-\infty < Y^{sim} < \infty \\ -\infty < Y^{obs} < \infty}} \mid F_{n1}(Y^{sim}) - F_{n2}(Y^{obs}) \mid$
	安德森–达令检验	$D_{A-D} = -n - \dfrac{1}{n} \sum\limits_{i=1}^{n} \left[(2i-1)\ln Z_i + (2n+1-2i)\ln(1-Z_i) \right]$
	曼–惠特尼秩和检验	$D_{M-W} = \min\left(n_1 n_2 + \dfrac{n_1(n_1+1)}{2} - W_1, \ n_1 n_2 + \dfrac{n_2(n_2+1)}{2} - W_2 \right)$
多模型评价技术	验证性评价	当采用多个模型对同一对象的历史状态进行模拟时，可利用历史观测数据比较不同模型的模拟效果，筛选模拟效果最好的模型或者根据模型的不同表现赋予权重
	预测性评价	当采用多个模型对同一对象的未来状态进行模拟时，可使用相似性方法或同行评议方法分析和对比不同模型模拟结果的合理性

2）模拟结果的不确定性。应分析流域水环境模型输入、参数等不确定性对模型模拟结果的不确定性的影响，并对模型是否足以支撑流域水环境管理决策进行评价，如根据模型模拟结果的置信区间，给出流域水环境管理决策的风险。条件允许时，应提出降低模拟结果不确定性的措施。

3）多模型多案例模拟结果。针对候选流域水环境模型应用的决策案例，宜选择具有相似模拟能力的、国内外广泛应用的主流模型，将其应用于该案例，比较候选模型和主流模型模拟效果的差异。当候选模型的前期决策应用案例较少时，宜补充流域水环境管理决策目标相似的案例，利用候选模型开展模拟，评估候选模型在相似决策案例中的模拟效果。当流域水环境管理决策可能存在重大经济、社会和环境影响时，必须进行多模型、多案例模拟评估。

（2）模型参数

1）参数率定方法。可采用基于定向搜索和最优化以获得单一"最优"参数组的识别方法，或者基于采样及贝叶斯方法以获取各参数后验分布的识别方法。使用基于定向搜索和最优化的识别方法能够获得单一参数组，易于将通过率定验证的模型用于决策目标分析，但模拟结果易受"异参同效"现象的影响。可采取增加模拟对象不同过程、不同类型、不同点位的观测数据，增加不同种类模拟效果评估指标等方法，降低"异参同效"现象的影响。使用基于采样及贝叶斯方法可在一定程度上规避"异参同效"现象的产生，但由于采样产生了大量参数组，流域水环境管理决策目标分析所需的计算量增加。使用该方法时，可参考现有模型和实验研究成果，特别是针对同一流域或相似流域的研究成果设置模型参数初值或初始范围。

2）参数率定结果。应通过与同一流域或类似流域中使用相同模型或者概化方法和数学表达相同的其他机理模型的研究结果相比较的方式，评估流域水环境模型参数率定结果的合理性。有条件时，宜与实验室单一机理实验获得的参数数值进行比较。当差异较大时，应对模型参数率定结果开展深入分析，查明偏差产生的原因，并决定是否重新开展参数率定。

3）参数灵敏度和不确定性。应分析流域水环境模型的参数灵敏度和不确定性，并在此基础上评估模型模拟结果的可信度。当灵敏度较高的模型参数可以通过直接观测或参数率定降低不确定性时，可认为模型结果的可信度更高。

8.3.2.6　模型决策功能评估

针对候选模型对流域水环境管理决策目标的适用性，不仅要从技术层面评估模型模拟结果的可靠性，也要注重应用层面的实用性和便利性。

（1）决策实用性

1）计算效率。流域水环境模型的计算效率应满足流域水环境管理决策的时效性要求，模型模拟时段长度与模型运算时间的比值宜在 3 以上。

2）数据需求。对于需要长期服务的流域水环境管理决策目标，应评估在正常业务状态下流域水环境模型所需各项数据的更新频率是否能够满足决策需求。

3）软硬件要求。对于需要长期服务的流域水环境管理决策目标，应评估在正常业务状态下是否具备流域水环境模型应用所需的计算机软件和硬件、技术人员等条件。

（2）应用便利性

1）操作便利程度。流域水环境模型宜拥有可视化及自动化输入数据准备模块，如自动实现模拟区域空间细化等功能，以降低模型使用者操作难度；宜具有标准化且易于读写的输入输出文件格式，以及模拟结果图表化和可视化模块，辅助模型使用者分析模拟结果。

2）技术服务支撑。流域水环境模型应具备模型机理说明书和模型使用说明书，为模型使用者理解模型运算过程和使用模型提供帮助。条件允许时，模型开发者或开发团队可组建客户服务团队，并可通过会议、网络等方式推广模型使用。模型开发者或开发团队应对业务化运行模型的模拟效果进行定期评估，及时发现和纠正模型应用可能存在的风险。

3）模型可扩展性。流域水环境模型宜具有良好的可扩展性，如具有标准化接口及标准化输入输出文件等。推荐采用模块化方式构建模型，将模型的每个模拟过程设计为单一模块，模块间通过变量、参数等相互连接，运算时互不干扰，便于模型使用者根据具体决策需求关闭无关模块，提高运算效率。模型代码宜为开源代码，以便其他模型使用者进行二次开发。

8.3.3 长江流域水环境相关模型的评估验证

8.3.3.1 长江江苏段典型二维感潮河流水环境数学模型评估验证

（1）模型适用性初步评估及结构特征评估

课题组遵循流域水环境模型评估验证技术框架对长江江苏段典型二维感潮河流水环境数学模型开展评估验证。经分析，模型的管理决策目标是历史回顾评价决策，模型类型为河流水质模型。研究区域主导土地利用形式为农田和城镇，模拟形式为连续模拟，时间精度为日，模拟变量为水量、COD、氨氮、总磷，初步评估候选模型具有适用性。

在建模过程中未修改成熟模型 MIKE21 的建模机理、数学表达或求解算法，故省略模型结构特征评估。

（2）模型数据质量评估

模型数据质量评估包括观测数据评估、输入数据评估和水质模型输入条件（即求解条件评估）三方面。

观测数据评估方面，本模型模拟长江江苏段 2015 年 10 月 15～22 日感潮水位、水质（COD、氨氮、总磷），此次感潮水位观测数据采用南京站、镇江（二）站、江阴站、营船港站和徐六泾（二）站 2015 年 10 月 15～22 日感潮水位资料；水质观测数据采用长江江苏段干流 2015 年 10 月 17～19 日长江张家港水源地、长江洪港水源地、长江浪港水源地和长江浏河水源地的取水口水样水质资料。本次感潮水位、水质观测数据具有充分的时间和空间代表性，不同类型的观测数据在时间和空间上相互配合。观测数据的数据质量方面，本次感潮水位观测数据采用《中华人民共和国水文年鉴》（2015 年第 6 卷第 6 册——长江下游干流区）2015 年 10 月 15～22 日南京站、镇江（二）站、江阴站、营船港站和徐六泾（二）站感潮水位资料；水质观测数据采用江苏国苏检测有限公司 2015 年 10 月 17～19 日对长江江苏段干流长江张家港水源地、长江洪港水源地、长江浪港水源地和长江浏河水源地的取水口采样检测水质，江苏国苏检测有限公司具备中国计量认证（CMA）资质，其采样布点、检测方法、质量控制等符合国家或相关部门制定的技术标准。本次感潮水位、水质观测数据具有较好的完备度、准确度和精密度。

输入数据评估方面，本模型使用的输入数据包括模型计算区域及地形文件，本研究建立长江马鞍山—高桥段水环境模型。其模型的水下高程利用南京—高桥长江实际地形图（CAD 总体平面图）、马鞍山—南京航道地形图的地形数据，模型计算范围及地形见图 8-3。在模型构建时，将马鞍山—高桥段划分网格，平均网格边长约 300m，网格数 42 991 个，对于局部区域进行网格加密，模型网格划分见图 8-4。空间概化过程符合实际情况，且可有效用于模型计算。

本模型输入条件是水质模型的计算与水动力模型同步进行，水质模块计算边界和初始条件均与水动力模型相一致。水动力模型输入条件方面，初始水位设为 2.6m（取水位年鉴资料平均水位），起始时刻流速设为 0；水位、水量边界条件方面，以水文年鉴中 2015

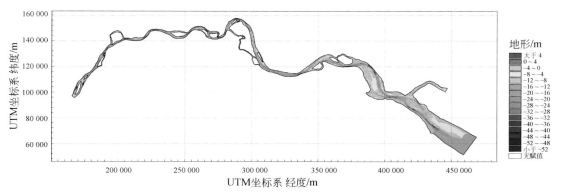

图 8-3   长江下游段水环境数学模型计算范围及水下地形图（马鞍山—高桥段）

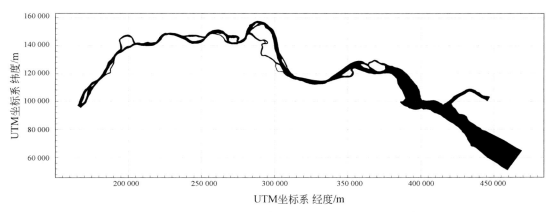

图 8-4   长江下游段水环境数学模型网格划分图（马鞍山—高桥段）

年 10 月 15 ~ 22 日大通逐日平均流量资料为上边界，以水文年鉴中 2015 年 10 月 15 ~ 22 日灵甸港站、高桥站逐潮高低潮位资料为下边界。

水质模型输入条件方面，初始条件 COD、氨氮、总磷初始浓度取《江苏省地表水（环境）功能区划》长江水质目标值（《地表水环境质量标准》Ⅱ类）；水质边界条件以优于水质目标值（《地表水环境质量标准》Ⅱ类）的水质值为上边界，以灵甸港和高桥断面 2015 年 10 月 17 ~ 19 日水质监测值为下边界。

本次长江江苏段典型二维感潮河流水环境数学模型的输入数据能够满足模型的基本计算需求，且在时间和空间上相互匹配，输入数据的时间和空间精度不低于模型模拟和结果输出的精度要求。

模型输入数据质量过硬，2015 年 10 月 15 ~ 22 日大通逐日平均流量资料和灵甸港站、高桥站逐潮高低潮位资料等水动力边界均选用自《中华人民共和国水文年鉴》（2015 年第 6 卷第 6 册——长江下游干流区）。水质上边界取优于水质目标值（《地表水环境质量标准》Ⅱ类）的水质值，水质下边界取 2015 年 10 月 17 ~ 19 日灵甸港和高桥断面水质监测值，水质数据均由江苏国苏检测有限公司提供，江苏国苏检测有限公司具备 CMA 资质，其采样布点、检测方法、质量控制等符合国家或相关部门制定的技术标准。本次长江江苏段典型二维感潮河流水环境数学模型的输入数据具有较好的完备度、准确度和精密度。

模型应用的求解条件包括边界条件和初始条件。水动力边界条件有闭边界和开边界。水质边界条件有闭边界、入流边界、出流边界。初始条件有水动力、水质。

（3）模型模拟性能评估

模型模拟性能评估包括模拟结果评估和模型参数评估两部分。

在模拟结果评估方面，模型选用百分比偏差–水量、百分比偏差–水质作为评价指标。

在水量方面，根据 2015 年 10 月 15~22 日南京站、镇江（二）站、江阴站、营船港站和徐六泾（二）站感潮水位实测数据对 2015 年 10 月 15~22 日模型水位计算值进行百分比偏差计算，①南京站平均偏差 8.3%，精度水平优秀；②镇江（二）站平均偏差 12.4%，精度水平良好；③江阴站平均偏差 7.8%，精度水平优秀；④营船港站平均偏差 13.8%，精度水平良好；⑤徐六泾（二）站平均偏差 14.5%，精度水平良好，模型水动力模拟精度水平良好。

在水质方面，根据 2015 年 10 月 17~19 日长江张家港水源地、长江洪港水源地、长江浪港水源地和长江浏河水源地数值实测数据对 2015 年 10 月 15~22 日模型水质计算值进行百分比偏差计算，①长江张家港水源地 COD 平均偏差 5.8%，氨氮平均偏差 23.8%，总磷平均偏差 14.1%，精度水平优秀；②长江洪港水源地 COD 平均偏差 5.11%，氨氮平均偏差 29.7%，总磷平均偏差 17.9%，精度水平良好；③长江浪港水源地 COD 平均偏差 3.25%，氨氮平均偏差 23.0%，总磷平均偏差 24.2%，精度水平优秀；④长江浏河水源地 COD 平均偏差 1.28%，氨氮平均偏差 3.75%，总磷平均偏差 16.4%，精度水平优秀。

总体来讲，模型水动力模拟精度水平良好，水质模拟精度水平在良好至优秀之间，说明模型能够代表研究河段的真实水动力及水质过程。

在模型参数评估方面，长江江苏段典型二维感潮河流水环境数学模型为 MIKE21 模型，包括水动力和水质模型，主要对曼宁数 N、COD 降解系数 KC、氨氮降解系数 KN 和总磷降解系数 KP 进行率定，主要参数见表 8-4。

表 8-4　模型参数

参数	取值	单位	影响变量	依据
COD 降解系数 KC	0.2	d^{-1}	COD 浓度	模型率定
氨氮降解系数 KN	0.15	d^{-1}	氨氮浓度	模型率定
总磷降解系数 KP	0.06	d^{-1}	总磷浓度	模型率定
曼宁数 N	26~80	—	水动力	曼宁公式、模型率定
其他	—	—	—	MIKE21 经验公式

本研究利用 Morris 分析筛选法对模型中曼宁数 N、COD 降解系数 KC、氨氮降解系数 KN 和总磷降解系数 KP 进行敏感度分析，以长江张家港水源地、长江洪港水源地、长江浪港水源地和长江浏河水源地为观测点，以 5% 步长对模型进行多次扰动计算，计算得到

Morris 系数的平均值即参数的灵敏度判别因子 S。

模型中曼宁数 N、COD 降解系数 KC、氨氮降解系数 KN 和总磷降解系数 KP 的参数灵敏度判别因子 S 见表 8-5。

表 8-5 模型参数灵敏度结果

水源地	因变量	参数	$|S|$	灵敏度级别	灵敏度分级标准
长江张家港水源地	COD 浓度	N	0.041	不灵敏参数	
		KC	3.122	高灵敏参数	
	氨氮浓度	N	0.013	不灵敏参数	
		KN	2.304	高灵敏参数	
	总磷浓度	N	0.017	不灵敏参数	
		KP	0.949	灵敏参数	
长江洪港水源地	COD 浓度	N	0.046	不灵敏参数	
		KC	3.840	高灵敏参数	
	氨氮浓度	N	0.012	不灵敏参数	
		KN	2.327	高灵敏参数	$0 \leqslant |S| < 0.05$，不灵敏参数；$0.05 \leqslant |S| < 0.2$，中等灵敏参数；$0.2 \leqslant |S| < 1$，灵敏参数；$|S| \geqslant 1$，高灵敏参数
	总磷浓度	N	0.021	不灵敏参数	
		KP	1.082	高灵敏参数	
长江浪港水源地	COD 浓度	N	0.045	不灵敏参数	
		KC	4.059	高灵敏参数	
	氨氮浓度	N	0.020	不灵敏参数	
		KN	3.346	高灵敏参数	
	总磷浓度	N	0.016	不灵敏参数	
		KP	0.937	灵敏参数	
长江浏河水源地	COD 浓度	N	0.039	不灵敏参数	
		KC	2.714	高灵敏参数	
	氨氮浓度	N	0.016	不灵敏参数	
		KN	2.672	高灵敏参数	
	总磷浓度	N	0.019	不灵敏参数	
		KP	1.133	高灵敏参数	

由表 8-5 中可以看出，KC、KN 和 KP 均为高灵敏参数，而 N 为不灵敏参数。

参数率定方法：通过试错法对参数进行调试，使模型的模拟输出值与实际观测值误差在 30% 以内。

参数率定结果：根据 2015 年 10 月 15~22 日南京站、镇江（二）站、江阴站、营船港站和徐六泾（二）站感潮水位数据对模型水位模拟结果进行率定，长江下游段主槽糙率的取值范围为 0.01~0.02。根据 2015 年 10 月 17~19 日长江张家港水源地、长江洪港水源地、长江浪港水源地和长江浏河水源地对模型 COD、氨氮和总磷模拟结果进行率定，率定得到 COD 降解系数 KC 为 0.2d^{-1}、氨氮降解系数 KN 为 0.15d^{-1}、总磷降解系数 KN 为 0.06d^{-1}。

在水质目标相同情况下，课题组以模型为基础计算长江流域水功能区的纳污能力和限排总量，并与水利部长江水利委员会（简称长委）确定的长江流域江苏省重点功能区的纳污能力和限排总量进行对比分析，对比结果见表 8-6。

表 8-6　模型计算结果　　　　　　　（单位：万 t/a）

类别	时间	指标	长委	江苏省	
			长委（主要污染源）	江苏省（主要污染源）	江苏省（全口径）
纳污能力		COD	33.64	33.64	59.08
		氨氮	3.57	3.57	3.62
限排总量	2015 年	COD	18.26	18.26	28.37
		氨氮	2.3	2.3	3.16
	2020 年	COD	16.89	16.89	26.64
		氨氮	1.92	1.92	2.70
	2030 年	COD	15.28	15.28	26.08
		氨氮	1.67	1.67	1.76

由表 8-6 可见，在水质目标相同情况下，长委主要污染源计算纳污能力、限排总量与江苏省对应的主要污染源计算纳污能力、限排总量相等，比江苏省全口径计算结果小。江苏省计算结果与长委计算结果在相同口径下一致。故本模型主要参数与长江江苏段实际情况相符，已实现本土化优化。

（4）模型决策功能评估

模型决策功能评估包括决策实用性和应用便利性两方面。

在决策实用性方面，本次模型模拟时间为 2015 年 10 月 15 日 0:00~22 日 24:00，共模拟 192h，模型运行时间平均 6h，模型模拟时段长度与模型运算时间的比值为 32，远大于 3，计算效率较高。为保证模型满足决策需求、模拟过程更可靠、模拟结果更精确，空间数据可每 10 年更新一次，气象和污染源可每年更新一次，监测数据可每月或每日更新一次，且在正常业务状态下具备长江江苏段典型二维感潮河流水环境数学模型应用所需的计算机软件、硬件和技术人员。综上所述，模型的决策适应性较高。

在应用便利性方面，基于 MIKE21 模型构建的长江江苏段典型二维感潮河流水环境数学模型数据输入界面简洁清晰，且具有标准化、易于读写的输入输出文件格式，模拟结果可图表化，可以很好地对模拟结果进行分析，操作便利性高。MIKE21 模型具备模型机理说明书和模型使用说明书，可为模型使用者理解模型运算过程和使用模型提供帮助。丹麦水利研究所（DHI）中国会组建客户服务团队，通过会议、网络等方式推广模型使用。DHI 中国会对业务化运行模型的模拟效果进行定期评估，及时发现和纠正模型应用可能存在的风险，可提供足够的技术服务支持。此外，MIKE21 模型具有良好的可扩展性，有标准化接口及标准化输入输出文件。通过模块化的方式构建模型，模块间通过变量、参数等相互连接，运算互不干扰，可根据具体需求关闭无关模块。其中 Ecolab（水生态实验室）模块可通过自行编程对水质、富营养化及重金属进行模拟。综上所述，模型的应用便利性也较高。

（5）模型评估验证结果

长江江苏段典型二维感潮河流水环境数学模型的模型类型为河流水质模型。研究区域主导土地利用形式为农田和城镇，模拟形式为连续模拟，时间精度为日，模拟变量为水量、COD、氨氮、总磷；管理决策目标是历史回顾评价决策，初步评估候选模型具有适用性。该模型基于成熟模型 MIKE21 构建，属于成熟模型，认为其结构特征合理。

模型输入数据能够满足模型的基本计算需求，且在时间和空间上相互匹配，观测数据的时间和空间精度不低于模型模拟与结果输出的精度要求，并具有较好的完备度、准确度和精密度；模型边界条件设置合理，与实际情况相符或有理论依据，可以支撑可靠的模型模拟结果。

模型建立过程中对参数进行了灵敏度分析及率定，参数调整后的模型水动力模拟精度良好，水质模拟精度在良好至优秀之间，说明模型能够代表研究河段的真实水动力及水质过程；在水质目标相同情况下，长委主要污染源计算纳污能力、限排总量与江苏省对应的主要污染源计算纳污能力、限排总量相等，比江苏省全口径计算结果小。江苏省计算结果与长委计算结果在相同口径下一致，可认为本模型已实现本土化优化。

模型计算效率较高，且可提供足够频率的输入数据更新和可维持业务化运营的软硬件支持；模型操作简便，可由模型开发公司提供足够的技术服务支撑，且具有良好的可扩展性和应用便利性。

综上所述，课题组认为长江江苏段典型二维感潮河流水环境数学模型适用于历史回顾评价决策。

8.3.3.2　长江干流突发水污染事件预警预报模型评估验证

（1）模型适用性初步评估及结构特征评估

课题组遵循流域水环境模型评估验证技术框架对长江干流突发水污染事件预警预报模型开展评估验证。经分析，模型的管理决策目标是实时预警应急决策，模型类型为河流水质模型。研究区域主导土地利用形式为城镇，模拟形式为事件模拟，时间精度为分钟，模拟变量为水位、流速、流向、事故特征油品和化学品，初步评估候选模型具有适用性。

长江干流突发水污染事件预警预报模型的候选模型属于成熟模型，空间离散方式是网格，模拟空间维度是三维，空间源汇项为点源，时间源汇项特征为瞬时。模型分为水动力、溢油、化学品泄漏模块，机理简介如下：

水动力模块采用 ECOMSED 源代码模式建立长江干流三维流场模型。该模型的流场模拟结果将作为溢油模型和化学品模型计算油膜和化学品漂移轨迹所需的流场数据。在浅水和布西内斯克（Boussinesq）假设下，求解不可压流体的纳维−斯托克斯（Navier-Stokes）方程组。模型中使用贴体正交曲线网格，垂向采用 σ 坐标。

溢油模块的模拟预测采用美国应用科学咨询有限公司（ASA）开发的 OILMAP 模型，该软件在美国本土、中东以及欧洲等地区应用广泛，在溢油风险分析、应急处置等方面具有较为强大的功能。OILMAP 的轨迹和归宿计算模型用于快速、第一时间估计溢油的运动情况。它在物质平衡的基础上预测泄漏的油品在水体表面的运动轨迹，可以用模型计算瞬间或持续的溢油事件。溢油最初用一系列的溢油点表示，每个溢油点平均表示溢油总量的一部分。溢油点在风和流的作用下结合随机扰动分散进行平流输送。同时，油品会发生蒸发、扩散、进入水体、乳化以及吸附到岸边的现象。所有这些过程将影响油品的物化状态、环境分布以及归宿。

化学品泄漏模块的模拟应用美国应用科学咨询有限公司（ASA）开发的 CHEMMAP 模型，对水体中泄漏化学物质的迁移转化过程、在环境中的分配情况进行预测。CHEMMAP 通过输入相关环境数据和泄漏化学品的物理化学性质数据，考虑化学品在水体中的蒸发、溶解、吸附、沉降和降解等过程，模拟其迁移转化过程。

值得注意的是，这里讨论的计算方法是指浓度很低（$<10^{-6}$ mol/L），而且溶于水的那部分有机物，大多数情况下，悬浮的或油溶的有机物水解速率比溶解的有机物要慢得多。

在建模过程中未修改上述成熟模型的建模机理、数学表达或求解方法，故省略模型结构特征评估。

（2）模型数据质量评估

模型数据质量评估包括观测数据评估、输入数据评估和求解条件评估三方面。

在观测数据评估方面，水动力模型分别利用长江上游段和长江口水域内代表性测点的水位、流速、流向等实测资料进行水动力模型的率定和验证。

溢油模型实测数据利用事故现场观测油膜扩散范围及登陆位置（半定量），未掌握化学品泄漏事故相关实测数据。整体来讲，模型使用的观测数据具有较好的完备度、准确度和精密度。

在输入数据评估方面，水动力模型使用输入数据包括：①水深数据。水动力模型模拟范围水域的水深空间变化，该数据为静态数据，来源于多年历史积累，并不定时更新。②上游大通流量数据。长江口水动力模型的上游流量边界设置在大通站附近，故采用其实时通报的流量数据作为模型的上游流量边界。该数据为实时动态数据，每日通过长江水文网的逐时刷新数据自动更新最新流量数据。③外海潮汐调和常数。水动力模型的下游边界采用潮汐水位边界，采用 16 个分潮的潮汐调和常数计算得到。潮汐调和常数基于欧洲大洋模型数据的调潮分析获得。④全球预报风场数据。水动力模型的水表边界条件采用美国国家海洋和大气管理局（National Oceanic and Atmospheric Administration，NOAA）开发的 GFS 全球预报风场模型的实时预报风场数据。该数据为动态数据，每日通过 NOAA 的 GFS 模型服务器自动下载更新一次。

溢油模型使用输入数据包括溢油事故发生的具体时间、具体地点、具体泄漏油量、具体泄漏油品种类（以上数据均通过应急部门获得）、事故发生地流场数据（通过水动力模型实时预报获得）、事故发生地风场数据（通过每日 GFS 风场数据更新获得）。

化学品泄漏模型使用输入数据包括事故发生时间、具体地点、具体泄漏量、具体泄漏化学品种类（以上数据均通过应急部门获得）、事故发生地流场数据（通过水动力模型实时预报获得）、事故发生地风场数据（通过每日 GFS 风场数据更新获得）。

上述输入数据均具有可靠来源，数据质量能够支撑合理模型模拟。

模型应用的求解条件包括边界条件和初始条件。水动力模型的边界条件，上游流量边界采用大通实测流量数据，预报时段的流量边界条件采用最小二乘法拟合实测数据的变化趋势来获得。下游潮汐边界通过潮汐调和常数计算获得；溢油模型的水表边界条件采用全球预报风场数据；化学品泄漏模型的水表边界条件采用全球预报风场数据。

水动力模型的初始条件采取业务化预报模式，每天实时计算。除首次计算的初始场条件采用模型预设值，其他每日计算的初始场条件采用前一天的计算结果；溢油模型的初始场条件按根据事故信息设置；化学品泄漏模型的初始场条件根据事故信息设置。

模型边界条件设置合理，与实际情况相符或有理论依据，可以支撑可靠的模型模拟结果。

（3）模型模拟性能评估

模型模拟性能评估包括模拟结果评估和模型参数评估两部分。

在模拟结果评估方面，水动力模型选用水位、流速、流向作为评价指标；溢油模型选用溢油扩散空间范围、溢油登陆岸线范围作为评价指标；化学品泄漏模型选用化学品泄漏扩散范围、特征化学品浓度作为评价指标。水动力模型从总体上看，长江及长江口各站位水位、流速和流向的数值计算结果都与实测值比较吻合，大潮期间的模拟误差普遍要小于小潮。水位平均相对误差为 7.2%，流速平均相对误差为 11.4%，流向平均相对误差为 8.6%。根据其他水动力模型的相关研究成果，EFDC 长江口水动力模型的水位相对误差范围一般在 4.0%～9.7%；流速和流向相对误差基本在 6%～10%。模拟效果优秀。

溢油模型建立背景是 2013 年 1 月 31 日泰州市过船港务有限公司食用油储罐垮塌时共有 9100t 油泄漏，其中有 8000t 油冲垮围堰流入新浦化学（泰兴）有限公司厂区内。2013年 2 月 2 日 23:30 许新浦化学（泰兴）有限公司因员工操作不当开启雨水排江泵，将原本应该打入事故应急池的油水混合物抽排入长江，根据泵站开启时间和流量计算，排放量 400～500t，这与江面污染面积计算亦基本一致。根据上述信息，对该事故开展应急模拟，应急系统的模拟溢油的登陆中心位置与现场监测位置基本一致，预测中溢油油膜登陆带中心位置预测误差不超过 4km，表明该系统可以有效地预测溢油事故中油膜的漂移走向和规律。

总体来讲，水动力模型模拟精度与现有模型精度相当，可以较好地反映长江口水域的流场特征，且可为溢油和化学品的模拟提供准确的水动力条件。

在模型参数评估方面，水动力模型的参数底部糙率直接采用河床泥沙颗粒的中值粒径，因此底部糙率存在空间上的变化。水动力模型调试过程中，主要调整底部糙率系数，以此来整体微调水动力模型的底部糙率大小。

长江口水动力模型的底部糙率系数范围一般在 0.001～0.003，本研究中根据水位和流速的历史实测数据进行率定与验证，调试该参数取值为 0.0015。模型模拟精度参考水动力模型的评价结果。

溢油模型的油品属性参数直接采用数据库中的各类油品理化性质参数，不做调整，仅在应急模拟中调试油膜在不同水域的水表扩散系数。

化学品模型为商业化模型，其推荐水表扩散系数范围为：①风浪强度较大的水域，扩散系数取值$>10m^2/s$；②风浪强度中等的水域，扩散系数取值在$5\sim10m^2/s$；③风浪强度较低的水域，扩散系数取值在$2\sim3m^2/s$。

本研究主要水域集中在长江口徐六泾以上水域，属于风浪强度较低的水域，水表扩散系数一般取值为$3m^2/s$。

（4）模型决策功能评估

模型决策功能评估包括决策实用性和应用便利性两方面。

在决策实用性方面，水动力模型每日实时预报未来4天，每次预报需要14h；溢油模型单次24h事故案例计算约1min；化学品泄漏模型单次24h事故案例计算约3min，模型模拟时段长度与运行时间的比值均超过3，计算效率较高。为保证模型满足决策需求、模拟过程更可靠、模拟结果更精确，动力模型利用的实时上游流量数据、全球预报风场数据可逐日更新，而地形数据为逐年更新；溢油模型利用的长江流场预报数据和全球预报风场数据均为逐日更新；化学品泄漏模型利用的长江流场预报数据和全球预报风场数据也为逐日更新，且在正常业务状态下可使用24h不间断运行的超算中心服务器及有每周定时维护预警模型的运营人员。综上所述，模型的决策适应性较高。

在应用便利性方面，模型拥有可视化及自动化输入数据准备模块，具有标准化且易于读写的输入输出文件格式，以及模拟结果图表化和可视化模块，辅助模型使用者分析模拟结果，操作便利性高。模型具备模型机理说明书和模型使用说明书，为模型使用者理解模型运算过程和使用模型提供帮助。模型开发者可通过会议、网络等方式推广模型使用。模型开发者对业务化运行模型的模拟效果进行定期评估，及时发现和纠正模型应用可能存在的风险，可提供足够的技术服务支持。模型具有标准化接口及标准化输入输出文件等，以及具有良好的可扩展性。综上所述，模型的应用便利性也较高。

（5）模型评估验证结果

长江干流突发水污染事件预警预报模型的模型类型为河流水质模型。研究区域主导土地利用形式为城镇，模拟形式为事件模拟，时间精度为分钟，模拟变量为水位、流速、流向、事故特征油品和化学品。模型的管理决策目标是实时预警应急决策，初步评估候选模型具有适用性。该模型为成熟模型ECOMSED、OILMAP和CHEMMAP的组合，认为其结构特征合理。

模型观测数据能够满足模型的基本计算需求，点位分配均匀，密度适中；输入数据均有可靠的来源，能够满足模型的基本计算需求，且在时间和空间上相互匹配；模型边界条件设置合理，与实际情况相符，能够为可靠模型模拟结果提供支撑。

模型建立过程中对参数进行了率定，参数调整后的模型模拟结果优秀，说明模型能够代表研究河段的真实水文过程；参数取值根据流域气象条件选择经验取值，可认为本模型已实现本土化优化。

模型计算效率高，输入数据更新频率合理，有可维持业务化运营的软硬件支持；模型操作简便，可视化程度高，有详尽的机理和使用说明书，且具有标准化接口和输入输出文件，有良好的可扩展性和应用便利性。

综上所述，课题组认为长江干流突发水污染事件预警预报模型适用于实时预警应急决策。

8.4 水质目标管理平台构建与业务化应用

8.4.1 长江经济带（长江流域）水质目标管理平台构建与业务化应用

8.4.1.1 业务化平台构建与部署

（1）平台集成总体思路

围绕项目、课题的总体目标，遵循技术平台标准规范，整合其他相关课题的调查分析数据、模型、决策等方面的研究成果，开发数据、模型和应用系统三大接口。

根据平台总体架构设计，以面向服务的体系架构（service oriented architecture，SOA）和模块化设计为支撑，基于面向业务化的系统平台集成技术，实现统一的水环境数据域模型的管理，解决水环境领域模型种类繁多，跨平台之间的数据难以共享，系统间信息交互和互操作困难等问题，避免各种异构系统间形成信息孤岛。

在数据层，对其他课题的研究成果进行整合，提供包括污染源数据、水文气象数据、环境质量数据、模型数据、GIS 数据等在内的数据对象；在服务（模型）层，按照水环境风险评估、预警、通量测算等应用的需求，提供包括模型实体描述、模型管理和模型应用等在内的设计规范；在业务层，在数据层和模型层的基础上，提供各类水环境管理业务化服务，实现与现有部分业务系统的整合与升级。

（2）平台研发环境

优化整合水专项课题资金及南京环境科学研究所跨境/界水环境风险评估与预警实验室基础条件，提供平台研发环境。

跨境/界水环境风险评估与预警实验室作为平台研发基地，具备开展水环境污染事件的污染演化、警源解析、警情决策等专业应用研发工作的高性能计算环境；为集成重点污染源识别监控、重大水污染事件的现场核查诊断、污染物通量实时核算和监控、矛盾调处等一系列水环境管理决策支撑技术，并实现业务化运行提供基础研发环境支撑，为业务化应用部署提供前期基础。

（3）平台应用环境

根据主要应用单位国家长江生态环境保护修复联合研究中心的软硬件需求，基于环保云进行平台的优化部署；在云端配置必要的数据库服务器、GIS 服务器、平台门户和数据传输交换服务器、存储系统等。

（4）集成及应用总体情况

运用现代信息技术研发构建对各类信息跟踪、模拟、结果分析和三维可视化处理的水质目标管理平台，动态集成水生态功能分区、水环境基准标准、排污许可管理、水污染防治最佳可行技术、水环境风险预测预警、信息交流与共享等的业务流程。构建完成长江经济带（长江流域）水质目标管理技术业务化平台，集成水生态环境功能分区、环境基准标准、容量总量（排污许可）管理、水污染防治最佳可行技术、风险管理5项流域水质目标管理关键技术及其相关数据和模型。服务于国家长江生态环境保护修复联合研究中心，在遥感、GIS及数据挖掘、三维可视化等技术支持下，初步实现长江经济带（长江流域）水生态分区动态管理、水质模型与软件应用、流域风险联防联控决策支持等在长江经济带（长江流域）典型片区的水质目标管理技术集成和应用服务。

8.4.1.2 数据汇交与信息共享系统构建及应用

（1）系统功能设计

建设目标：通过对信息数据的采集与转换，集成水环境专题空间数据等业务数据，并进行数据分析和挖掘；基于国产GIS大型三维可视化支撑平台，实现可视化、分析、查询、交换、共享等功能应用，构建满足水质目标管理日常业务化运行需求的数据汇交、挖掘与共享系统。

A. 三维可视化支撑平台

系统采用EV-Globe 5.0作为三维可视化支撑平台。EV-Globe5.0平台是由北京国遥新天地信息技术有限公司自主研发的具有完全知识产权的GIS产品，包括EV-Globe SDK、EV-Globe桌面开发平台、EV-Globe移动开发平台、EV-Globe Desktop、EV-Server、EV-Globe Air等相关的一系列产品。

EV-Globe5.0采用全平台统一开发框架构建，以C++语言构建内核，并支持C#、Java扩展，支持QT、MFC、.NetWinForm等多种界面技术。EV-Globe5.0不仅支持Windows、Linux等桌面操作系统，还支持IOS、Android等主流移动操作系统。采用EV-Globe5.0开发的应用程序能够以一致的方式运行在桌面端、浏览器端以及移动端。EV-Globe5.0产品系统的核心是EV-Globe SDK，其他产品均是在EV-Globe SDK的基础上构建的。

B. 水质目标管理数据汇交

在统一集成标准和规范下，基于基础地理数据，叠加水功能分区、水源地分布、水质监控点、水质断面、监控断面、污染源、水文气象站等专题数据，形成水质目标"一张图"展现，并能分层控制相关数据的显隐、查询、空间分析等功能。系统以流域、控制区、控制单元多视角展示水质目标管理相关数据。

水质"一张图"智能查询：通过智能搜索工具，实现对各类功能分区、断面、监测站、水文站的快速定位查询。智能搜索依托全文检索、自动分词、结果聚类等先进数据，提供对不同类型、不同格式水质环境数据的快速检索和模糊查询。同时可将相关业务明细、报表、文档、多媒体数据等进行综合展示，极大地满足用户数据共享、快速查找需求。

功能分区展示：长江经济带水生态功能分区整体分为三级，重点区域扩展至四级。系统展示功能分区划分情况，使用不同颜色标识不同等级。针对功能分区提供查询功能，查询的信息包括基本信息、水质目标、经济产业结构、人口、污染源等。针对水生态功能各分区提供综合分析与展示，实现按各尺度（行政区划尺度、流域尺度、功能分区尺度）、各要素（健康等级状况及目标）的协同分析。

水质专题展示：针对水质数据，实现对跨界断面、国控断面、自动监测站的分布展示。支持对各类断面、监测站监测结果、评价结果进行查询统计。

污染风险源专题展示：包括重点监控污染源、工业企业、污水处理厂、养殖场等分布情况、企业信息查询、排放监测数据查询等。

应急资源专题展示：实现对应急机构、应急企业、应急物资储备等应急资源的查询展示。

水雨情专题展示：实现对水文站、雨量站、闸坝、饮用水水源地分布的展示。支持对水文站、雨量站各类监测及统计信息进行集成综合展示，包括水位过程线、降水变化线、分区降水总量、月平均降水量、年平均降水量等。

社会经济专题展示：区域内人口、经济、工业总产值等数据按年份统计数据。

标准法规专题展示：与水质目标管理相关的标准、法律法规等。

C. 水质目标管理数据挖掘

针对国家及地方管理部门对水环境风险数据的深度应用与信息共享需求，运用关联分析、时间序列分析等方法，完成水环境风险数据挖掘与分析。通过数据挖掘模块，可以进行地区植被变化信息、土地利用变化信息、水质变化信息的挖掘。例如，通过地图、图片、统计图、网页等多种方式将地区水质、土地利用变化信息的整个挖掘过程（模型原理、流程方法、挖掘成果等）详细地展现给用户。

土地利用变化数据挖掘：基于马尔可夫转移矩阵法挖掘地物类型变化信息。利用长时间序列大尺度 MODIS 遥感数据，通过去云、去噪及图像拼接等处理过程，采用支持向量机或最大似然分类法，提取区域、控制单元的各种土地利用类型，采用马尔可夫转移矩阵法，挖掘地物类型变化及转移的信息。

土地利用空间分布变化：结合土地利用类型提取信息，切换年份空间展示土地利用类型空间分布情况。

土地利用类型面积变化：通过柱状图动态绘制，展示流域土地利用类型年际变化情况。同时可以分别显示土地利用类型年际变化情况。

植被变化数据挖掘：利用 MODIS 产品数据通过最大值合成法获取植被指数，采用 Theil-Sen median 趋势分析和 Mann-Kendall 以及 Hurst 指数方法，挖掘河流地表植被指数的空间分布特征信息、时间变化特征信息、变化趋势和可持续性特征信息。

土地利用与水质变化相关分析：基于缓冲区分析与 Pearson 相关分析挖掘土地利用结构与水质相关关系。在国控断面水质监测数据的基础上，通过不同距离的缓冲区分析研究区多年的水质状况与土地利用结构占比，基于 Pearson 相关分析获取不同监测断面的水质变化与土地利用类型变化之间的关系，获取研究区不同水质指标与各土地利用类型之间的 Pearson 相关系数（P 值），解析研究区域水质影响相关性较大的地物类型，同时开展不同时间段地物及水质变化趋势相关性分析。

D. 水质目标管理数据共享

通过对大数据库相关信息的抽取、共享、发布，为长江经济带驻点城市提供上下游一体的水质达标形势研判、风险联防联控数据支持服务。

数据抽取服务：本研究开发涉及通量监控与总量核查系统、风险减免与应急响应系统等业务子系统，业务数据涉及基础地理、水质监控、排污监测、污染与风险源、水雨情监测、社会经济、知识库等监测与业务数据，需要从各类数据中提取模型分析相关数据，按照整合规范封装成标准抽取服务，为各个业务专题模型提供后台数据服务支撑。

共享服务发布：系统集成其他子系统，预留与其他子系统的数据通信共享接口，可根据数据驱动状态，动态更新本共享系统与其他系统的共享数据，并根据功能设定及时启用通信。按照环境系统整合和数据资源整合的相关服务接口标准和技术要求，利用 SOA 实现将水环境基础数据、水环境业务数据基本功能封装成可以在水环境专网上调用的服务，提供水质基础地理信息服务、数据获取服务、数据统计服务等，以供其他业务应用系统调用。在数据交换中，根据子系统用到的数据与共享服务系统的数据，开发模型对接接口，从而使不同系统之间可以交换共享数据。

共享服务管理：对共享服务系统及其他业务系统发布的各类水环境服务进行登记管理，记录服务的业务类型、参数、返回数据类型、调用方式、内容描述等信息。

（2）系统构建及应用

A. 区域概况

展示长江经济带长江流域基本区域概况，包括流域面积、经济带面积、长江流域划分等。实现区域各县市、驻点城市、长江主要支流和湖泊的导航定位等。

B. 水质专题

水质现状评价分析：实现按照日、周、月、年对水质现状数据进行地图专题图空间展示，可按照水质类别和是否达标两种方式进行呈现。实现按照日、周、月、年对水质现状数据进行专题图统计，统计不同水质类别站位数量，统计站位达标情况，统计各监测指标超标的站位数量。

水质达标研判：根据《长江流域水环境质量监测预警办法（试行）》，对各断面水质情况进行预警，根据预警级别进行地图专题图展示，同时统计不同预警级别的监测站位。

监测断面查询分析：根据断面名称和控制单元实现对监测断面的模糊查询，或者通过地图上点选实现断面信息查询，包括断面名称、控制单元、所属河流、驻点城市、水质目标等基础信息，水质类别、超标因子等水质监测现状信息。同时支持按照日、周、月、年对各监测项（COD、氨氮、总磷等）进行详情查看和趋势统计。可根据 Kendall 检验法对断面趋势情况进行分析。

C. 水雨情专题

水文站：构建中间件，后端动态抓取长江水文网典型站点逐时水位流量数据，实现水文站数据的空间展示及查询定位，可通过水文站名称进行模糊查询，也可按照不同周期（日、月、年）对水文站水位及流量数据进行统计，并以专题图及表格形式展现。

雨量站：实现长江流域雨量站数据的空间展示及查询统计，可通过雨量站名称进行雨量站查询，也可按照不同周期（日、月、年）对雨量站降水量数据进行统计，并以专题图及表格形式展现。

闸坝：实现长江流域闸坝数据的空间展示及查询统计，可通过闸坝名称进行闸坝查询，也可按照不同周期（日、月、年）对闸坝引水量、排水量、闸上水量、闸下数量等数据进行统计，并以专题图及表格形式展现。

D. 污染源专题

工业企业：实现工业企业污染源信息的空间展示及查询统计，可通过工业企业名称进行工业污染源查询。地图点选或列表详情单击可查看工业污染源基本信息及污染监测信息，污染监测信息按照不同的监测项进行统计展示。

E. 社会经济专题

收集驻点城市历年社会经济统计数据，包括常住人口、户籍人口、人口密度等人口指标，生产总值、三次产业分布、人均 GDP 等经济指标，万元 GDP 污染物排放量、单位面积污染物排放量、人均污染物排放量、万元工业增加值污染物排放量等环境经济指标。系统支持通过专题图（分层设色、点状图、柱状图）等方式对各指标数据进行地图展示，同时通过统计图表对经济指标数据按照年份区域等进行统计。

F. 技术知识库

技术知识库通过集成水质目标管理技术、最佳技术评估、基准标准技术、水专项成果以及危化品数据，实现相关方法技术的快速查询。

G. 政策法规库

政策法规库包括水质目标管理相关的法律法规、法规政策、水环境标准、各类规划与计划的文档、报告、附件等。支持关键字搜索及高级搜索。

政策法规详情展示界面全方位展示政策标准详情包括政策标准名称、发文文号（标准文号）、分类、发布级别、发布时间等。系统支持对政策标准在线查看和下载。

H. 环境模型库

环境模型库收集整理长江上、中、下游不同地区的水环境模型，维度上可划分一维模型、二维模型、三维模型，类别上划分水文模型、水质模型、水文水质耦合模型，范围可划分干流、支流模型，系统支持通过多维查询条件对各类模型进行查询。

环境模型详情展示界面全方位展示环境模型详情包括模型名称、模型分类、应用领域、模型简介、模型方案。支持对环境模型进行预览及下载。

8.4.1.3 水生态功能分区管理系统构建及应用

（1）系统功能设计

建设目标：根据项目及课题的集成要求，需要集成水质目标向水生态目标转化、土地利用空间优化、环境资源承载力调控技术的水生态环境功能区管理成套技术，构建典型功能区数字化管理平台并业务化运行。在分析水生态功能分区管理系统基本功能组成的基础上，预留成果知识库及系统平台的集成接入接口。

水生态功能分区管理系统的主要功能包括地图展示、分区导航。支持通过分区类型、生态功能分区空间、属性等对分区情况进行统计分析等。

（2）系统构建及应用

A. 二级分区

实现水生态功能二级分区的地图展示及分区导航，可直接通过导航树或模糊查询的方式，快速定位到指定二级分区。二级分区详情包括分区名称、分区类型、面积等基本信息，以及气候、地貌、土壤、植被等自然地理信息，主要生态服务功能、生态健康现状等级、目标等级等生态情况信息。支持通过分区类型、目标等级等对二级分区情况进行统计。

B. 三级分区

实现水生态功能三级分区的地图展示及分区导航，可直接通过导航树或模糊查询的方式，快速定位到指定三级分区。支持通过分区类型、水质目标等级等对三级分区情况进行统计。

三级分区详情包括分区基本信息，控制单元控制断面水质监测情况，污染排放控制情况（入河量、排水量、允许排放量、实际排放量）。同时支持控制分区关联分析，查询控制单元关联的水文站、雨量站、闸坝、工业污染源、污水处理厂、应急企业等信息。

8.4.1.4　总量控制管理系统构建及应用

（1）系统功能设计

建设目标：构建集监控与通量计算、容量总量核算、排污许可为一体的污染物总量核算及排污许可系统。该系统需要实现以下任务内容。

1）水环境数学模型：水动力和水质模型是水环境监控与总量核查系统的核心模块。水动力和水质模型是随着计算机科学、水利、生态、环境科学的发展而逐步发展起来的，通过一系列数学方法来描述污染物质随着人类影响在自然界中迁移转化过程。平台紧紧围绕着水质模型、管理数学模型、设置模型的输入输出、运行模型以及对模型结果的后处理等。

2）水环境数据交换平台：本研究中涉及的系统平台主要有区域环境自动在线监测系统、污染源普查数据等，均可提供污染源数据，以工业企业等点源为主，在污染源普查中也涉及农村生活污染等非点源的统计信息。其中在线监测系统主要提供工业等点源的在线监测数据，包括废水和污染物的实时监测数据、小时平均数据等。而污染源普查数据主要有企业信息、废水和污染物的年排放量以及生活污水排放等信息。在工业点源方面，以上数据库可能有重复的情况，需要对两个数据源进行比对和校核。

3）水环境总量核算及排污许可系统：集成通量测算及监控体系；集成基于容量总量核算的排污许可。

4）系统配置管理：包括数据不断更新编辑维护的工具，还有系统权限及配置发布管理等。

系统的主要功能模块设计如图 8-5 所示。

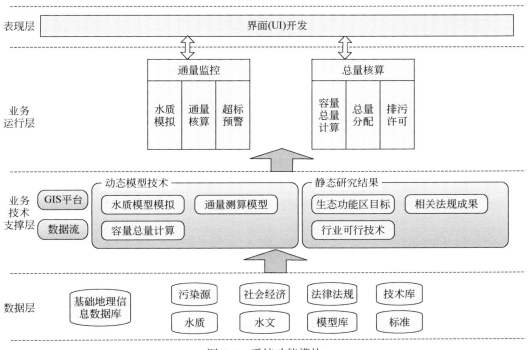

图 8-5　系统功能模块

　　系统基于 MIKE 模型以及 GIS 平台搭建，用户无需打开 MIKE 软件，只需在该系统中设置水质模型以及设定模型参数就可完成水质模拟运算，并根据用户需求来统计水体中各种污染物的不同时间内的累积量以及所占的比例，并能根据模拟结果在 GIS 地图上生成累积通量图、水环境容量图等专题图。系统对模型运算完之后，提供结果的评估，将重点断面、测站或者其他水文点的污染物变化图在一个界面进行对比展示，同时提供数据导出功能，以方便研究单个点位的污染物浓度曲线。

　　系统中数据来源分为在线数据以及本地数据，在线数据主要包含污染源普查、在线监测、干湿沉降、面源数据等数据库，本地数据主要为用户端的 Excel、dfs0 文件等。在设置模型参数时，由用户判断使用在线数据或者本地数据。

　　A. 日常水质模拟

　　日常水质模拟是整个系统与基于 MIKE11 的水文、水动力、水质模型关联最紧密的一环，以更方便快捷地利用水质模型进行水质常规因子模拟以及方案比较、结果展现，为用户提供更简单方便的模型访问通道。功能的开发基于 MIKE11 组件的二次开发技术、数据库技术和 GIS 技术。系统提供专门操作界面进行模型的设定，免去用户单独使用 MIKE11 软件对模型进行修改后再进入系统驱动模型计算的麻烦。系统以 GIS 地图为基本展示界面，将与空间位置有关的信息紧密与地图结合，直观形象地展示模型中各种相关信息，并能让结果与 GIS 界面紧密结合，从空间上让用户了解模拟结果。

水质模拟部分包含的具体子功能分为方案管理、模型计算和负荷计算。

a. 方案管理

方案管理功能的开发目标是，基于影响水环境的各种因素（水文、水动力、水质等），对现状河流污染物浓度进行定量计算，以协助决策者把握水环境现状，并对不同外部因素作用下的水环境状况做出预测，为水环境管理提供决策支持。

该部分使用日常水质管理模型方案（包含 NAM 与 MIKE11 HD、AD、ECOLAB 模块），考虑了不同的污染物组分及它们之间的生化反应，是对流域水质状况的完整模拟。这里的方案都是基于已经率定过的水质模型（即模板）构建的。

b. 模型计算

系统在用户界面提供"开始模拟"的按钮，供用户驱动后台水环境模型的计算，并将计算进度以及各种相关信息实时向用户展示。在用户选择需要模拟的方案之后，系统在运行之前首先会自动检查所有引入模型的时间序列文件的合理性，如果引入数据有误则运行自动终止，并且系统会返回错误信息列表，详细指明错误发生的数据项、数据文件以及错误的原因。如果检查通过，则方案开始运行。

系统同时提供"取消模拟"按钮，供用户适时取消模型计算以进行其他操作。

c. 负荷计算

点源负荷计算：将区域内环境自动监测数据中的点源信息纳入数据库中作为负荷计算的数据源。可计算单一点源的流量及负荷排放量，也可以通过系统中的数据统计功能对计算区域内的所有点源的排放总量进行统计分析，包括流量、COD 和氨氮等。同时，系统还提供对统计信息的图表展示和 GIS 专题图展示功能，以方便客户作图及查看。

非点源负荷计算：非点源负荷难以准确估算，因此本研究中针对不同的污染负荷类型提供不同的负荷估算方式。此外，系统界面还提供其他估算方式所获得的不同类型非点源负荷估算结果的输入界面。与点源污染负荷相似，系统提供区域内不同类型非点源污染负荷的统计信息，并可以通过图表和 GIS 专题图方式进行展示。

B. 日常水质指标负荷削减

在进行累积性水质模拟分析时，用户可能会分析某一个或者几个点源或者面源的负荷降低时的水质风险变化情况。为了方便用户实现这些功能，系统设计该模块辅助用户生成各类日常水质指标的削减方案，提供简单易操作的界面让用户在图上选择需要削减的点源或者面源对各类日常水质指标进行削减。

C. 河道水质标准区分

基于系统实时模拟计算结果，运用评价计算，将模拟河道水质分为Ⅰ类、Ⅱ类水、Ⅲ类水、Ⅳ类水及Ⅴ类水。河道颜色可显示河道水质分类结果：Ⅰ类水河段运用蓝色表示，Ⅱ类水河段试用绿色表示，Ⅲ类水河段试用黄色表示，Ⅳ类水河段使用红色表示，Ⅴ类水河段采用暗红色表示。同时结合水功能区划，对计算水质类别与区划要求水质类别不统一的河段可标明。

D. 断面通量计算结果展示

基于断面实时监测结果，运用污染容量计算方法，计算得出断面污染物实时通量值并进行显示。通过相应系统耦合计算，可显示每个断面当天实时通量及超标通量计算结果（包括数据图示与列表两种显示方式），建议通过光标移动至对应断面并单击动作实现。结果展示模块可以通过不同方法为客户展示模拟结果。

E. 容量总量计算

水功能区水环境容量是指在设计水文条件下，满足计算水域的水质目标要求时，水体所能容纳的某种污染物的最大数量。其大小与水体特征、水质目标及污染物特性有关，通常以单位时间内水体所能承受的污染物总量表示。水环境容量计算时还要考虑水功能区现状水质、现状污染物入河排放量、污染物削减程度、社会经济发展水平、污染治理程度及其下游水功能区的敏感性等因素，根据从严控制、未来有所改善的要求，最终确定该区域水环境容量。

本研究提出了基于河网区河流功能达标、排污口混合带约束、控制断面达标及入湖口排污带面积控制等多个目标的水环境容量计算体系。该体系包括四个模块：输入、数值模拟、数据处理及结果输出模块。

F. 排污许可

固定源排污许可限值确定需要同时考虑基于技术的许可限值和基于控制单元水质达标的许可限值。其中基于技术的许可限值是对污染源排放控制的最低要求，指的是污染源通过采取可达的技术手段能够实现的排放限值。在我国对基于技术的许可限值主要指基于排放标准要求的排放限值。在基于技术的许可限值无法保证控制单元水质目标实现的情况下，采用更加严格的、基于水质的污染物排放限值，确保受纳水体水质达标。

（2）系统构建及应用

A. 总量控制

a. 控制单元总量分配

对长江流域上中下游各控制单元的水环境容量计算结果进行地图展示和容量查询。系统以分层设色专题图对水环境容量结果进行展示，可按照不同污染物种类、不同区域、不同年份对专题图进行设置，也可根据控制单元对容量总量数据进行查询。地图单击控制单元，查询总量详情。

b. 控制单元总量分配查询

水功能区总量分配：对长江流域各水功能区的水环境容量计算结果进行地图展示和容量查询。系统以分层设色专题图对水环境容量结果进行展示，可按照不同污染物种类、不同年份对专题图进行设置，也可根据水功能区对容量总量数据进行查询。地图单击水功能区，查询总量详情。

B. 断面通量

实现长江流域一级支流控制断面的通量计算与模拟。通过地图专题图的方式展示不同断面的通量值及超标情况。通过设置模拟起始时间，对各断面通量变化情况进行模拟。

C. 直排污染源入江通量

实现长江流域直排污染源入江通量计算。通过地图专题图的方式展示不同污染源通量值。

D. 主要入江支流通量

实现长江流域主要入江支流断面的通量计算与模拟。通过地图专题图的方式展示不同入江支流的通量值及超标情况。通过设置模拟起始时间，对各入江支流通量变化情况进行模拟。

E. 允许通量分析

对主要入江河流/跨界河流污染物允许排放量、现状排放量、消减量以及超标倍数作整体统计分析。

8.4.2 基于水质目标管理技术的洱海流域管理平台业务化应用

8.4.2.1 现有平台问题分析

（1）现有平台概况

"十一五""十二五"水专项实施以来，洱海流域已建立较为系统的管理机构和较为完善的管理法规体系，初步建立流域生态环境监测网络。目前水专项与地方建设洱海流域已研发的管理技术平台主要有两个：洱海流域生态环境综合管理平台与大理洱海监控预警系统。

A. 洱海流域生态环境综合管理平台

洱海流域生态环境综合管理平台是水专项"洱海水污染防治、生境改善与绿色流域建设技术及工程示范"的第 5 课题"富营养化初期湖泊（洱海）防控整装成套技术集成及流域环境综合管理平台建设"的第 3 子课题的核心任务，自 2013 年起开始建设，于 2018 年完成验收。该平台系统具有发布与管理功能，发布功能可注册用户，用户可进行简单的属性查询与舆情查询，可面向公众或仅需要简单属性信息的部门开放；管理功能面向专业的生态环境综合管理部门，提供专业用户登录模式，嵌入水专项"十二五"课题在生态要素识别、流域生态监测、水华监测预警、面源污染追溯、生态承载力计算等技术的研究成果，可进行数据库录入、管理、分析和信息发布，提供专业的分析与科学决策服务。平台包括系统设置、监测站设备管理、实时在线监测与预警、卫星遥感监测、流域污染负荷评估、水华风险预警、水环境网络舆情监测功能、生态环境工程信息查询、信息发布与数据管理等功能，其他功能包括底层数据库、系统管理模块等。目前已具备了初步的业务化运行能力。

B. 大理洱海监控预警系统

大理洱海监控预警系统建设单位为大理白族自治州洱海保护管理局，建设期为 2017 年 1 月~2018 年 12 月，为期两年，分两阶段进行。第一阶段主要是基础数据收集、调查与生态监测网络建设；第二阶段主要是洱海智能流域管理决策支持模型设计与研发，并基于前期数据库和模型，搭建流域智能管理辅助决策与预警系统。平台目前已经基本完成第一阶段建设，第二阶段正在建设中。

大理洱海监控预警系统具有气象、水雨情、水质、视频等洱海流域生态环境信息监测和通信传输、数据共享与交换、应用支撑服务、信息展示与服务、业务应用决策支持等功能。

（2）主要问题

基于水质目标管理技术的洱海流域管理平台业务化应用方案主要针对洱海流域生态环境综合管理平台在水环境管理方面的问题，在大理监控预警系统平台上进行优化提升。平台在水环境管理方面的主要问题如下。

1）生态环境监测信息整合缺乏。虽然平台具有监测站设备管理、实时在线监测与预警、卫星遥感监测、流域污染负荷评估等功能，但各数据资源分别掌握到不同的部门，多方的监测体系未整合到一个平台，缺乏规范化、标准化；水文、气象、水生态等数据缺乏信息整合。

2）流域污染源数据库不够全面。未充分考虑流域环湖截污、污水处理厂等工程建设对污染物入湖通量的影响。

3）陆域入湖污染负荷模拟缺乏。信息平台在洱海流域入湖污染负荷方面，仅进行监测分析，未整合现有污染源数据对入湖负荷进行动态模拟分析。

4）入湖负荷、洱海水质及藻化动态未完全整合。未充分考虑入湖负荷与洱海藻华动态变化的耦合关系。

5）重点工程全过程管理、工程绩效及水专项相关模块缺乏。

8.4.2.2　总体设计

（1）平台构架

洱海水环境监测体系与风险预警管理平台遵循"统一技术标准、统一运行环境、统一安全保障、统一数据中心和统一平台"的原则，充分利用流域现有环境信息化基础设施，按照"实时监测—动态评价—分析研判—及时预警—智能调度—决策支持与服务"的技术主线实现洱海流域监控预警系统各项功能。平台架构如图 8-6 所示。

（2）水环境与生态环境监测体系

A. 基础数据收集与平台界面优化

针对生态环境监测信息整合缺乏、流域污染源数据库不够全面的问题，调查收集六大类数据：基础地理信息数据、社会经济数据、治理工程运行数据、水环境观测数据、气象数据、入湖河流水文观测数据。其为流域模型、洱海水体及重点河流水质水动力模型提供土地利用、水下地形等信息，为流域模型的输入提供社会经济数据。

B. 生态环境监测网络建设

以洱海流域现有水环境监测条件为基础，拓展生态环境监测站网，按需增加水质监测系统、视频监控系统、水雨情监测系统、气象监测系统，实现对洱海流域水环境进行全面的、全方位的、全天候的监测监控。

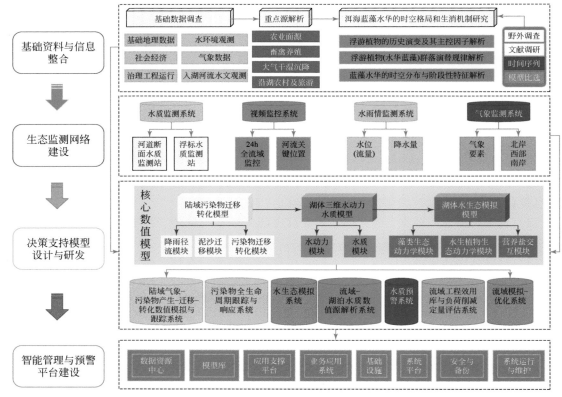

图 8-6　平台架构

8.4.2.3　数据共享与集成平台优化建设

（1）数据调查与收集

数据资源调查是信息化系统实施阶段的一个重要任务。详细调查分布各个相关单位的洱海水环境相关数据资源，对数据进行调查、分类、筛选与评估，为数据库建立、数据整理、共享及更新等提供基础。其主要包括基础数据、现有系统数据、实时监测数据及多源数据标准化及规范化处理等。以下对各类数据在模型中所起的作用、详细内容、生产部门等内容进行详细介绍。

A. 基础数据

基础数据主要包括用于构建模型的各类基础地理信息数据，包括六大类数据：基础地理信息数据、社会经济数据、治理工程运行数据、水环境观测数据、气象数据、入湖河流水文观测数据。通过这些数据为流域构建模型的构建和水文、水质和污染物负荷的计算提供基础数据，作为流域模型的边界条件输入。

B. 现有系统数据

对流域保护局现有系统数据内容进行调查与收集，包括：①工程管理信息；②水文、气象及水质监测信息；③视频站点监控信息；④流域畜禽粪便及垃圾收集情况视频监控信息。

C. 实时监测数据

实时监测数据主要包括不同数据来源的水质监测数据、视频监控数据、水雨情监测数据、气象监测数据，主要来自气象局、水文局、环境监测站等部门。

D. 多源数据标准化及规范化处理

需要进行多源数据集成及标准化处理，多源数据集成及标准化处理的关键是建设数据资源目录体系。数据资源目录体系是整个信息资源共享和开发利用的基础，其建设目标是按照统一的标准规范，对分散在各级部门、各领域的数据资源进行调查与梳理，形成统一管理和服务的数据资源目录，为使用者提供统一的数据资源发现和定位服务，实现部门间数据资源共享和管理。

对数据资源目录进行设计，数据资源目录设计首先要解决数据资源分类的问题。为了便于管理和使用，把具有共同业务属性或特征的数据资源归并在一起，通过其类别的属性或特征来对数据资源进行区别，以建立数据资源目录体系，实现数据资源采集、管理、查询服务以及共享，以便有序地管理和开发利用数据资源。

（2）数据库建设

依据数据资源目录体系，根据水利部、生态环境部、气象部、云南省生态环境厅及大理白族自治州相关标准，建设各类数据库，存储获取的所有数据资源，主要包括综合数据库与部门数据库。

A. 综合数据库

a. 空间地理数据库

根据《基础地理信息数据库基本规定》（CH/T 30319—2013）等有关规范，建设空间地理基础数据库表结构，用于存储管理大理洱海监控预警系统建设所需要的背景地图数据，包括行政区划、道路、水系、地形等矢量和遥感影像图层。

b. 基础信息数据库

根据洱海流域环境保护业务需要，建设基础信息数据库，用于存储管理洱海流域上的基础信息，包括流域基础信息、监测站点基础信息、社会经济信息、生态工程基础信息、污染源基础信息等。

c. 水质数据库

根据《水质数据库表结构及标识符》（SL 325—2014），建设水质数据库，用于存储管理水质监测信息及评价信息。

d. 水文数据库

根据《水文数据库表结构及标识符》（SL/T 324—2019）、《实时雨水情数据库表结构与标识符规定》（SL 323—2011），建设水文数据库，用于存储管理流域保护局自建的水雨情站点监测信息以及水文部门共享的水雨情信息。

e. 气象数据库

建设气象数据库，用于存储管理流域保护局自建的气象站点监测信息以及气象部门共享的气象监测信息。

f. 模型数据库

根据模型建设情况，建设模型数据库，用于存储管理模型数据信息。

g. 模型成果数据库

建设模型成果数据库，用于存储管理计算好的模型成果信息，方便对成果信息的快速提取和应用。

h. 生态工程数据库

建设生态工程数据库，用于存储生态工程跟踪管理过程信息。

i. 综合业务数据库

根据流域保护局业务需要，建设综合业务数据库，用于存储管理系统自动生成的各类统计分析信息、预警信息以及业务办公过程产生的信息等。

j. 多媒体数据库

根据流域保护局业务需要，建设多媒体数据库，用于存储管理多媒体信息，包括图形与影像、音频、视频、文档资料等。

B. 部门数据库

针对不同数据来源，建立单独的数据库，方便数据的整理与查阅。

（3）数据整理与入库

在建立数据资源目录基础上，将各部门数据转换为符合标准规范的数据，并对数据进行对比、清洗，检查数据冲突，对数据进行审核校验，确保数据一致性、完整性。

根据规范对多源数据进行分门别类的整理，形成能够批量录入的格式。资料数据入库按照如下步骤进行：首先根据数据内容确定中心数据库存储数据库表，并按照数据中心数据库表结构设计数据导入电子表格（Excel 格式）。将资料数据按照电子表格要求，填入各个数据项。然后将填报完成的电子表格数据与原始资料进行核对，确保数据的准确性，提高数据入库质量。最后利用数据库管理工具，将电子表格数据导入相应数据中心数表中；对入库的资料数据，通过数中心的数据发布功能，与原始资料进行校对，完成数据入库。数据更新采用定期更新的方式。对新产生的资料数据，按照历史数据的入库方式，完成整理、校核、入库和审核各个过程，实现数据的更新。

（4）数据共享与交换

通过统一的数据交换接口整合洱海流域保护相关部门及相关直属单位数据，实现多部门数据共享交换，并通过统一的数据共享接口共享给其他部门和直属单位使用。

建设数据交换与共享平台，制作标准的 WebService 服务，以 XML 或 JSON 的数据格式，实现上与省厅，下与各市县单位，平行与环保、水文、气象、智慧办等部门间数据的交换和共享，实现有效集成、互联共享，提高数据资源的利用率。

服务包括以下两种：①数据下载服务。通 WebService 服务给各应用系统、相关单位提供洱海流域环境保护数据服务。②数据上传服务。各应用系统通过服务上传监测、管理等业务数据。采用 WebService 方式建设数据服务发布应用程序接口，接口由不同的参数组成，各系统通过权限认证后获取对应的信息，数据以 XML 或 JSON 等格式返回。

A. 共享服务平台架构

共享服务平台架构分为三层，从下到上依次是数据层、服务层和应用层。数据层包括各类数据源，服务层通过 WebService 供各种类型的服务及 HMAC 认证，应用层包括应用程序、客户端及浏览器等。

B. 数据接口设计

建设数据服务发布应用程序接口，接口由不同的参数组成，各种应用服务在访问数据时不需要了解数据的类型、数据复杂的内部格式、数据的存储位置，只需要按照统一的、约定好的访问方式访问各类数据。

数据接口的主要内容如下：①基础数据接口，获取基础数据接口；②业务数据接口，获取特定业务数据接口；③差异数据接口，获得特定数据标定数据及相关的差异数据的接口；④汇总数据接口，获取特定时间序列，特定空间区划下的汇总数据的接口；⑤原始数据接口，获取特定原始数据的接口；⑥反向交互同步接口，可将综合数据库特定数据反向导入原业务系统数据库的接口。

C. 数据共享服务

a. 新增服务

新增接口服务，包括服务名称、业务类型、服务提供系统、服务数据库、服务地址、服务描述、服务操作类型、执行类型。

b. 申请服务

各个用户可以登录系统，到"服务列表"中查看所有的服务信息，如果发现有自己需要的服务，可以对该服务进行申请。

c. 删除服务

删除用户自己添加的服务，并且该服务没有被其他用户所使用。

d. 修改服务

修改用户自己添加的服务，并且该服务没有被其他用户所使用。

e. 审核服务

管理员进入"服务注册平台—审批列表"页面，可单击查看服务的详情，对服务进行审核，只有审核通过的服务才可进行调用。

f. 密钥管理

查看系统分配给各个用户的密钥，生成用户密钥及重置密钥。

g. 服务调用

每个用户针对自己已经提交审核且通过审核的服务才可进行调用，调用时可先查看服务详情，完整地址应该为"服务地址"+参数+用户密钥。

D. 安全加密设计

为保证数据安全，需要解决应用程序接口的安全性问题。数据调用过程中应用密匙对数据进行加密处理，该密钥只有客户端和服务端知道，其他第三方是无法获得的，为此需要使用一种加密流程以在客户和服务器之间的共享机密文件信息，也就是 Hash-based Message Authentication Code（HMAC）。

HMAC 的认证流程如下：

1）由客户端向服务器发出一个验证请求；

2）服务器接到此请求后生成一个随机数并通过网络传输给客户端；

3）客户端收到的随机数，通过用户密钥进行 HMAC-MD5 运算并得到一个结果作为认证证据传给服务器；

4）与此同时，服务器也使用该随机数与存储在服务器数据库中的该客户密钥进行 HMAC-MD5 运算，如果服务器的运算结果与客户端传回的响应结果相同，则认为客户端是一个合法用户。

（5）数据更新与维护管理

建立监测数据共享与发布机制，各单位间按照相关要求自行监测共享。通过规范制度的建设，明确数据的责任单位，建立数据更新与维护管理平台，提供责任单位及时对相关数据进行更新的平台，保障数据中心中的数据及时准确。

在维护管理方面，数据更新与维护平台的主要功能为供各单位负责人对年、季度、月度数据进行更新和维护，具体功能包括录入、修改、编辑、删除等操作，更新维护后的数据需要提交审核，审核通过后入库。

8.4.2.4 污染解析及陆域污染物入湖模拟

（1）洱海流域污染源调查解析

污染源调查与解析可为洱海流域模型构建提供基础数据，也可为流域污染源网格化监管提供基础污染源数据库。调查方法及路线的科学性、合理性也是衡量流域模拟正确与否的关键。在充分考虑洱海流域环湖截污、污水处理厂、应急库塘等工程的建设对污染物入湖途径影响的基础上，按镇区进行各类污染源的统计分析，并与洱海区域水质、水华暴发程度等水环境管理目标做相关分析。可深入了解洱海入湖污染源结构，辅助洱海流域污染治理决策制定。

A. 污染源调查技术路线

污染源调查技术路线如图 8-7 所示，主要包括资料收集、负荷调查、工程削减分析、污染排放分析、入湖途径及入湖通量分析、问题诊断 6 个关键步骤。

B. 基础资料收集

基础资料主要包括流域基础地理信息数据、社会经济数据、流域气象及水文水质数据等。

a. 基础地理信息数据

基础地理信息数据主要有土地利用分布图、流域植被类型分布图、土壤类型分布图、流域数字高程模型等。其中土地利用与植被类型分布图由高清遥感影像解译结合实地调查得到。

b. 社会经济数据

社会经济数据主要包括农村及城镇人口数据、分散及集中畜禽养殖数量、重点工业污染源及服务业污染源人工监测数据等。

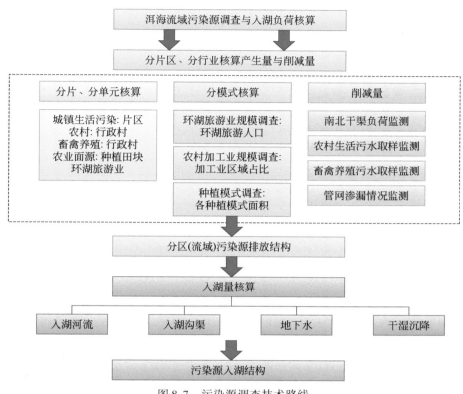

图 8-7　污染源调查技术路线

c. 流域气象及水文水质数据

洱海流域气象站点共 32 个，大部分来自气象监测部门，水文数据包括河流入湖水量及沟渠入湖水量，水质数据则主要包括入湖河流、沟渠及洱海水质每月数据。

C. 污染负荷调查及工程削减分析

a. 污染负荷调查

污染源负荷调查内容及方法见表 8-7，将资料收集、遥感分析、现场调查等手段相结合，以畜禽养殖、城镇及农村生活、农田面源为重点，对洱海流域污染源进行系统的调查。在畜禽养殖污染源调查中，规模化养殖统计到每个养殖场，对于分散养殖，以行政村进行统计。在城镇及农村生活污染源调查中，一般以区域行政村为单元，重点区域细化到自然村。在农田面源调查中，农田面积以高精度遥感确定农田面积和分布，以统计数据分析种植结构，现场确定种植结构模式，调查化肥和有机肥施用量。

表 8-7　污染源调查

序号	名称	内容	方法
1	农田面源	农田面积及空间分布	根据高清遥感影像解译，获得农田面积及空间分布

序号	名称	内容	方法
1	农田面源	种植结构	根据统计年鉴获得各镇种植结构，并采用现场无人机及实地调研相结合的方式进行校核
		施肥类型、施肥量、施肥时间等	当地农业部门相关统计数据结合实地调查
		农灌用水量、来水水源	当地农业部门相关统计数据、相关参考文献结合实地调查
2	城镇及农村生活污染	城镇及农村人口分布	统计年鉴结合实地调查
		管网空间分布、覆盖范围、服务人口（包括环湖截污工程）	相关部门
		污水处理厂日处理量，进出水水质与水量	污水处理厂在线监测系统
3	畜禽养殖污染	分散畜禽养殖：种类、数量、分布、粪便处置方式	以行政村为单元，统计年鉴结合实地调查
		集中畜禽养殖：种类、数量、分布、污染物排放情况（是否有污染治理措施、粪便去向、污水排放方式等）	
4	旅游污染（非镇区）	环湖宾馆、餐馆数量、分布、污染物排放情况	部门资料结合实地调查
5	工业污染	重点工业源在线监测系统数据、工业源其他人工监测数据、新改建数据、排污申报数据、排污许可证数据和监察数据、污染源普查数据、工业污染源环境统计数据	工业自行监测数据、相关部门监测数据结合实地调查
6	水土流失	水土流失分布图	遥感解译分析结合实地调查
7	干湿沉降	降水、硝态氮、氨氮、正磷酸盐、总氮、总磷	建立降水降尘观测点，定期取样

b. 工程削减分析

目前洱海流域污染治理工程较多，主要有城镇污水处理设施及污水管网工程、村落两污综合整治工程、产业结构调整工程等，具体见表8-8。

表8-8 相关污染治理工程调查

序号	名称	具体内容
1	城镇污水处理设施及污水管网工程	环湖截污、污水处理厂提标改造与管网完善、污水收集、管网清淤等工程分布、进展、运行等数据
2	城镇垃圾收集处理工程	城镇生活垃圾收集清运提标改造、垃圾焚烧厂建设、餐厨垃圾转运处理等进展、运行等数据

序号	名称	具体内容
3	村落两污综合整治工程	环湖截污工程、生活垃圾清运及村落污水处理设施等的分布、进展、运行等数据
4	湿地恢复建设工程	洱海湖滨缓冲带湿地建设、大理库塘湿地恢复、万亩湿地建设等工程分布、进展、运行等数据
5	产业结构调整工程	畜禽养殖污染治理、种植业机构调整、农业面源综合治理等分布、进展、运行等数据
6	水土保持	泥石流灾害治理、地质灾害治理、小流域综合治理等分布、进展、运行等数据

D. 污染源解析

根据排放系数法计算得到的排放量扣除工程削减量，即污染物实际排放量，在 ArcGIS 平台上对污染物排放量进行空间离散化，获得洱海流域污染物排放强度空间分布，并进一步划分不同入湖途径，如管网覆盖区、城市径流区、河流径流区等，结合陆域污染物模拟模型，明确污染物空间分布、不同污染源对入湖负荷贡献及主要入湖途径，并分析现有相关污染治理中存在的问题。

（2）陆域污染物入湖模拟

采用 LSPC 模型进行洱海流域陆域水文水质模拟。LSPC 模型是基于 C++语言编写，由 USEPA 和 Tetra 科技有限公司共同完成的。LSPC 模型集 GIS 功能、数据库储存及管理功能、HSPF 算法于一体。LSPC 模型系统主要包含 4 个部分：①基于 BASINS 的流域划分前处理功能；②基于 Excel 及 Access Database 的数据库功能；③主控模型及主控文件部分；④基于水资源数据库格式（water resources database，WRDB）的结果及图形分析功能。

LSPC 模型基于物理机制，可有效模拟多种物理化学过程及预测多种管理方式对不同时空尺度下复杂流域水文水质、沉积物及农业化学物质输出的影响，且集成遥感及 GIS，运算速度快、效率高，成为流域面源污染模拟研究的有效工具。

A. 目标功能

1）建立陆域污染物入湖清单。研究分析洱海流域入湖污染物时空分布，明确进入洱海的污染物数量、空间分布及时间分布。

2）解析关键污染源与污染期。结合调查统计排放信息与模型模拟，识别关键污染源、污染区及关键污染期。

3）提供洱海湖体水质模拟边界条件。陆域污染源通量模拟也为洱海湖体三维水质水动力模型提供边界条件。湖体模型需要陆域模型提供污染物入湖量数据，作为水质变化的主要人为驱动因子。

B. 模型框架及原理

1）水文模型。在水文模拟方面，LSPC 模型以斯坦福流域水文模型（Stanford watershed model）为基础。本研究选择 LSPC 模型进行滦河流域水文模拟，模拟基于如下四个方面：①LSPC 模型可以很好地模拟地面径流、土壤流失、污染物传输、河道水力等过程，也可以很好地实现降水、径流等水文模拟作用。②LSPC 模型以强大的水文模型为基础，模拟精度较高，在美国许多案例中得到了成功的应用。③LSPC 模型输入的参数较多、对水文数据要求严格，需要长时间序列的监测数据，这方面通过查阅大量的资料，获得长时间、大量的基础数据，应用这些数据可获得更接近真实情况的模拟结果。④LSPC 模型的算法能更好地模拟渗透的物理过程、径流、降水、地下水与地表水相互影响。

2）水质模型。水质模块的构建依赖于水文模块。污染物的种类有很多，按其溶解性可分为易溶于水的污染物和不易溶于水的污染物，按其吸附性可分为易吸附于泥沙的污染物和不易吸附于泥沙的污染物，按其本质特性则包含 COD（化学需氧量）、BOD（生化需氧量）、NH_3-N（氨氮）、NO_2-N（亚硝酸盐氮）、NO_3-N（硝酸盐氮）、PO_4（溶解性磷）、CN（氰化物）、CL（氯化物）等。污染物进入水体的方式有以下几种：①污染物溶于降水形成的地面径流中，被地面径流挟带至水体中；②污染物吸附于泥沙中，随着泥沙被地面径流挟带至水体中而进入水体；③污染物通过淋溶的方式进入土壤，再进入到壤中流或地下水，随着壤中流及地下水的出流而进入水体中；④通过大气沉降（干沉降、湿沉降）的方式直接进入到水体中。

C. 模型构建

1）基础数据库建立。SWAT 模型输入数据分为空间数据和属性数据两类。空间数据指各种空间图，如数字高程模型图、土壤类型图、土地利用图等；属性数据则主要包括土壤物理化学属性、气象以及用于模型校准验证的水文水质数据等。SWAT 模型应用 Topaz 自动数字地形分析的软件包，采用坡面流模拟 D8（deterministic eight-neighbours）算法、最陡坡度原则和最小集水面积阈值的方法，确定河网水系、划分子流域，进而计算子流域和河道参数。土壤数据影响模型的产流、蒸发、下渗等重要环节，其质量的好坏直接影响着模拟结果的准确度。模型所需土壤数据包括土壤类型分布图与土壤属性数据。根据模型模拟需要，将土壤类型进行概化，将面积占比较小的土壤与同土类土壤类型合并。

2）流域划分。子流域的划分会对模型的模拟结果产生重要影响，然而子流域的数量并非越多越好，因此要想获得理想的模拟结果，必须对流域进行合理的划分。模型首先基于 DEM 对流域水系进行提取，然后根据设定的子流域集水面积阈值和子流域出水口及出水口位置进行子流域划分。子流域的出水口一般位于支流与干流或者支流与支流的相交处。洱海主要污染物输出流域，北部流域为树枝状河流，西部为平行水系，需根据具体水系特征进行流域的划分。

D. 校准与验证

在模型构建完成之后，就可以运用模型模拟流域的水文水质过程。根据模拟流域的具体情况，对模型的各个参数进行设置，就可以进行初步的模拟，模型运行成功后，需对其参数进行调试、优化，使模拟结果和实测结果匹配，进而使模型更适合研究区的实际情况。参数率定可根据经验手动进行，也可采用相关的配套软件，利用数学手段进行，洱海陆域模型采用自动率定与手动率定相结合的方法对敏感性参数进行率定，参数率定算法采用扰动分析方法。在自动率定的基础上进行手动率定。校准过程首先是对年径流总量进行校准，再对月平均径流量进行校准，最后再考虑场次洪水的模拟校准。对于模拟的效果，通过线性回归法的相关系数 R^2 和纳什效率系数 NSE 进行判断，R^2 和 NSE 越接近 1，代表效果越好。基于人工和自动参数校准技术对洱海流域水文水质模型进行率定。

（3）洱海水质与藻华响应模拟

采用目前国际上广泛使用的 EFDC 模型进行洱海水质与藻华响应模拟。EFDC 模型是在 USEPA 资助下由弗吉尼亚海洋科学研究所等根据多个数学模型集成开发研制的综合模型，被用于模拟河流、湖库、湿地和近海岸等水体一维、二维和三维流场，可用于模拟来自点源和非点源的污染物、有机物迁移及湖内多种水质变量的浓度变化等。EFDC 模型具有灵活的边界处理技术，通用的文件输入格式，能快速耦合水动力、泥沙和水质模块，省略了不同模型接口程序的研发过程。

A. 目标功能

1）洱海三维水动力模拟模块，研究湖体流场、水位和水温的动态变化。

2）洱海水质营养盐模拟模块，研究各种形态氮、磷、溶解氧、COD 在不同时间和空间上的分布规律，内源与外源营养盐的交互，以及计算营养盐的通量。

3）研究洱海湖体藻类时空分布与营养盐的动态响应关系，确定 EFDC 模型在洱海模拟的关键参数，为洱海水质和蓝藻预警提供科学基础。

4）研究不同流域污染削减方案情境下，洱海富营养化改善程度。

B. 模型框架及原理

EFDC 模型采用 FORTRAN 语言编制，主要包括水动力、泥沙输运、水质及富营养化、沉积物及毒物等模块，并良好地耦合为一个整体模型。水动力模型可模拟流场、水温、盐度、示踪计等；泥沙输运模型包括黏性泥沙和非黏性泥沙模型；水质及富营养化模块可以模拟藻类、溶解氧、COD、有机碳、氮、磷、大肠杆菌等水质组分。

1）水动力模块。水动力模块是 EFDC 模块的基础，主要使用基于算子分裂方法的有限差分法求解水深、压力和三个方向的速度。在模型中求解的水动力控制方程为浅水方程。在水平方向上，使用的笛卡儿坐标也适用于一般的曲线正交网络；在垂直方向上，引入了静水压力以简化方程计算。此外，EFDC 模型可以考虑风应力、底面切应力、重力和由密度不均引起的浮力等外力作用。洱海水动力模型的构建将基于水文气象数据、湖体地形等数据，考虑风向、风速以及湖泊水位变化等因素的影响，与湖体流场和水位的监测数据进行校验，通过模型计算得到湖流的流动规律及特征和湖体水位的动态变化过程，为湖泊主要水质指标的计算、营养物质的扩散、藻类生长等模拟和预警提供动力学基础。从三维的视角精确反映湖泊复杂的流场及各水质指标的变化，特别是藻类垂直方向的分布。

2）泥沙输运、水质及富营养化模块。泥沙输运模块基于水动力模块，包含了黏性与非黏性泥沙的模拟，并可构建多层底床泥沙结构模拟这两类泥沙的输运、推移、沉积和再悬浮过程。水质及富营养化、沉积物及毒物模块均基于 CEQUAL-IC 模型，其中，水质模块共包括 22 个变量，可同时模拟四种藻类（蓝藻、绿藻、硅藻和大型藻类）生长和衰减的动态过程。营养盐变量的有机组分均被细分为难溶性颗粒态、易溶性颗粒态和溶解态。有毒有机物的模拟和计算基于泥沙输运模块，采用分配系数描述磷、硅等营养盐的吸附与解析过程。沉积物模块可提供恒定和随时间变化的底部释放通量以及完整的沉积成岩模块。沉积成岩模块包含上下两层结构（有氧、厌氧）共 27 个变量，能够完整地模拟底泥营养盐的物理、化学和生物过程，并对上覆水提供连续变化的底部释放速率。

C. 模型构建

模型构建主要包括网格生成、边界条件确定及初始条件确定等过程。EFDC 是基于有限差分求解水动力方程的数值模拟系统，因此首先需要进行网格概化。EFDC 可以处理曲线正交网格和矩形网格，曲线正交网格比较复杂，一般用于河道、海湾和湖湾。结合洱海流域平面图特点及现有数据资料，宜采用矩形网格。网格大小的确定需要遵循以下原则：能够较精确地反映研究区域的空间特征；同一网格内水动力水质特征几乎没有差别；运行时间能够被接受。

模型边界条件包括水动力边界和气象边界条件。概化环洱海水动力边界条件是以实测水文、水质站点为依据，并结合陆域模型输入，选取污染物主要入湖河流，适当合并聚集的小河流及沟渠，具体数据包括水位、流量、水质等水文及水质状况。气象边界条件包括气压、气温、相对湿度、降水量、风向、风速、云量等逐日数据。模拟初始条件根据现有数据及模拟要求进行设定，主要包括模拟时段、模拟步长、模型初始水质参数的设置等。

D. 模型校准与验证

洱海构建的模型是在复杂水动力模拟的基础上，耦合水质营养盐动力学模型，能够科学地描述水体的运动交换过程和营养盐的循环转化过程。为准确描述洱海水质的时空动态变化，将以三维水质时空动态互动的架构来综合表达与数值再现洱海的水质营养盐循环问题。水质模拟将包含 3 个碳状态变量、4 个磷状态变量、5 个氮状态变量和溶解氧、化学需氧量等水质动力学方程组，包括气–水界面的复氧过程、营养盐硝化和反硝化过程、营养盐矿化和水解作用过程等。同时将针对不同时间和空间上的模拟值与监测值来校验这些重要过程的营养盐动力学参数。

（4）管理决策支撑系统优化建设

洱海流域管理决策支撑系统的建设目标是通过对洱海水质及富营养化的预警，以及基于水质响应的工程评估、环境管理决策支持需要形成能够完整描述多源要素的模拟跟踪系统，实现对洱海流域气象和社会经济驱动下污染物产生—流失—削减—入湖—响应全过程的跟踪，各单元间相互支撑形成完整的模型体系并解答洱海水质管理所面临的问题。本方案主要对决策支持系统中的过程管理功能进行优化，包括三方面。

A. 建立水专项技术集成库及相应示范目录

建设洱海流域"十一五""十二五"水专项技术库及示范工程目录，实现对流域新工程项目规划的技术支撑保障。通过动态添加的集成技术库，提高项目编制的科学性和使用效益。

B. 建立流域工程清单，引入全过程管理

以图文形式对工程状态跟踪信息进行展示，包括工程进度、投资情况、工程项目负责人、待批事项等，实现项目入库、变更、出库、清库的全流程管理，对项目的监督管理和统计分析功能使用电子地图进行监督及统计信息展示。对工程综合概况进行提炼分析，提供全面、概括的综合信息，方便用户了解洱海流域工程状态情况。

C. 增加环湖工程介绍及绩效评估结果展示

基于 GIS 平台，实现洱海流域生态工程绩效评估结果的分布展示。系统实现按项目归属地、类别、资金使用情况、资金来源、工程进度等对项目进行统计分析，并以柱状图、饼状图的形式进行直观展现。

统计指标包括项目类别统计、项目年度统计、项目区域统计等，同时增加自定义统计功能，如分区域的进度排名、投资情况等。

1）工程绩效展示。开发利用水质、生态大数据关联分析自动生成工程绩效报告的能力，实现绩效的动态计算与评估，直观展示评估环境治理效果和工程绩效。分析结果以图表方式展示，同时叠加在管理平台的电子地图上。

利用信息化手段为洱海运行水位的水质改善效果研究提供便利工具，加强水位调度相关信息的汇集展示，为决策者进行运行水位研究提供决策会商环境，帮助决策者制定切实可行的运行水位调度方案，实现调度结果的模拟仿真和实际调度过程的全程监控。最终实现确保维持洱海最佳水位，保证综合效益最大化。

2）工程建设前后图片对比。实现工程建设前后的环境图片对比分析，可以直观展示环境治理效果，对比突出工程建设成效。

参 考 文 献

陈敏建，丰华丽，李和跃．2009．松辽流域生态需水研究．北京：中国水利水电出版社，20-50．

陈金，王晓南，李霁，等．2019．太湖流域双酚 AF 和双酚 S 人体健康水质基准的研究．环境科学学报，39（8）：2764-2770．

程迪，李正先．2009．农药环保三十年．中国农药，8：63-66．

程迪，李正先．2010．农药行业污染防治技术政策要点解析．中国农药，7：23-31．

杜飞，王世岩，刘畅，等．2017．基于水生态区的黑河流域水生态健康评价研究．中国水利水电科学研究院学报，15（6）：478-484．

樊灏，黄艺，曹晓峰，等．2016．基于水生态系统结构特征的滇池流域水生态功能三级分区．环境科学学报，36（4）：1447-1456．

范博，樊明，王晓南，等．2019．稀有鮈鲫物种敏感性及其在生态毒理学和水质基准中的应用．环境科学研究，32（7）：1153-1161．

方玉杰，万金保，罗定贵，等．2015．流域总量控制下赣江流域控制单元划分技术．环科学研究，28（4）：540-549．

高俊峰，高永年，张志明．2019．湖泊型流域水生态功能分区的理论与应用．地理科学进展，38（8）：1159-1170．

高永年，高俊峰．2010．太湖流域水生态功能分区．地理研究，29（1）：111-117．

高志永，汪翠萍，王凯军，等．2013．我国环境技术管理体系的建设进程探讨．环境工程技术学报，3（2）：169-173．

韩文辉，党晋华，赵颖，等．2020．流域水质目标管理技术研究概述．环境与可持续发展，45（5）：133-137．

和克俭，黄晓霞，丁佼，等．2019．基于 GWR 模型的东江水质空间分异与水生态功能分区验证．生态学报，39（15）：5483-5493．

霍守亮，马春子，席北斗，等．2017．湖泊营养物基准研究进展．环境工程技术学报，7（2）：125-133．

李方．2020．纺织工业排污许可证管理与污染防治技术．北京：中国环境出版社．

李原园，廖文根，赵钟楠，等．2020．新时期强化河湖生态流量管控的总体思路与对策措施．中国水利，（15）：12-14．

李会仙，吴丰昌，陈艳卿，等．2012．我国水质标准与国外水质标准／基准的对比分析．中国给水排水，28（8）：15-18．

李雯雯，王晓南，高祥云，等．2019．基于不同毒性终点的壬基酚生态风险评价．环境科学研究，32（7）：1143-1151．

梁静静，左其亭，窦明．2011．淮河流域水生态区划研究．水电能源科学，29（1）：20-22．

刘晓燕，连煜，黄锦辉，等．2008．黄河环境流研究．科技导报，26（17）：24-30．

刘晓星．2020．流域水生态健康如何保护与管控？——"流域水生态功能分区管理技术集成"课题助推国家水生态健康管理．中国环境报，（4）：5-15．

龙雯琪，吴根义，林毅青．2014. 农业种植对畜禽养殖废弃物承纳能力核算方法研究与应用．农业环境科学学报，33（3）：446-450.

欧阳洋，胡翔，张继芳，等．2011. 制定湖泊营养物基准的技术方法研究进展．环境科学与技术，34（S1）：131-135.

欧洲共同体联合研究中心．2012. 集约化畜禽养殖污染综合防治最佳可行技术．北京：化工出版社．

欧洲共同体联合研究中心．2013a. 纺织染整工业污染综合防治最佳可行技术．北京：化工出版社．

欧洲共同体联合研究中心．2013b. 污染综合防治技术的经济效益与跨介质影响．北京：化工出版社．

钱正英．2001. 中国可持续发展水资源战略研究综合报告及各专题报告．北京：中国水利水电出版社：20-25.

邵东国，穆贵玲，易淑珍，等．2015. 基于水域面积法的山区河流水电站下游生态流量定值研究．环境科学学报，（9）：2982-2988.

施正香．2015. 畜禽场粪污综合治理与资源化利用技术思考．兽医导刊，13：14-16.

苏海磊，吴丰昌，李会仙，等．2012. 我国水生生物水质基准推导的物种选择．环境科学研究，25（5）：506-511.

孙然好，汲玉河，尚林源，等．2013. 海河流域水生态功能一级二级分区．环境科学，34（2）：509-516.

汪苹，董黎明，施彦．2014. 味精工业污染减排技术筛选与评估．北京：化工出版社．

王海燕．2014. 电镀环境保护标准体系．北京：中国环境科学出版社．

王俭，韩婧男，王蕾，等．2013. 基于水生态功能分区的辽河流域控制单元划分．气象与环境学报，29（3）：107-111.

王韧．2016. 我国农药行业清洁生产现状、存在的问题和建议．世界农药，38：35-40.

夏青，邹首民，成果，等．1990. 水环境标准与排污许可证制度．环境科学研究，3（3）：1-64.

夏青．1996. 流域水污染物总量控制．北京：中国环境科学出版社．

薛洁，王家廉，何勇，等．2012. 啤酒制造业污染防治最佳可行技术的评估．北京：中国环境科学出版社．

阳金希，张彦峰，祝凌燕．2017. 中国七大水系沉积物中典型重金属生态风险评估．环境科学研究，3：423-432.

杨顺益，唐涛，蔡庆华，等．2012. 洱海流域水生态分区．生态学杂志，31（7）：1798-1806.

杨文杰．2011. 水污染物总量控制方案研究．北京：北京化工大学．

郑力燕．2016. 流域水生态功能分区技术方法研究——以松花江流域为例．天津：南开大学．

中国环境科学研究院环境基准与风险评估国家重点实验室．2014. 中国水环境质量基准绿皮书．北京：科学出版社．

中国环境科学研究院环境基准与风险评估国家重点实验室．2020. 中国水环境质量基准方法．北京：科学出版社．

中华人民共和国国家质量监督检验检疫总局，中国国家标准化管理委员会．2008. 环境管理生命周期评价要求与指南（GB/T 24044—2008）．北京：中国标准出版社．

钟文珏，常春，曾毅，等．2011. Development of Freshwater Sediment Quality Criteria for Nonionic Organics——Using Lindan as an Example. 生态毒理学报，6（5）：476-484.

周家艳，李冰，宛文博，等．2012. 国际水生态功能分区管理及对太湖流域的启示，环境科技，25（3）：58-67.

朱远生，翁士创，杨昆．2011. 西江干流敏感生态需水量研究．人民珠江，32（3）：1-2.

American Society of Testing and Materials. 2016. E1366-11（Reapproved 2016）Standard Practice for

Standardized Aquatic Microcosms Fresh Water. Philadelphia：ASTM.

Anderson B S, Lowe S, Phillips B M, et al. 2008. Relative sensitiviTIEs of toxicity test protocols with the amphiPODs Eohaustorius estuarius and Ampelisca abdita. Ecotoxicology and Environmental Safety, 69（1）：24-31.

Ankley G T, Schubauer-Berigan M K, Monson P D. 1995. Influence of pH and hardness on toxicity of ammonia to the amphiPOD Hyalella azteca. Canadian Journal of Fisheries and Aquatic Sciences, 52（10）：2078-2083.

Bader J A. 1990. Growth-Inhibiting effects and lethal concentrations of un-ionized ammonia for larval and newly transformed juvenile channel catfish（Ictalurus punctatus）. M. S. Thesis, Auburn University, Auburn, AL.

Baker M E, King R S. 1990. A new method for detecting and interpreting biodiversity and ecological community thresholds. Methods in Ecology and Evolution,（1）：25-37.

Benton T G, Solan M, Travis J M, et al. 2007. Microcosm experiments can inform global ecological problems. Trends in Ecology and Evolution, 22（10）：516.

Besser J M, Wang N, Dwyer F J, et al. 2005. Assessing contaminant sensitivity of endangered and threatened aquatic species：Part II. Chronic toxicity of copper and pentachlorophenol to two endangered species and two surrogate species. Arch. Environ. Contamin. Toxicol, 48：155-165.

Burton G A, Nguyen L T H, Janssen C, et al. 2005. Environmental Toxicology and Chemistry, 24：541-553.

CCME. 2010. Canadian water quality guidelines for the protection of aquatic life：Ammonia. Canadian Environmental Quality Guidelines. Canadian Council of Ministers of the Environment, Winnipeg.

Chen D, Kannan K, Tan H, et al. 2016. Bisphenol Analogues Other Than BPA：Environmental Occurrence, Human Exposure, and Toxicity-A Review. Environmental Science and Technology, 50（11）：5438-5453.

Dellise M, Villot J, Gaucher R, et al. 2020. Challenges in assessing Best Available Techniques（BATs）compliance in the absence of industrial sectoral reference. Journal of Cleaner Production, 263：121474.

Dijkmans R. 2000. Methodology for selection of best available techniques（BAT）at the sector level. Journal of Cleaner Production, 8：11-21.

Dong L M, Li Y Z, Wang P, et al. 2018. Cleaner production of monosodium glutamate in China. Journal of Cleaner Production, 190：452-461.

Emerson K, Russo R C, Lund R E, et al. 1975. Aqueous ammonia equilibrium calculations：effect of pH and temperature. Journal of the Fisheries Research Board of Canada, 32：2379-2383.

Erickson R J. 1985. An evaluation of mathematical models for the effects of pH and temperature on ammonia toxicity to aquatic organisms. Water Research, 19：1047-1058.

European Integrated Pollution Prevention and Control Bureau. 2006. Reference Document on Best Available Techniques. Seville：European IPPC Bureau.

Evrard D, Laforest V, Villot J, et al. 2016. Best Available Technique assessment methods：A literature review from sector to installation level. Journal of Cleaner Production, 121：72-83.

Fan B, Wang X N, Li J, et al. 2019a. Deriving aquatic life criteria for galaxolide（HHCB）and ecological risk assessment. Science of The Total Environment, 681：488-496.

Fan B, Wang X N, Li J, et al. 2019b. Study of aquatic life criteria and ecological risk assessment for triclocarban. Environmental Pollution, 254：112956.

Fan M, Liu Z T, Dyer S, et al. 2019. Development of Environmental Risk Assessment Framework and Methodology for Consumer Product Chemicals in China. Environmental Toxicology and Chemistry, 38（1）：250-261.

Gao X Y, Li J, Wang X N, et al. 2019. Exposure and ecological risk of phthalate esters in the Taihu Lake basin, China. Ecotoxicology and Environmental Safety, 171: 564-570.

Guinee J B, Heijungs R, Huppes G, et al. 2011. Life cycle assessment: past, present, and future. Environmental Science and Technology, 45 (1): 90.

Ibáñez-Forés V, Bovea M D, Azapagic A. 2013. Assessing the sustainability of Best Available Techniques (BAT): Methodology and application in the ceramic tiles industry. Journal of Cleaner Production, 51: 162-176.

Iii W, Relyea R A. 2013. Mitigating with macrophytes: Submersed plants reduce the toxicity of pesticide-contaminated water to zooplankton. Environmental Toxicology and Chemistry, 32 (3): 699-706.

Johanna, Ruth, Rochester, et al. 2015. Bisphenol S and F: A Systematic Review and Comparison of the Hormonal Activity of Bisphenol A Substitutes. Environmental health perspectives, 123 (7): 643-650.

Kramer L. 1997. Focus on European Environment Law. London: Sweat and Maxwell Limited.

Laso J, Margallo M, Fullana P, et al. 2017. Introducing life cycle thinking to define best available techniques for products: application to the anchovy canning industry. Journal of Cleaner Production, 155: 139-150.

Liao C, Liu F, Guo Y, et al. 2012. Occurrence of eight bisphenol analogues in indoor dust from the United States and several Asian countries: implications for human exposure. Environmental Science and Technology, 46 (16): 9138-9145.

Liu Z T. 2018. Environmental pollution and water quality criteria of perfluorinated chemicals in China. Journal of Clinical Toxicology, (8): 55-55.

Lobo H, Mendez-Fernandez L, Martinez-Madrid M, et al. 2016. Journal of Soils and Sediments, 16: 2766-2774.

Mavrotas G, Georgopoulou E, Mirasgedis S, et al. 2007. An integrated approach for the selection of Best Available Techniques (BAT) for the industries in the greater Athens area using multi-objective combinatorial optimization. Energy Economics, 29 (4): 953-973.

Milani D, Reynoldson T B, Borgmann U, et al. 2003. The relative sensitivity of four benthic invertebrates to metals in spiked-sediment exposures and application to contaminated field sediment. Environmental Toxicology and Chemistry, 22: 845-854.

Mäenpää K A, Penttinen O P, Kukkonen J V K. 2004. Pentachlorophenol (PCP) bioaccumulation and effect on heat production on salmon eggs at different stages of development. Aquatic Toxicol, 68 (1): 75-85.

Owens K D, Baer K N. 2000. Modifications of the topical Japanese MEDAka (Oryzias latipes) embryo larval assay for assessing developmental toxicity of pentachlorophenol and dichlorodiphenyltrichloroethane. Ecotoxicology and Environmental Safety, 47 (1): 87-95.

Riedl V, Agatz A, Benstead R, et al. 2017. A Standardized Tri-Trophic Small-Scale System (TriCosm) for the Assessment of Stressor Induced Effects on Aquatic Community ynamics. Environmental Toxicology and Chemistry.

Scrimgeour G J, Wicklum D. 1996. Aquatic ecosystem health and integrity: Problems and potential solutions. Journal of The North American Benthological Society, 15 (2): 254-261.

Sparling D W, Krest S, Ortiz-Santaliestra M. 2006. Archives of Environmental Contamination and Toxicology, 51: 458-466.

Stein E D, Cohen Y, Winer A M. 2009. Environmental distribution and transformation of mercury compounds. Critical Reviews in Environmental Science and Technology, 26 (1): 1-43.

United States Environmental Protection Agency. 1996. OPPTS 850, Generic Freshwater Microcosm Test, Laboratory. Washington DC: US EPA.

USEPA. 1985a. Methods for measuring the acute toxicity of effluents to freshwater and marine organisms. 3d ed, EPA/600/4-85/013. U. S. Environmental Protection Agency, Office of Research and Development, Cincinnati, OH.

USEPA. 1985b. Short-term methods for estimating the chronic toxicity of effluents in receiving waters to freshwater organisms. EPA/600/4-85/014, U. S. Environmental Protection Agency, Office of Research and Development, Cincinnati, OH.

USEPA. 1995. updates water quality criteria documents of the protection of aquatic life in ambient water. Office of Water Policy and Technical.

USEPA. 2009. National Recommended Water Quality Criteria. 4304T. Washington D. C.: Office of Water and Office Sciences and Technology.

USEPA. 2010. Using Stressor-Response Relationships to Derive Numeric Nutrient Criteria (EPA820-S10001). Washington D. C.: Office of Water and Office of Science and Technology.

USEPA. 2013. Aquatic life ambient water quality criteria for ammonia- freshwater 2013. EPA- 822- R- 13- 001. Washington D. C.: Office of Water, Office of Science and Technology.

Wang J N, Dong Z R, Liao W G, et al. 2013. An environmental flow assessment method based on the relationships between flow and ecological response: A case study of the Three Gorges Reservoir and its downstream reach. Sci. China Tech. Sci., 56: 1471-1484.

Wang X N, Liu Z T, et al. 2018. Study of Ecotoxicological Effect and Soil Environmental Criteria of heavy metal Chromium (Ⅵ) in China. Journal of Clinical Toxicology, (8): 56-57.

Ward T J, Gaertner K E, Gorsuch J W, et al. 2015. Bulletin of Environmental Contamination and Toxicology, 95: 428-433.

Whitfield M. 1974. The Hydrolysis of Ammonium Ions in Sea Water- a Theoretical Study. Journal of the Marine Biological Association of the United Kingdom, 54 (3): 565-580.

Woodward D F. 1970. Some Effects of Sub-Lethal Concentrations of Malathion on Learning Ability and Memory of the Goldfish. M. A. Thesis, University of Missouri, Columbia, MO: 46.

Wu L H, Zhang X M, Wang F, et al. 2018. Occurrence of bisphenol S in the environment and implications for human exposure: A short review. The Science of the Total Environment, 615: 87-98.

Xu H, Qin B, Zhu G, et al. 2014. Determining Critical Nutrient Thresholds Needed to Control Harmful Cyanobacterial Blooms in Eutrophic Lake Taihu, China. Environmental Science and Technology, 49 (2): 1051.

Yake B, Norton D, Stinson M. 1986. Water Quality Investigations Section Washington Department of Ecology. Olympia, WA.

Yilmaz O, Anctil A, Karanfil T. 2015. LCA as a decision support tool for evaluation of best available techniques (BATs) for cleaner production of iron casting. Journal of Cleaner Production, 105: 337-347.

Zeng Q, Qin L, Bao L, et al. 2016. Critical nutrient thresholds needed to control eutrophication and synergistic interactions between phosphorus and different nitrogen sources. Environmental Science and Pollution Research, 23 (20): 1-12.

Zhang Y H, Zang W C, Qin L M, et al. 2017. Water quality criteria for copper based on the BLM approach in the freshwater in China. PloS one. 12 (2): e0170105.

Zheng L, Liu Z T, Yan Z G, et al. 2017a. Deriving water quality criteria for trivalent and pentavalent arsenic. Science of the Total Environment，587-588：68-74.

Zheng L，Liu Z，Yan Z，et al. 2017b. pH-dependent ecological risk assessment of pentachlorophenol in Taihu Lake and Liaohe River. Ecotoxicology and Environmental Safety，135：216-224.

Zheng X，Wu J Y，Liu Z T，et al. 2017. Derivation of predicted no-effect concentration and ecological risk for atrazine better based on reproductive fitness. Ecotoxicology and Environmental Safety，142：464-470.

附　　录

1　水　资　源

1.1　评估指标等级与赋分标准

附表1　水资源评估指标等级与赋分标准

评估指标	指标等级与赋分				
	一级	二级	三级	四级	五级
	80～100	60～80	40～60	20～40	0～20
人均水资源量 /(m³/人)	>3000	2000～3000	2000～1000	1000～500	<500
万元 GDP 用水量 /(m³/万元)	<20	20～80	80～140	140～200	>200
水资源开发利用率 /%	<10	10～20	20～30	30～40	≥40
用水总量控制红线达标率 /%	>90	80～90	70～80	50～70	<50

1.2　评估指标等级划分的参考依据

1）人均水资源量：国际公认标准。

2）万元 GDP 用水量：专家咨询。

3）水资源开发利用率：《流域生态健康评估技术指南》，环境保护部自然生态保护司，2013 年 3 月。

4）用水总量控制红线达标率：张盛，王铁宇，张红，等．多元驱动下水生态承载力评价方法与应用——以京津冀地区为例．生态学报，2017，（12）：4159-4168。

2　水　环　境

2.1　评估指标等级与赋分标准

附表 2　水环境评估指标等级与赋分标准

评估指标	指标等级与赋分				
	一级	二级	三级	四级	五级
	80～100	60～80	40～60	20～40	0～20
工业 COD 排放强度 /（kg/万元）	≤1	2～1	3～2	4～3	≥4
工业氨氮排放强度 /（kg/万元）	<0.1	0.2～0.1	0.3～0.2	0.4～0.3	>0.4
工业总氮排放强度 /（kg/万元）	<0.15	0.15～0.3	0.45～0.3	0.45～0.6	>0.6
工业总磷排放强度 /（kg/万元）	<0.05	0.1～0.05	0.15～0.1	0.2～0.15	>0.2
单位耕地面积化肥施用量 /（kg/hm²）	<400	400～500	500～600	600～700	>700（1000）
单位土地面积畜禽养殖量 /（头/km²）	<200	200～250	250～300	300～350	>350（500）
城镇生活污水 COD 排放强度 /（kg/万元）	≤1.5	3～1.5	4.5～3	6～4.5	≥6
城镇生活污水氨氮排放强度 /（kg/万元）	≤0.2	0.3～0.2	0.4～0.3	0.5～0.6	≥0.6
城镇生活污水总氮排放强度 /（kg/万元）	≤0.25	0.5～0.25	0.75～0.5	1～0.75	≥1
城镇生活污水总磷排放强度 /（kg/万元）	≤0.05	0.15～0.05	0.25～0.15	0.35～0.25	≥0.35
水环境质量指数 /%	100	95～100	90～95	85～90	<85
集中式饮用水源地水质达标率 /%	100	95～100	90～95	85～90	<85

注：括号内数值表示当指标大于或等于括号内数值时赋分为 0。

2.2　评估指标等级划分的参考依据

1）单位工业产值 COD 排放量：中华人民共和国国家标准《污水综合排放标准》（GB 8978—1996）。

2）单位工业产值氨氮排放量：中华人民共和国国家标准《污水综合排放标准》（GB 8978—1996）。

3）单位工业产值总氮排放量：中华人民共和国国家标准《污水综合排放标准》（GB 8978—1996）。

4）单位工业产值总磷排放量：中华人民共和国国家标准《污水综合排放标准》（GB 8978—1996）。

5）单位耕地面积化肥施用量：《湖泊生态安全调查与评估技术指南》，良好湖泊生态环境保护专项，环境保护部污染防治司，2012 年 4 月。

6）单位土地面积畜禽养殖量：《湖泊生态安全调查与评估技术指南》，良好湖泊生态环境保护专项，环境保护部污染防治司，2012 年 4 月。

7）城镇生活污水 COD 排放强度：中华人民共和国国家标准《污水综合排放标准》（GB 8978—1996）。

8）城镇生活污水氨氮排放强度：中华人民共和国国家标准《污水综合排放标准》（GB 8978—1996）。

9）城镇生活污水总氮排放强度：中华人民共和国国家标准《污水综合排放标准》（GB 8978—1996）。

10）城镇生活污水总磷排放强度：中华人民共和国国家标准《污水综合排放标准》（GB 8978—1996）。

11）水环境质量指数：专家咨询。

12）集中式饮用水源地水质达标率：《地表水环境质量标准》（GB 3838—2002）。

3　水　生　态

3.1　评估指标等级与赋分标准

附表 3　水生态评估指标等级与赋分标准

指标	指标等级与赋分				
	一级	二级	三级	四级	五级
	80~100	60~80	40~60	20~40	0~20
岸线植被覆盖度 /%	>80	60~80	40~60	20~40	<20

指标	指标等级与赋分				
	一级	二级	三级	四级	五级
	80～100	60～80	40～60	20～40	0～20
水域面积指数 /%	>0.5	0.4～0.3	0.3～0.2	0.2～0.1	<0.1
河流连通性指数	>100	90～80	80～70	70～60	≤60
生态基流保障率 /%	100	90～100	80～90	70～80	<70
鱼类完整性指数 浮游藻类完整性 指数 大型底栖无脊椎动物 完整性指数	以各生物类群完整性指标数值的95%分位数作为一级和二级间的临界值，以5%分位数作为四级和五级间的临界值；将5%～95%分位数进行三等分，以确定其他相邻级别间的临界值				
鱼	>79	79～56	56～33	33～23	<23
藻	>78	78～59	59～40	40～21	<21
底栖	>74	74～51	51～28	28～5	<5

3.2　评估指标等级划分的参考依据

1）年生态基流满足率：郭维东，王丽，高宇等．辽河中下游水文生态完整性模糊综合评价．长江科学院院报，2013，30（5）：13-16。

2）河流连通性指数：熊文，黄思平，杨轩．河流生态系统健康评价关键指标研究．人民长江，2010，41（12）：7-12。

3）岸线植被覆盖度：①王惠，齐实．山西沁河源头河岸植被带建设、评价及设计．北京林业大学学位论文，2008；②杜洋，徐慧．基于生态系统服务功能需求的城市河流健康评价．中国环境与生态水力学，2008，416-422。

4）水域面积指数：专家咨询。

5）藻类完整性指数：《流域生态健康评估技术指南》，环境保护部自然生态保护司，2013年3月。

6）大型底栖动物完整性指数：《流域生态健康评估技术指南》，环境保护部自然生态保护司，2013年3月。

7）鱼类完整性指数：《流域生态健康评估技术指南》，环境保护部自然生态保护司，2013年3月。